EL CEREBRO
EJECUTIVO

DRAKONTOS

Director:
JOSÉ MANUEL SÁNCHEZ RON

EL CEREBRO EJECUTIVO

Lóbulos frontales y mente civilizada

Elkhonon Goldberg

Prólogo de Oliver Sacks

Traducción castellana de
Javier García Sanz

BARCELONA

Primera edición: abril de 2002
Primera edición en esta nueva presentación: febrero de 2026

El cerebro ejecutivo. Lóbulos frontales y mente civilizada
Elkhonon Goldberg

Título original: *The Executive Brain. Frontal Lobes and the Civilized Mind*

Esta traducción de *El cerebro ejecutivo*, originalmente publicada en inglés en 2001,
se edita por acuerdo con Oxford University Press, Inc.

ISBN: 978-84-9199-850-1
Depósito legal: B. 319-2026
Printed in Spain - Impreso en España

*A mi maestro Alexandr Luria,
que prendió el interés que llevó
a este libro*

Prólogo

En 1967, Elkhonon Goldberg, entonces un joven de veinte años, estudiante de neuropsicología en Moscú, conoció a otro joven estudiante sólo algunos años mayor que él. Vladimir, nos dice Goldberg, se encontraba en el andén del metro de Moscú pasándose un balón de fútbol de una mano a otra, cuando el balón cayó a la vía. Al saltar para recuperarlo, Vladimir fue alcanzado por un tren y sufrió graves lesiones en la parte frontal del cerebro, los lóbulos frontales, que tuvieron que serle amputados.

«La carrera de todo clínico», escribe Goldberg, «está puntuada por unos pocos casos formativos. Vladimir fue mi primer caso formativo. Con su tragedia, él me introdujo involuntariamente en los ricos fenómenos de la enfermedad del lóbulo frontal, despertó mi interés por los lóbulos frontales y con ello ayudó a conformar mi carrera». Pese a que Vladimir se pasaba la mayor parte del tiempo con la mirada perdida en el vacío (aunque cuando se le perturbaba podía soltar una sarta de blasfemias o arrojar un orinal), Goldberg encontró que a veces podía atraer su atención con «bromas machistas y procaces ... [y] se desarrolló una amistad entre un estudiante con el cerebro dañado y un estudiante del daño cerebral».

El mentor de Goldberg, el gran neuropsicólogo ruso A. R. Luria, se estaba interesando cada vez más en estas partes «superiores» del cerebro, y sugirió a Goldberg que este estudio podría convertirse también en su proyecto. Este proyecto lleva durando ahora un tercio de siglo, y ha llevado a Goldberg a algunos de los dominios más profundos y extraños del funcionamiento de la mente-cerebro y sus percances. Como Luria, ha utilizado una combinación de tests ingeniosos y especialmente diseñados con una minuciosa observación naturalista, alerta ante los caprichos de la función del lóbulo frontal no sólo en la clínica, sino en la calle, en restaurantes, en el teatro, en cualquier parte. (Goldberg se califica a sí mismo de «voyeur cognitivo».) Todo esto está manejado con unas facultades excepcionalmente imaginativas y empáticas, que tratan de ver el mundo a través de los ojos de sus pacientes. Con veinte años de observación y experiencia, ha conseguido un nivel de intuición que, piensa uno, hubiera deleitado y sorprendido a su mentor, Luria.

En *El cerebro ejecutivo*, Goldberg nos lleva en un viaje, su propio viaje, desde aquellos primeros días de Moscú hasta el presente, un viaje a la vez intelectual y personal. Ofrece una brillante exposición de las complejas funciones de los lóbulos frontales, esa parte más recientemente desarrollada y especialmente humana del cerebro, examinando el gran abanico de «estilos» de lóbulo frontal en la gente normal, los trágicos percances que pueden ocurrir cuando hay enfermedad neurológica o daño cerebral, las formas de comprobar su función y, lo que no es menos, las posibles formas de reforzar la función del lóbulo frontal, de muchas de las cuales el propio Goldberg ha sido pionero—construyendo o reconstruyendo la función cognitiva en general, no sólo en pacientes con daño cerebral sino también en el cerebro sano. (La noción de «salud cognitiva» y la práctica de «ejercicio cognitivo» y una «gimnasia cognitiva» son ideas de Goldberg particularmente provocativas e importantes.) Ricas historias de casos, junto con breves pero reveladoras anécdotas neuropsicológicas, forman el corazón narrativo del libro, pero están frecuentemente salpicadas con narraciones personales de todo tipo, lo que hace de *El cerebro ejecutivo* unas memorias muy atractivas y entrañables, una especie de autobiografía intelectual, no menos que una gran obra de exposición científica y ciencia «popular».

El cerebro ejecutivo está dedicado a Luria, y se abre conmovedoramente con el recuerdo de una conversación con Luria en 1972, cuando Goldberg tenía 25 años, y Luria, con 70 años, era a la vez su ilustre mentor y una figura paterna afectuosa y protectora. Luria presionaba a Goldberg para que se afiliara al Partido Comunista, ofreciéndose para proponerle y subrayando que esto era necesario para cualquier avance en su carrera en la Unión Soviética. (El propio Luria era miembro del Partido, quizá más por conveniencia que por convicción.) Pero Goldberg era (y sigue siendo) un rebelde de corazón, enemigo de estrechar compromisos, por ventajosos que fueran, si iban contra sus principios. Semejante intransigencia tenía un precio en la Unión Soviética, y había llevado a su padre al Gulag. Después de andarse con evasivas varias veces, finalmente dijo a Luria abiertamente que él no se afiliaría al Partido. Además —aunque, por supuesto, no dijo nada de esto— había decidido abandonar Rusia, pese a su profundo amor por su patria y su lengua. Para un miembro muy valorado de la sociedad, un estudiante de doctorado en la Universidad de Moscú, era prácticamente imposible dejar el país, y la narración de Goldberg de cómo lo hizo, y de una forma que no comprometiera a Luria en ningún sentido, constituye la introducción extraordinaria y reveladora a este libro, un libro que termina veintiséis años más tarde con una visita de regreso a Moscú y al país que había dejado media vida antes.

Los lóbulos frontales son el último logro en la evolución del sistema nervioso; sólo en los seres humanos (y, en alguna medida, en los grandes simios) alcanzan un desarrollo tan grande. También son, por un curioso paralelismo, las últimas partes del cerebro que han visto reconocida su importancia: incluso en mis días de estudiante de medicina se denominaban «los lóbulos silentes». «Silentes» pueden serlo realmente, pues carecen de las simples y fácilmente identificables funciones de las partes más primitivas de la corteza cerebral, las áreas sensorial y motora, por ejemplo (e incluso las «áreas de asociación» entre éstas), pero son abrumadoramente importantes. Son cruciales para cualquier comportamiento finalista de orden superior: identificar el objetivo, proyectar la meta y establecer planes para alcanzarla, organizar los medios para llevar a cabo tales planes, controlar y juzgar las consecuencias para ver que todo se ha conseguido tal como se pretendía.

Éste es el papel fundamental de los lóbulos frontales, un papel que libera al organismo de repertorios y reacciones fijas, que permite la representación mental de alternativas, imaginación, libertad. De ahí las metáforas que recorren el libro: los lóbulos frontales como el CEO del cerebro, capaces de tomar «una vista aérea» de todas las demás funciones del cerebro y coordinarlas; los lóbulos frontales como el director de orquesta que coordina los mil instrumentos de la orquesta del cerebro. Pero por encima de todo, los lóbulos frontales como el líder del cerebro, que conduce al individuo a la novedad, las innovaciones, las aventuras de la vida. Sin el gran desarrollo de los lóbulos frontales en el cerebro humano (acoplado al desarrollo de las áreas del lenguaje), la civilización nunca podría haber aparecido.

La intencionalidad del individuo reside en los lóbulos frontales, y éstos son cruciales para la consciencia superior, para el juicio, para la imaginación, para la empatía, para la identidad, para el «alma». Así lo prueba el famoso caso de Phineas Gage, un capataz del ferrocarril al que, en 1848, una pieza de hierro de dos pies le atravesó los lóbulos frontales cuando estalló la carga explosiva que estaba colocando. Pese a que Gage conservó su inteligencia tanto como su capacidad para moverse, hablar y ver, experimentó otros cambios profundos. Se hizo imprudente y falto de previsión, impulsivo, irreverente; ya no podía hacer planes o pensar en el futuro; y para aquellos que lo habían conocido antes, «ya no era Gage». Se había perdido a sí mismo, la parte más central de su ser, y (como sucede con todos los pacientes con daños severos en los lóbulos frontales) él no lo sabía.

Tal «anosognosia», como se denomina, es a la vez una gracia (tales pacientes no sufren, ni se angustian, ni lamentan su pérdida), y un problema importante, pues reduce la comprensión y la motivación, y hace mucho más difíciles los intentos de remediar esta situación.

Goldberg también hace énfasis en que, debido a la singular riqueza de las conexiones de los lóbulos frontales con diferentes partes del cerebro, otras situaciones que tienen su patología primaria en otra parte, incluso en la subcorteza, pueden evocar o presentarse como disfunciones del lóbulo frontal. Así, la inercia del parkinsonismo, la impulsividad del síndrome de Tourette, la tendencia a la distracción del ADHD, la perseveración del OCD, la falta de empatía o «teoría de la mente» en el autismo o la esquizofrenia crónica, todo esto puede entenderse en gran parte, piensa Goldberg, como debido a resonancias, a perturbaciones secundarias en la función de los lóbulos frontales. Se aporta mucha evidencia a favor de esto, procedente no sólo de la prueba y la observación clínica sino de los últimos resultados en la imagen funcional del cerebro, y las ideas de Goldberg arrojan nueva luz sobre estos síndromes y pueden ser muy importantes en la práctica clínica.

Mientras que los pacientes con lesiones masivas del lóbulo frontal manifiestan una inconsciencia de su condición, no sucede esto con los pacientes de Parkinson, síndrome de Tourette, OCD, ADHD o autismo; de hecho, tales pacientes pueden articular, y a menudo analizar con gran precisión, lo que les está pasando. De este modo pueden decirnos lo que no pueden decir los pacientes con patología primaria del lóbulo frontal: qué sienten realmente desde el interior al tener estas diferencias y caprichos de la función del lóbulo frontal.

Goldberg presenta estas discusiones, que de otro modo podrían ser difíciles o densas, con gran viveza y humor, y con frecuentes alternancias de narrativa personal. Así, a mitad de su discusión del comportamiento «dependiente-del-campo», la distracción incontinente tan característica de quienes sufren daños graves en el lóbulo frontal, Goldberg habla de los perros y de su comportamiento relativamente «afrontal», en donde «fuera de la vista» es «fuera de la mente». Pone esto en contraste con el comportamiento de los simios y nos cuenta cómo una vez, en un viaje a Tailandia, «se hizo amigo y fue correspondido por» un joven gibón macho, la mascota del propietario de un restaurante en Phuket:

Cada mañana el gibón empezaba a agitar las manos. Todo brazos y un cuerpo pequeño, iniciaba entonces una breve danza como si fuera una araña, lo que yo, con cierto orgullo, interpretaba como una expresión de alegría por verme. Pero entonces, pese a su proclividad a jugar sin descanso, se paraba cerca de mí y con extrema concentración estudiaba los más mínimos detalles de mis ropas: una correa de reloj, un botón, un zapato, mis gafas (que, en uno de mis momentos de descuido, arrancó de mi cara y trató de comerse). Observaba fijamente las cosas y sistemáticamente desplazaba la vista de un detalle a otro. Cuando un día apareció una venda alrededor de mi dedo índice, el joven gibón la examinó estudiosamente. A pesar de su estatus como un simio menor (en comparación con los bonobos, chimpancés, gorilas y orangutanes, que se conocen como los grandes simios), el gibón era capaz de mantener una atención sostenida.

Lo más sorprendente era que el gibón volvía invariablemente al objeto de su curiosidad tras una distracción repentina: por ejemplo, un ruido callejero. Reanudaba su exploración precisamente donde había quedado interrumpida, incluso cuando la interrupción duraba más de una fracción de segundo. Las acciones del gibón estaban guiadas por una representación interna, que «puenteaba» su comportamiento entre antes y después de la distracción. («Fuera de la vista» ya no era «fuera de la mente»!)

Goldberg es un amante de los perros, y tiene varios, pero para él «la interacción con el gibón era tan sorprendentemente rica, y tan cualitativamente diferente de cualquier cosa que yo hubiera experimentado con perros, que por un momento tuve la idea de comprar el gibón y llevármelo a Nueva York para que me sirviera de mascota y compañía».

Por supuesto, esto fue imposible, y Goldberg (a quién yo conocí por entonces) estaba muy triste por no haber podido hacerlo. Sentí una gran simpatía por él porque yo mismo había tenido una experiencia casi idéntica con un orangután, y pensé que al menos podríamos enviarnos tarjetas postales.

Hay otros temas importantes en *El cerebro ejecutivo*, ideas que afloraron por primera vez cuando Goldberg era estudiante y que ha estado explorando y elaborando desde entonces. Éstas tienen que ver con los diferentes tipos de desafíos a que se enfrenta un organismo: el choque con situaciones novedosas (y el instinto de llegar a soluciones novedosas), y la necesidad de establecer rutinas económicas para tratar con situaciones y demandas familiares. Goldberg considera que el hemisferio derecho del cerebro está especialmente equipado para tratar situaciones y soluciones nuevas, y el lado izquierdo del cerebro para tareas y procesos rutinarios. En su opinión, hay una circulación continua de información, de comprensión, desde el hemisferio derecho al izquierdo. «La transición de novedad a rutina», escribe, «es el ciclo universal de nuestro mundo interior». Esto se enfrenta a la noción clásica de que el hemisferio izquierdo es el «dominante» y el hemisferio derecho el «menor», pero concuerda con el hallazgo clínico de que el daño en el hemisferio derecho puede tener efectos mucho más extraños y profundos que los efectos relativamente simples del daño en el hemisferio «dominante». Así pues, es la integridad del denominado hemisferio «menor» la que Goldberg cree que es crucial para el sentido del «yo» o de identidad: su integridad, y la integridad de los lóbulos frontales.

Otro tema central de *El cerebro ejecutivo* tiene relación con lo que Goldberg considera como los dos modos radicalmente diferentes, pero complementarios, de organización cerebral. La neurología clásica (y su precursora, la frenología) considera que el cerebro consiste en una multitud, un mosaico de áreas, o sistemas, o módulos independientes, cada uno de ellos dedicado a una función cognitiva altamente específica, y todos ellos relativamente aislados, con interacciones muy limitadas. Semejante organización es evidente en las partes más primitivas del cerebro, tales como el tálamo (que consiste en muchos núcleos discretos e independientes) y las partes más viejas de la corteza cerebral: de ahí, la posibilidad de lesiones discretas y pequeñas en la corteza visual, que producen pérdidas igualmente discretas de visión de los colores, visión del movimiento, visión profunda, etc. Pero un sistema semejante, argumenta Goldberg, sería rígido, no flexible, y tiene poca capacidad para tratar con la novedad o la complejidad, para adaptarse o aprender. Un sistema semejante, sostiene él, sería completamente inadecuado para soportar la identidad o la vida mental superior.

Ya en los años 60, siendo estudiante, Goldberg empezaba a entrever un tipo de organización muy diferente en la parte más nueva y «más elevada» del cerebro, el neocórtex (que empieza a desarrollarse en los mamíferos y alcanza su máximo desarrollo en los lóbulos frontales humanos). Un análisis cuidadoso de los efectos del daño en el neocórtex sugiere que ya no hay módulos o dominios discretos o aislados, sino más bien una transición gradual de una función cognitiva a otra, que corresponde a una trayectoria gradual y continua a lo largo de la superficie cortical. Así, el concepto central de Goldberg es el de un contínuum cognitivo, un gradiente. Esta idea radical cautivaba al joven Goldberg cuanto más pensaba en ella: «Empecé a pensar en mis gradientes como el análogo neuropsicológico de la tabla periódica de los elementos de Mendeleyev». Esta teoría gradiental fue incubada y puesta a prueba durante veinte años, y Goldberg sólo la puso por escrito en 1989, cuando había recogido gran evidencia en su apoyo. El artículo rompedor en el que lanzaba su teoría fue básicamente ignorado, pese a la gran potencia explicatoria que prometía.

Cuando en 1995 escribí un ensayo sobre las ideas prematuras en ciencia [O. W. Sacks, «Scotoma: Forgetting and Neglect in Science», en *Hidden Histories of Science*, ed. R. B. Silver (New York: New York Review of Books, 1996), 141-187], cité, entre otros muchos ejemplos, el fallo en comprender o ver la relevancia de la teoría gradiental cuando fue publicada: el propio Luria la encontró incomprensible en 1969, cuando Goldberg se la presentó por primera vez. Pero en la última década se ha producido un gran cambio, un cambio de paradigma (como diría Kuhn), relacionado en parte con las teorías de la función cerebral global tales como la de Gerald Edelman, y en parte con el desarrollo de redes neurales como sistemas modeladores, sistemas de computación masivamente paralela, y similares, por lo que el concepto de gradientes cerebrales —la visión de Goldberg cuando era estudiante— está ahora más ampliamente aceptado.

La modularidad sigue existiendo, resalta Goldberg, como un principio persistente pero arcaico de organización cerebral que, conforme avanzaba la evolución, fue gradualmente suplantado o complementado por un principio gradiental. «Si esto es así», comenta, «entonces existe un asombroso paralelismo entre la evolución del cerebro y la evolución intelectual de nuestras ideas acerca del cerebro. Tanto la evolución del propio cerebro como la evolución de nuestras teorías sobre el cerebro han estado caracterizadas por un cambio de paradigma, de lo modular a lo interactivo».

Goldberg se pregunta si este cambio de paradigma puede encontrar paralelismos en la organización política, con la fractura de los grandes estados «macronacionales» en estados «microrregionales» más pequeños, un cambio que amenaza con anarquía a menos que puedan surgir nuevos ejecutivos supranacionales —el equivalente político de los lóbulos frontales, capaces de coordinar el nuevo orden mundial. Se pregunta también si el reemplazamiento de los enormes pero relativamente pocos y aislados supercomputadores de los años 70 por los cientos de millones de computadores personales que ahora tenemos, todos potencialmente interactuantes, refleja el cambio de lo modular a lo interactivo, con los motores de búsqueda como equivalentes digitales de los lóbulos frontales.

El cerebro ejecutivo termina como empieza, en una nota personal e introspectiva, con el recuerdo de Goldberg de sus lecturas de Spinoza cuando era niño en la biblioteca de su padre, y de cómo amaba la ecuación serena de Spinoza entre cuerpo y mente; y del papel crucial que esto desempeñó en orientarle hacia la neuropsicología y evitar ese desdoblamiento fatal de cuerpo y alma, el dualismo que Antonio Damasio llama «el error de Descartes». Spinoza no tenía sensación de que la mente humana, con sus nobles potencias y aspiraciones, estuviera en modo alguno devaluada o reducida por ser dependiente de las operaciones de un agente físico, el cerebro. Decía que más bien había que admirar el cuerpo viviente por sus maravillosas y casi incomprensibles sutilezas y complejidad. Sólo ahora, en el alba del siglo XXI, es cuando estamos empezando a obtener la medida total de esta complejidad, a ver cómo interaccionan naturaleza y cultura, y cómo se producen mutuamente cerebro y mente. Hay un puñado, un pequeño puñado, de libros notables que abordan con fuerza estos problemas fundamentales —los de Gerald Edelman y Antonio Damasio vienen a la mente al momento. A este selecto número debería añadirse con seguridad *El cerebro ejecutivo* de Elkhonon Goldberg.

OLIVER SACKS

Agradecimientos

Emprendí la escritura de este libro, en un lenguaje que no era aún enteramente el mío, con dudas. Por hábito y temperamento, una prosa más tersa de la que se espera de un libro de divulgación era más natural para mí. Pero, a instancias de varios amigos, seguí adelante. Había dos razones. La razón mejor articulada era una comprensión creciente de que, para tener impacto, un escritor necesita a veces ir más allá del formato de las revistas científicas de circulación limitada. La razón más evasiva era una necesidad de reconectar mis vidas rusa y americana (de longitud casi exactamente igual en el momento de escribir esto) mediante una narración intelectual personal y continua.

Tengo una deuda de gratitud con muchas personas. Con Oliver Sacks, un íntimo amigo desde hace muchos años; la propuesta misma de escribir un libro para el gran público probablemente no se me hubiera ocurrido sin el ejemplo de Oliver. Con Dmitri Bougakov, por la edición técnica, la verificación de hechos y referencias y la ayuda en diseñar ilustraciones. Con Laura Albritton, quien colaboró en la edición del manuscrito. Con Fiona Stevens de Oxford University Press, que ayudó a llevar el libro hasta su publicación. Con Sergey Knyazev por sus intuitiva discusión de las analogías del cerebro y los computadores. Con Vladimir y Kevin por darme la oportunidad de aprender de sus situaciones. Con los aquí llamados Toby y Charlie así como Lowell Handler y Shane Fistell por compartir sus historias vitales y permitirme describirlas en este libro. Con el padre de Kevin por permitirme escribir sobre su hijo. Con Robert Iacono por compartir su experiencia con la cingulotomía. Con Peter Fitzgerald, Ida Bagus Made Adnyana, Kate Edgar, Wendy James, Lewis Lerman, Jae Llewellyn-Kirby, Gus Norris, Martin Ozer, Peter Lang, Anne Veneziano, y los revisores anónimos de Oxford por los valiosos comentarios sobre el manuscrito. Con Brendon Connors, Dan Demetriad, Kamran Fallahpour, Evian Gordon y Konstantin Pio-Ulsky por ayudar a crear algunas de las imágenes utilizadas en el libro. Con mis pacientes, amigos y conocidos que dieron forma a mi trabajo con sus vidas, tragedias y triunfos, y me dieron permiso para escribir sobre ellos. Con mis estudiantes, que proporcionaron una audiencia cautiva frente a la cual fui capaz de ensayar fragmentos del libro. Con los diseñadores del miniordenador Psion, que me facilitaron el escribir todo el libro tal como se me ocurría en los sitios más increíbles. El libro está dedicado a Alexandr Romanovich Luria, quien definía los lóbulos frontales como el «órgano de la civilización» y quien tuvo un impacto en mi carrera mayor de lo que yo podía imaginar cuando era estudiante.

Nueva York
E. G.

1

Introducción

Empecé este libro pensando en una audiencia general. Pero a mitad del proyecto el profesional que hay en mí prevaleció sobre el divulgador, y el libro tiene algo de híbrido. A riesgo de no atraer a ninguno de los dos, he tratado de escribir un libro que atrajera tanto al gran público como a la audiencia profesional. Los Capítulos 1, 2, 3, 9, 10, 11, 12 y el Epílogo son menos técnicos y tienen un interés general; deberían atraer tanto al lector general como a los profesionales. Los Capítulos 4, 5, 6, 7 y 8 son algo más técnicos pero accesibles en cualquier caso a un lector general; tratan de cuestiones de neurociencia cognitiva, de interés tanto para científicos y clínicos como para el lector general interesado en el funcionamiento del cerebro y la mente. El libro no trata de ser una especie de exposición enciclopédica, algo parecido a un libro de texto sobre los lóbulos frontales. Más bien, es una exposición idiosincrásica de mi entendimiento de varias cuestiones fundamentales en neurociencia cognitiva y del contexto personal que me llevó a escribir sobre ello.

En este libro exploro la parte de su cerebro que le hace a usted quien es y define su identidad, que encierra sus impulsos, sus ambiciones, su personalidad, su esencia: los lóbulos frontales del cerebro. Si se lesionan otras partes del cerebro, la enfermedad neurológica puede dar como resultado pérdida del lenguaje, memoria, percepción o movimiento. Pero la esencia del individuo, el núcleo de la personalidad, normalmente permanece intacta. Todo esto cambia cuando la enfermedad golpea los lóbulos frontales. Lo que entonces se pierde ya no es un atributo de su mente: es su mente, su núcleo, su yo. Los lóbulos frontales son las más específicamente humanas de todas las estructuras, y juegan un papel crítico en el éxito o el fracaso de cualquier empresa humana.

El «error de Descartes», por tomar prestada la elegante expresión de Antonio Damasio,[1] consistió en creer que la mente tiene una vida propia independiente del cuerpo. Hoy, una sociedad ilustrada ya no cree en el dualismo cartesiano entre cuerpo y mente, pero los vestigios de la vieja y falsa concepción sólo se van perdiendo por etapas. Hoy día pocas personas instruidas, por legas que sean en neurobiología, dudan que el lenguaje, el movimiento, la percepción y la memoria residen de algún modo en el cerebro. Pero la ambición, el impulso, la previsión, la intuición —aquellos atributos que definen la esencia y personalidad de uno— son hasta hoy vistos por parte de muchos como «extracraneales», por así decir, como si fueran atributos de nuestras ropas y no de nuestra biología. Estas evasivas cualidades humanas están también controladas por el cerebro, y en especial por los lóbulos frontales. La corteza prefrontal es el foco actual de la investigación neurocientífica, pero es básicamente desconocida para los no-científicos.

Los lóbulos frontales realizan las funciones más avanzadas y complejas del cerebro, las denominadas funciones ejecutivas. Están ligados a la intencionalidad, el propósito y la toma de decisiones complejas. Sólo en los humanos alcanzan un desarrollo significativo; presumiblemente, ellos nos hacen humanos. Toda la evolución humana ha sido calificada como «la edad de los lóbulos frontales». Mi maestro Alexandr Luria llamaba a los lóbulos frontales «el órgano de la civilización».

Este libro trata del liderazgo. Los lóbulos frontales son al cerebro lo que un director a una orquesta, un general a un ejército, el director ejecutivo a una empresa. Coordinan y dirigen las otras estructuras neurales en una acción concertada. Los lóbulos frontales son el puesto de mando del cerebro. Examinaremos cómo se desarrolló el papel de liderazgo en varias facetas de la sociedad humana —y en el cerebro.

Este libro trata de la motivación, el impulso y la visión. Motivación, impulso, previsión y visión clara de los propios objetivos son fundamentales para tener éxito en cualquier aspecto de la vida. Usted descubrirá que todos estos prerrequisitos para el éxito están controlados por los lóbulos frontales. Este libro le dirá también que incluso un daño sutil a los lóbulos frontales produce apatía, inercia e indiferencia.

Este libro trata de la autoconciencia y de la conciencia de los otros. Nuestra capacidad para conseguir nuestros objetivos depende de nuestra capacidad para juzgar críticamente nuestras propias acciones y las acciones de quienes nos rodean. Esta capacidad reside en los lóbulos frontales. El daño a los lóbulos frontales produce una ceguera debilitadora en el juicio.

Este libro trata del talento y el éxito. Reconocemos inmediatamente el talento literario, el talento musical o el talento atlético. Pero en una sociedad compleja como la nuestra, un talento diferente pasa al primer plano: el talento del liderazgo. De todas las formas de talento, la capacidad de liderar, de obligar a otros seres humanos a colocarse detrás de usted, es la más misteriosa y la más profunda. En la historia humana el talento para el liderazgo ha tenido el máximo impacto sobre los destinos de otros y sobre el éxito personal. Este libro ilustra una íntima relación entre el liderazgo y los lóbulos frontales. Por supuesto, el reverso de esto es que una pobre función del lóbulo frontal es especialmente devastadora para un individuo. Por lo tanto, este libro trata también del fracaso.

Este libro trata de la creatividad. Inteligencia y creatividad son inseparables pero no iguales. Cada uno de nosotros ha conocido a personas que son brillantes, inteligentes, despiertas... y estériles. La creatividad requiere la capacidad de abrazar la novedad. Examinaremos el papel crítico de los lóbulos frontales al tratar de la novedad.

Este libro trata de hombres y mujeres. Sólo ahora los neurocientíficos están empezando a estudiar lo que la gente de la calle ha supuesto siempre, que los hombres y las mujeres son diferentes. Hombres y mujeres enfocan las cosas de forma diferente, tienen estilos cognitivos diferentes. Examinaremos cómo estas diferencias en estilos cognitivos reflejan las diferencias de género en los lóbulos frontales.

Este libro trata de la sociedad y la historia. Todos los sistemas complejos tienen ciertas características en común, y al aprender sobre uno de estos sistemas aprendemos sobre los otros. Examinaremos las analogías entre la evolución del cerebro y el desarrollo de estructuras sociales complejas, y sacaremos algunas lecciones sobre nuestra propia sociedad.

Este libro trata de la madurez social y la responsabilidad social. Los lóbulos frontales nos definen como seres sociales. Es más que una coincidencia que la maduración biológica de los lóbulos frontales tenga lugar a la edad que ha sido codificada en prácticamente todas las culturas desarrolladas como el comienzo de la edad adulta. Pero el pobre desarrollo o las lesiones en los lóbulos frontales puede producir un comportamiento carente de limitaciones sociales y sentido de la responsabilidad. Discutiremos la forma en que la disfunción del lóbulo frontal puede contribuir al desarrollo del comportamiento criminal.

Este libro trata del desarrollo cognitivo y el aprendizaje. Los lóbulos frontales son cruciales para cualquier proceso de aprendizaje exitoso, para la motivación y la atención. Hoy somos cada vez más conscientes de trastornos sutiles que afectan a niños tanto como a adultos: trastorno de déficit de atención (ADD) y trastorno de déficit de atención con hiperactividad (ADHD).[2] Este libro describe cómo el ADD y el ADHD son causados por una sutil disfunción de los lóbulos frontales y los caminos que los conectan a otras partes del cerebro.

Este libro trata del envejecimiento. Conforme envejecemos, estamos cada vez más interesados en nuestra perspicacia mental. Conforme crece el interés popular sobre el declive cognitivo, todo el mundo está hablando sobre la pérdida de memoria y nadie habla de la pérdida de funciones ejecutivas. Este libro le dice cuán vulnerables son los lóbulos frontales a la enfermedad de Alzheimer y otras demencias.

Este libro trata de la enfermedad neurológica y psiquiátrica. Los lóbulos frontales son excepcionalmente frágiles. Estudios recientes han mostrado que la disfunción del lóbulo frontal está en el corazón de trastornos devastadores, tales como la esquizofrenia y el trauma de cabeza. Los lóbulos frontales también están implicados en el síndrome de Tourette y en el trastorno obsesivo-compulsivo.

Este libro trata de la forma de ampliar sus funciones cognitivas y proteger su mente frente al declive. La neurociencia contemporánea sólo ahora está empezando a abordar estas cuestiones. Aquí se revisan algunas de las últimas ideas y enfoques.

Sobre todo, este libro trata del *cerebro*, el órgano misterioso que forma parte de nosotros; que nos hace quienes somos, que nos dota de nuestros poderes y nos carga con nuestras debilidades, el microcosmos, la última frontera. Al escribir el libro no hice ningún intento por ser desapasionadamente enciclopédico. Más bien intenté presentar un punto de vista decididamente personal, original y a veces provocativo sobre varios temas de la neuropsicología y la neurociencia cognitiva. Aunque muchas de estas cuestiones fueron publicadas anteriormente en revistas científicas, no representan necesariamente la opinión dominante en el campo, y muchas de ellas siguen siendo mis propias opiniones, controvertidas y decididamente parciales.

Finalmente, este libro trata de *personas*: de mis pacientes, mis amigos y mis maestros, quienes de varias formas y en ambos lados del telón de acero ayudaron a configurar mis intereses y mi carrera, haciendo así posible este libro. El libro está dedicado a Alexandr Romanovich Luria, el gran neuropsicólogo cuyo legado informó y conformó este campo como ningún otro. Tal como le he descrito en otro lugar, él fue, en distintos momentos «mi profesor, mi mentor, mi amigo y mi tirano».[3] Nuestra relación fue íntima y compleja. En el Capítulo 2 presento un informe muy personal acerca de uno de los mayores psicólogos de nuestro tiempo y del contexto extraordinariamente difícil en el que trabajaba.

Un amigo mío de gran relevancia social comentó sucintamente y muy a propósito: «¡El cerebro es grande!». Entre las modas intelectuales, cuasi-intelectuales, y pseudo-intelectuales de hoy, el interés popular por el cerebro reina por encima de todas. Es compartido por un público medio ilustrado, impulsado por una genuina curiosidad sobre la «última frontera de la ciencia»; por los padres, deseosos de que sus hijos tengan éxito y temerosos ante la perspectiva de fracaso; y por los insaciables protagonistas del *baby boom*, decididos a permanecer para siempre en el asiento del conductor, aunque se acercan a la edad en que el declive mental debilitante se convierte en una posibilidad estadística. Para hacer frente a este interés sin parangón se han escrito montones de libros de divulgación sobre la memoria, el lenguaje, la atención, la emoción, los hemisferios cerebrales y temas relacionados. Por increíble que parezca, sin embargo, una parte del cerebro ha sido completamente ignorada en este género: los lóbulos frontales. Este libro se ha escrito para llenar ese hueco.

El público instruido se está desengañando de la feliz ilusión cartesiana de que el cuerpo es frágil pero la mente es para siempre. Cuanto más vivimos, mejor educados estamos; y llevados por nuestro cerebro más que por el músculo, estamos cada vez más interesados en nuestras mentes y preocupados por su pérdida.

La preocupación de nuestra sociedad centrada en la enfermedad ha creado una madeja compleja de realidad, neurosis y culpabilidad con tonos de juicio final. Nunca demasiado lejos del centro de nuestra conciencia colectiva, esta preocupación se concentra normalmente en una enfermedad que recoge todos nuestros temores, convirtiéndose así, en palabras de Susan Sontag,[4] en una metáfora. Ha ocurrido con el cáncer, y luego con el síndrome de inmunodeficiencia adquirida (SIDA). Una vez que la metáfora del día ha perdido impacto y novedad, y la familiaridad alimenta un sentido (mágico) de seguridad, entonces aparece un nuevo foco de interés. Durante los años 90, declarados «la década del cerebro» por los Institutos Nacionales de la Salud, la demencia se convirtió, oportunamente, en el nuevo foco. Puesto que con la edad la demencia golpea a una proporción importante de la población, el interés es básicamente racional pero, como la mayoría de las modas, adquiere tonos neuróticos.

Como corresponde a un movimiento, la preocupación por la demencia ha adquirido su propia metáfora, una metáfora dentro de una metáfora, por así decir. El nombre de esta metáfora es «memoria». En la sociedad de la información dominada por los protagonistas del *babyboom* en proceso de envejecimiento, existe un interés creciente en prevenir el declive cognitivo y aumentar el bienestar cognitivo. Proliferan las clínicas de memoria y los complementos para fortalecer la memoria. Las revistas importantes están repletas de novedades sobre la memoria. «La memoria» se ha convertido en el nombre codificado para la moda incipiente de la salud mental y la preocupación incipiente por la pérdida de la propia mente, por la demencia.

Pero la cognición consta de muchos elementos, siendo la memoria sólo uno de ellos. La memoria es uno de los muchos aspectos de la mente fundamentales para nuestra existencia. La pérdida de memoria es sólo una de las muchas maneras en que puede perderse la mente, igual que la enfermedad de Alzheimer es sólo una de las varias demencias aún incurables y el SIDA es solamente una de las varias enfermedades infecciosas letales aún incurables. Aunque indudablemente frágil, la memoria no es en modo alguno el único y posiblemente ni siquiera el más vulnerable aspecto de la mente, y la pérdida de memoria no es en modo alguno la única forma en que puede perderse la mente. La gente se suele quejar de «memoria» deteriorada por falta de un término mejor o más exacto, cuando lo que les aqueja, de hecho, es el declive de un aspecto de la cognición totalmente diferente.

Como mostrará este libro, ninguna otra pérdida cognitiva se acerca a la pérdida de funciones ejecutivas en el grado de devastación con que visita la mente y el yo de uno. A medida que aprendemos más sobre las enfermedades cerebrales, descubrimos que los lóbulos frontales están especialmente afectados por la demencia, la esquizofrenia, las heridas traumáticas de cabeza, el trastorno de déficit de atención, y muchos otros trastornos. Las funciones ejecutivas están afectadas por las demencias frecuente y tempranamente.

Cualquier esfuerzo futuro por mejorar la longevidad cognitiva mediante una farmacología «cognotrópica» que mejore la mente, mediante el ejercicio cognitivo o cualquier otro medio tendrá que centrarse en las funciones ejecutivas de los lóbulos frontales. Este libro revisa los métodos científicos incipientes diseñados para proteger y reforzar la mente en general y las funciones ejecutivas de los lóbulos frontales en particular.

Finalmente, trazaremos amplias analogías entre el desarrollo del cerebro y el desarrollo de otros sistemas complejos, tales como los dispositivos de computación digital y la sociedad. Estas analogías se basan en la hipótesis de que todos los sistemas complejos tienen ciertas características fundamentales en común y comprender un sistema complejo ayuda a comprender los demás.

Creo que las ideas se entienden mejor cuando se consideran en el contexto en que aparecen. Por lo tanto, intercaladas con la discusión de varios temas de neurociencia cognitiva hay viñetas personales sobre mis maestros, sobre mis amigos, sobre mí mismo, y sobre la época en que vivimos.

Un final y un principio: una dedicatoria

Quejas menores aparte, vivimos en un mundo indulgente, donde el margen de error es normalmente bastante generoso. Siempre he sospechado que, incluso en las más altas esferas de poder, la toma de decisiones es un proceso muy descuidado. De vez en cuando, sin embargo, surgen situaciones en la vida de un ser humano, y de una sociedad, que no permiten ningún margen de error. Estas situaciones críticas ponen a prueba en grado máximo las capacidades ejecutivas de quien toma las decisiones. A los cincuenta y tres años, sólo puedo pensar en una situación semejante en mi vida. Para mí, en esa época ya un estudiante de las funciones ejecutivas, la experiencia tuvo doble importancia como drama personal y como estudio práctico sobre el funcionamiento de los lóbulos frontales: los míos.

Mi mentor, Alexandr Romanovich Luria, y yo estábamos enzarzados en una conversación que habíamos tenido ya una docena de veces antes. Íbamos paseando desde el apartamento de Luria en Moscú hacia la Vieja Arbat por la calle Frunze.[1] Caminábamos con cautela, porque Luria se había roto una pierna y ello le había producido una cojera que frenaba su paso normalmente rápido. Era una temprana tarde de primavera, Moscú se estaba deshelando tras un frío invierno y la plaza se estaba llenando de gente. Pero Luria era tan imponentemente profesoral en su pesado y largo abrigo de cachemir con cuello de astracán y sombrero a juego que la multitud nos cedía el paso.

Era el año 1972. El país había pasado por los años asesinos de Stalin, por la guerra, por más años asesinos de Stalin, y por el abortado deshielo de Khruschev. Ya no se ejecutaba a nadie por disidente; simplemente se le encarcelaba. El estado de ánimo dominante de la gente ya no era de terror escalofriante, sino apagado, resignado, una desesperanza y una indiferencia paralizantes, una especie de estupor. Mi mentor tenía setenta años y yo veinticinco. Me estaba acercando al final de mi *aspirantura*, un curso de posgrado que normalmente llevaba a un puesto en el claustro de la facultad. Estábamos hablando de mi futuro.

Como en muchas ocasiones anteriores, Alexandr Romanovich estaba diciendo que ya era hora de que me afiliara al partido: *el* partido, el Partido Comunista de la Unión Soviética. Puesto que él mismo era un miembro del partido, Luria se ofreció a nominarme y arreglar la segunda nominación por parte de Alexey Nikolayevich Leontyev, también un ilustre psicólogo y nuestro decano en la Universidad de Moscú, con quien yo me mantenía en general en términos cordiales. Ser miembro del partido era el primer paso hacia la élite soviética, un jalón obligatorio para cualquier aspiración seria en la vida. Se daba por supuesto que ser miembro del partido era una condición *sine qua non* para cualquier progreso en la Unión Soviética.

También se daba por supuesto que el nominarme para ser miembro del partido era un gesto muy generoso tanto por parte de Luria como de Leontyev. Yo era un judío de Latvia, provincia considerada poco fiable, y con antecedentes «burgueses». Mi padre había pasado cinco años en el Gulag como «enemigo del pueblo». Yo no me ajustaba exactamente al ideal soviético. El hecho de que respondiesen por mí Luria y Leontyev, las dos máximas figuras en la psicología soviética, podía irritar a la organización del partido en la universidad porque impulsaba a «otro judío» a los estratos enrarecidos de la elite académica soviética. Pero ellos estaban dispuestos a hacerlo, lo que significaba que querían que me quedase en la Universidad de Moscú como un miembro junior del claustro. Los dos me habían protegido antes en varias ocasiones, y estaban preparados para apoyarme una vez más.

Una y otra vez, sin embargo, le dije a Alexandr Romanovich que no me iba a afiliar al partido. En una docena de ocasiones durante los últimos años, cada vez que Luria sacaba el tema yo lo dejaba de lado, bromeando con ello, diciendo que era demasiado joven, demasiado inmaduro, que aún no estaba listo. Yo no quería un choque abierto y Luria no lo forzó. Pero esta vez él hablaba con decisión. Y esta vez dije que no iba a afiliarme al partido porque no quería hacerlo.

Alexandr Romanovich Luria era presumiblemente el más importante psicólogo de su época. Su carrera polifacética incluía originales estudios de desarrollo y cruce cultural, principalmente en colaboración con su mentor Lev Semyonovich Vygotsky, uno de los más grandes psicólogos del siglo xx. Pero fue su contribución a la neuropsicología la que le ganó verdadera aclamación internacional. Considerado universalmente como un padre fundador de la neuropsicología, estudió la base neural del lenguaje, la memoria, y, por supuesto, las funciones ejecutivas. Entre sus contemporáneos, nadie contribuyó más que Luria a la comprensión de la compleja relación entre cerebro y cognición, y era reverenciado en ambos lados del Atlántico (Fig. 2.1).

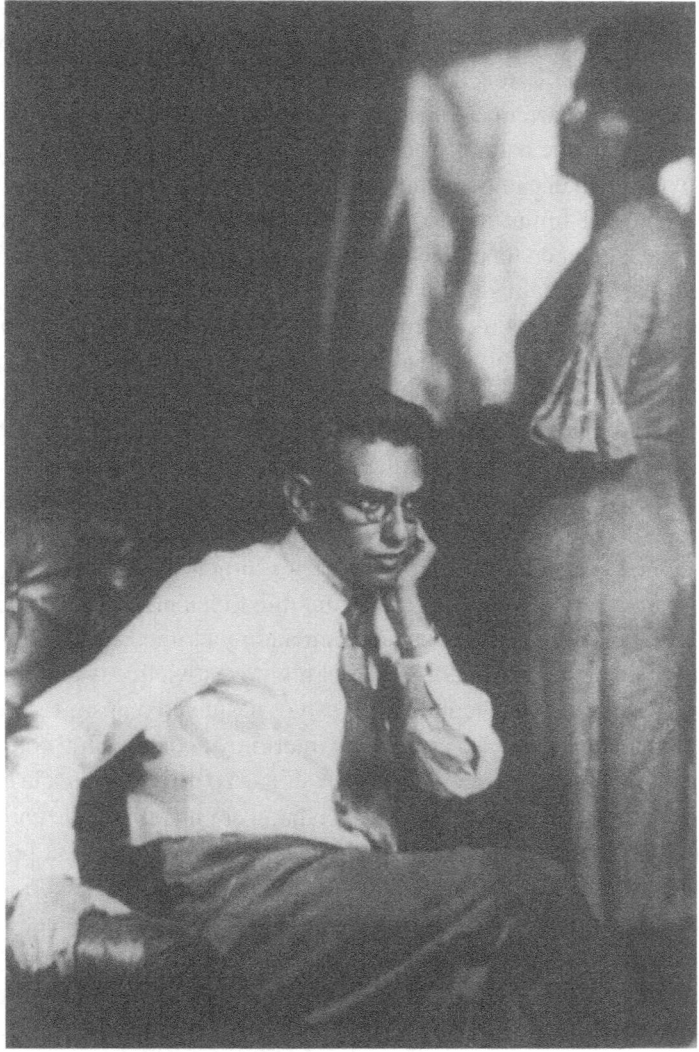

Figura 2.1 Alexandr Romanovich Luria y su mujer Lana Pymenovna Luria, cuando ambos tenían poco más de treinta años. (Cortesía de la Dra. Lena Moskovich.)

Nacido en 1902 en la familia de un destacado médico judío, había vivido en el fermento cultural de comienzos del siglo, los años volátiles de la revolución rusa, la guerra civil, las purgas de Stalin, la segunda guerra mundial, un segundo asalto de las purgas de Stalin, y finalmente un deshielo relativo. Fue testigo de cómo sus más íntimos amigos y mentores, Lev Vygotsky y Nicholai Bernstein, veían sus nombres mancillados y su trabajo censurado por el Estado. En varias ocasiones en distintos momentos de su vida estuvo a punto de ser enviado al Gulag de Stalin pero, a diferencia de muchos otros intelectuales soviéticos, nunca fue encarcelado. Su carrera era una peculiar mezcla de odisea intelectual, impulsada por un despliegue natural y genuino de investigación científica, y un curso de supervivencia en el campo de minas ideológico soviético.

Procedente del límite más occidental del imperio soviético, de la ciudad báltica de Riga, crecí en un ambiente «europeo». A diferencia de las familias de mis amigos de Moscú, la generación de mis padres no creció bajo los soviets. Yo tenía cierto sentido de la cultura «europea» y de la identidad «europea». Entre mis profesores en la Universidad de Moscú, Luria era uno de los poquísimos reconociblemente europeos, y ésta fue una de las cosas que me impulsaron hacia él. Era un hombre de mundo polifacético y plurilingüe, completamente familiarizado con la civilización occidental.

Pero también era un hombre soviético acostumbrado a hacer compromisos para sobrevivir. Yo sospechaba que en los recovecos más profundos de su ser había un temor visceral a la represión física y brutal. Había conocido a otras personas como él, que parecían guardar un miedo latente hasta su muerte, incluso cuando las circunstancias habían cambiado y el miedo ya no respondía a la realidad. Este miedo fue el adhesivo del régimen soviético, y supongo que el adhesivo de cualquier otro régimen represivo, hasta su colapso. Esta dualidad de libertad intelectual, incluso arrogancia interior, y acomodación cotidiana era bastante común entre la intelectualidad soviética. Yo no condenaba la afiliación de Luria al partido, pero tampoco la respetaba, y era una fuente de enojosa ambivalencia en mi actitud hacia él. De alguna forma le compadecía por eso, un sentimiento extraño para un estudiante hacia su mentor reverenciado.

Mi relación con Alexandr Romanovich y su esposa Lana Pymenovna, una reputada oncóloga, era prácticamente familiar. Personas cálidas y generosas, tenían la costumbre de introducir a sus colegas en su vida familiar, invitándoles a su apartamento de Moscú y a su dacha en el campo, y llevándoles a exposiciones artísticas. Al ser el más joven entre los colegas inmediatos de Luria, yo era a menudo el objeto de su supervisión semipaterna, que iba desde buscarme un buen dentista a recordarme que sacara brillo a mis zapatos. Como es normal en la vida, ocasionalmente teníamos desacuerdos sobre pequeñas cosas, pero nuestra relación era muy estrecha.

En esta ocasión, cuando afirmé categóricamente que no iba a afiliarme al partido, Luria se detuvo en mitad de la calle. Con tono de resignación, aunque de forma tajante, dijo: «Entonces, Kolya (mi viejo apodo ruso), no puedo hacer nada por ti». Y en eso quedó. En otras circunstancias esto podría haber sido devastador, pero ese día sentí alivio. Sin que lo supiera Alexandr Romanovich ni casi nadie, yo ya había tomado la decisión de dejar la Unión Soviética. Al hacer de mi pertenencia al partido un prerrequisito para su patronazgo continuo, me liberó de cualquier obligación que pudiera sentir hacia él y que podría haber interferido en mi decisión. Después de esta conversación habían desaparecido las últimas dudas, y la cuestión ya no era si huir, sino cómo hacerlo.

La decisión de dejar el país había madurado poco a poco y mis motivos eran complejos. Vivía bajo un régimen opresivo, pero mi carrera personal no había sido obstaculizada hasta ese momento. El Estado practicaba un antisemitismo tácito; se sabía que existían cupos no escritos en las universidades pero yo estudié en la mejor universidad del país. Se sabía que los judíos no eran en general bien recibidos en las capas más altas de la sociedad soviética, aunque yo personalmente no sufrí directamente el antisemitismo. La mayoría de mis amigos íntimos eran rusos, y en mi círculo social inmediato la cuestión étnica simplemente no surgió. Estaba rodeado de judíos bien situados pertenecientes a la generación de mis padres, lo que significaba que era posible una carrera en la Unión Soviética a pesar de las restricciones tácitas. Las prácticas religiosas estaban recortadas y obstaculizadas, pero yo crecí en una familia laica y esto no era una cuestión de preocupación personal.

La mayoría de mis amigos entendían que vivíamos en una sociedad que no era libre ni opulenta. A pesar de la prominente posición soviética, había un sentimiento nacional de inferioridad y una sensación de que el resto del mundo era más vibrante y más rico en oportunidades. Estábamos aislados de ese mundo, el telón de acero era una realidad palpable y el mundo exterior suponía una invitación. Habiendo crecido en la occidentalizada Riga, yo no tenía miedo de ese mundo.

El adoctrinamiento político empezaba en la Unión Soviética prácticamente desde la guardería. Pero mi familia era un pequeño enclave de disconformidad pasiva y muy pronto en mi vida empecé a recibir un sano antídoto contra la propaganda oficial. Mi padre fue enviado a un campo de trabajo cuando yo tenía un año. En una broma macabra que circulaba por el país en aquellos días, dos internos están hablando en un campo de trabajo. «¿Cuánto tiempo te echaron?» «Veinte años» «¿Qué hiciste?» «Quemé una granja colectiva». Y tú ¿qué hiciste?» «Nada» «¿Cuánto tiempo te echaron?» «Quince años» «¡No me lo creo! Por nada sólo te echan diez».

Mi padre fue sentenciado a diez años en el Gulag en la Siberia Occidental. Fue sentenciado como parte de lo que yo llamaba «sociocidio», una exterminación sistemática de grupos sociales completos: la intelectualidad, los educados en el extranjero, la antigua clase acaudalada. Ser miembro de uno de estos grupos te condenaba a la persecución. Mi padre fue enviado a un campo de trabajo, y en el recibidor de nuestro apartamento mi madre guardaba dos pequeñas maletas preparadas, una para ella y otra para mí. Existían campos de trabajo separados para las «mujeres de los enemigos del pueblo», y existían orfanatos especiales para los «hijos de los enemigos del pueblo». Había maletas preparadas en muchos apartamentos por todo el país. Los agentes de paisano acostumbraban a llegar en automóviles negros sin matrícula (*voronki*, término ruso para «pequeños cuervos»); se presentaban de improviso en mitad de la noche, llamaban al timbre y daban a sus víctimas quince minutos para prepararse, antes de llevárselos para cinco, diez, veinte años, o para siempre. Había que estar preparado.

Crecí sabiendo que mi padre estaba lejos, pero sin saber exactamente dónde. La dirección de sus cartas era simplemente un «apartado postal», y cuando era niño me preguntaba por qué mi padre había decidido vivir en un «apartado», lejos. Cuando se anunció la muerte de Stalin en abril de 1953, los altavoces colocados en la ciudad emitieron música fúnebre. La gente lloraba por las calles. Mi madre corrió al apartamento empujándome, incapaz de contener su alegría y temerosa de mostrarla en público. Mi madre siempre se había manifestado políticamente, hasta el punto de la temeridad. Era peligroso confiar incluso en los propios hijos, puesto que éstos eran animados a informar sobre sus padres... y algunos lo hicieron. Uno de ellos, un muchacho llamado Pavlik Morozov, se había convertido en un héroe nacional.

En el espacio de algunos meses, muchos prisioneros del Gulag fueron liberados antes de tiempo, mi padre entre ellos. Recuerdo a mi madre abrazando a un extraño de delgadez esquelética en el andén de la estación de Riga. Yo tenía seis años y ningún recuerdo de mi padre. Sólo entonces descubrí que el «apartado» era un campo de trabajo y lo que eso significaba. Ésa fue mi primera idea de la verdadera naturaleza del Estado en que vivíamos. Muchos años más tarde mi madre recordaba que yo había tenido un acceso de ira que la aterró por su intensidad, y empecé a gritar «¡Así que eso es realmente la Unión Soviética!».

La vida pronto se instaló en la normalidad. A medida que crecía, no me hacía ninguna ilusión acerca del Estado en que vivía ni tenía ningún apego patriótico por él. Lejos de ello, al llegar a cierta edad desarrollé un sentido razonablemente bien articulado de que toda mi existencia soviética era un lamentable accidente de nacimiento. Pero en un nivel cotidiano me sentía cómodo y a menudo feliz, y estaba «integrado». Fui aceptado en la Universidad de Moscú y estaba en camino de ingresar en la elite académica. Poco a poco fui entendiendo que no había futuro en la Unión Soviética, igual que no había futuro para la Unión Soviética.

Y ahora estaba de pie en mitad de Arbat, sabiendo que la última fuente de duda había desaparecido. Una decisión existencial esperaba ahora una solución ejecutiva. Un intento de dejar el país requería un plan complicado, y no había garantía de éxito. Para salir, tenía que burlar al Estado soviético. Supe que mis lóbulos frontales iban a ser puestos a prueba intensamente durante los próximos meses.

El «paraíso de los trabajadores» estaba diseñado como una ratonera: era más fácil entrar que salir. Los ciudadanos soviéticos no podían dejar el país a voluntad, ni siquiera temporalmente. El permiso para salir al extranjero como turista o en misión oficial implicaba ya un estatus de elite. Casi nunca se permitía viajar juntos a todos los miembros de una familia; se mantenía un rehén para evitar la deserción. Emigrar permanentemente era aún más difícil. Hasta principios de los años setenta era prácticamente desconocido. Luego, como consecuencia de la detente y bajo la presión del Congreso de los Estados Unidos, se permitió una emigración limitada para judíos que iban a Israel. Las autoridades confiaban en que, restringiendo de este modo la emigración, el precedente podría contenerse. En realidad, no obstante, una vez que salían del país los judíos eran libres para ir donde quisieran. Muchos, yo mismo incluido, eligieron los Estados Unidos. Esto produjo un momento irónico en la historia de Rusia, cuando ser judío se convirtió repentinamente en una ventaja. Yo era un miembro de esa minoría paradójicamente «privilegiada». En ese conjunto único de circunstancias, mi naturaleza judía ofrecía un vehículo, más que un impulso, para intentar salir. Como a menudo sucede en la vida, la relación entre un deseo y una oportunidad era algo circular.

Pero había muchos obstáculos que sortear. El estado soviético era brutalmente pragmático. Cuanto mayor se percibía el valor del individuo, más difícil era obtener permiso para dejar el país. Para los graduados de las universidades de elite las oportunidades se acercaban a cero. Como graduado de la Universidad Estatal de Moscú, el Harvard del Este, yo era una valiosa propiedad del Estado. A las personas como yo no se les permitía normalmente emigrar. La analogía con la posesión de esclavos iba más allá. Incluso si se concedía permiso en principio, el Estado exigía un rescate, que se determinaba sobre la base del nivel de educación de una persona. Mi rescate sería especialmente exorbitante.

Mi tesis doctoral estaba escrita y encuadernada, y la defensa oral programada para dentro de unos pocos meses. Estaba claro que no podía solicitar un visado de salida mientras siguiera en la Universidad de Moscú. Cualquiera que solicitara un visado de salida se convertía al instante en persona *non grata*. Nadie me permitiría defender mi tesis en estas circunstancias. Sería expulsado inmediatamente de la universidad.

Retrasar mi solicitud hasta después de mi defensa parecía lo lógico. Pero a medida que empezaba a planear mi fuga, se hizo claro que tener un título avanzado pondría en peligro mis oportunidades. Con desgana estaba llegando a la conclusión de que tendría que sabotear de algún modo mi propia defensa de la tesis. Como sucede con las funciones del lóbulo frontal, éste era un caso extremo donde hay que inhibir una urgencia de gratificación inmediata. Tenía que sacrificar algo por lo que había luchado durante años y que habría sido mío, con un resultado garantizado, en unos pocos meses. La gratificación diferida era la perspectiva de salir del país. En la jerarquía de objetivos (priorizar los propios objetivos, otra función del lóbulo frontal), éste era un objetivo superior.

La estrategia no estaba exenta de riesgos. Al no recibir mi doctorado, yo estaba simplemente ampliando mi oportunidad de éxito pero en modo alguno lo aseguraba. La ecuación era demasiado sombría para computar la ganancia en probabilidades con cualquier grado de precisión. Cualquiera que fuera, seguía existiendo una probabilidad alta de que no se me permitiese salir. En situaciones como ésta, la gente permanecía en un limbo duradero. Denegada la petición de dejar el país, se les negaba también la oportunidad de volver a entrar en la corriente central de la sociedad soviética. Eran despedidos de sus puestos y se convertían en parias de por vida, condenados a trabajos menores en los márgenes de la sociedad. Pero por esto es precisamente por lo que ya no importaba el doctorado. Si se me negaba el derecho a salir, me vería conduciendo un taxi para ganarme la vida con o sin mi doctorado.

Y además había otra razón para no defender la tesis: proteger a mis amigos. Mis profesores serían considerados responsables por las autoridades por la «falta de vigilancia política», por alimentar a un futuro «traidor a la patria». Por extraño que sonara este lenguaje, realmente se utilizaba en el discurso político oficial en la Unión Soviética. Puesto que mi mentor era Alexandr Romanovich, éste quedaría particularmente afectado. Había que evitarlo.

Poco a poco, en mi cabeza tomó forma un plan. Inventaría algo para no defender mi tesis. Luego desaparecería de la Universidad de Moscú tan inadvertidamente como fuera posible y dejaría Moscú. Iría a mi Riga natal y obtendría el trabajo más bajo posible. Luego, al cabo de varios meses, o un año, solicitaría el visado de salida. El resto ya no estaría en mis manos.

El momento exacto de mi solicitud tendría que depender de cosas que no estaban bajo mi control. La detente estaba cobrando fuerza. Henry Kissinger entraba y salía del país. En la prensa se anunciaba una visita inminente del Presidente Nixon. En estas situaciones los soviéticos tendían a mostrar su faz liberal. Yo estaba decidido a preparar meticulosamente mi solicitud para que coincidiese con estos sucesos lo más exactamente posible. A medida que pensaba en los detalles de mi plan, tenía una extraña sensación de despersonalización, como si estuviera viviendo el argumento de una novela sobre la vida de otra persona. Pero ésta iba a ser mi historia, y era autoprovocada.

Trataba de borrar mis huellas. No es que creyera que en el momento crítico de la decisión las autoridades serían ignorantes de mi pasado. Uno no podía borrar sus huellas en la Unión Soviética. Dondequiera que uno iba, tenía que registrarse en la policía local. Un expediente interno seguía a todo ciudadano soviético en cada movimiento por el país. Pero yo contaba con la naturaleza indiferente y fundamentalmente insensata de la burocracia soviética. En los años 70 quedaban muy pocos fanáticos dentro del sistema. Las cosas se hacían ciñéndose estrictamente a las normas. El manual decía que los graduados de la Universidad de Moscú y similares eran valiosos y no debería permitírseles salir. El manual decía también que los barrenderos, taxistas y tenderos eran prescindibles y se les podía dejar salir en nombre del cumplimiento de la detente. Pero el manual no decía nada sobre los graduados de la Universidad de Moscú convertidos en barrenderos. Mi apuesta era que las autoridades, con su proceder mecánico, no cavilarían sobre mi expediente.

Había otro elemento en mis cálculos. De forma tácita estaba comunicando a las autoridades que yo no les tenía miedo. Renunciando voluntariamente al prestigio y las promesas de mi puesto en la universidad y asumiendo un trabajo menor, estaba en cierto sentido dejándoles sin armas. Yo estaba repasando por mí mismo todo lo que ellos me habrían hecho si hubiera solicitado el visado de salida mientras seguía en la Universidad de Moscú. Privándoles de los medios de repercusión, les privaba de su control sobre mí. Lo único que les quedaba era encarcelarme pero, al no ser un disidente activo, no creía que fuera probable. Cuanto menos temor mostrara, más sabían ellos que tendrían que esforzarse para intimidarme y hacer que renunciara a mi plan. Con la detente en el aire y su disposición a parecer «correctos», era probable que concluyeran que retenerme no valía la pena. Pero no había garantía.

Mi primer impulso fue sentarme con Alexandr Romanovich y revelarle mi plan. Pero había dos razones importantes para no hacerlo. Aunque estaba haciendo todo lo que podía por distanciarme, y minimizar así cualquier posible repercusión que mis acciones pudieran tener sobre él, no podía estar seguro de su reacción. Cualesquiera que fueran sus verdaderas creencias, públicamente había sido siempre un ciudadano soviético leal, a veces vehementemente leal. ¿Era sólo una pátina, de la que procuraba no desprenderse? ¿Creía verdaderamente en lo que decía? Yo sospechaba que había un poco de ambas cosas, que una constante disonancia consciente entre lo que se dice y lo que se siente era demasiado penosa de soportar. En los muchos años de nuestra íntima asociación, nunca fui capaz de tener una discusión política abierta con Alexandr Romanovich. Cada vez que trataba de sonsacarle, su respuesta era una estridente y casi frenética «línea de partido». Lo más cerca que Luria había estado nunca de revelar su descontento profundamente soterrado era mediante una murmuración ocasional «Vremena slozhnye, durakov mnogo» («Estos son tiempos complejos, con muchos imbéciles alrededor»). Lo que inicialmente se adoptaba como una mímica protectora se convertía con el tiempo en una forma de «autohipnosis».

Irónicamente, el término «autohipnosis» fue propuesto en 1990, medio en broma, por una persona que no era otra que la propia hija de Luria, Lena, durante una cena en Nirvana, un restaurante indio frente al Central Park de Nueva York. Estábamos hablando de sus padres, ambos muertos hacía tiempo, y sobre otras personas de su generación. Como yo mismo, Lena estaba fascinada por la autohipnosis política como mecanismo de defensa psicológica bajo la tiranía. La mujer de Luria, Lana Pymenovna, era mucho menos dada a la autohipnosis, y durante años nosotros habíamos tenido muchas conversaciones abiertas sobre temas prohibidos.

Con estos antecedentes no había garantía de que Luria no informase de mis intenciones a las autoridades de la universidad. Según las reglas que gobernaban el sistema, esto era realmente lo que se esperaba de él, e ignorar la regla sería considerado como una seria trasgresión por parte de un profesor soviético y miembro del partido con buena posición. Informada sobre mis planes, la universidad hubiera prescindido de mí inmediatamente como una fuente potencial de molestias. Me encontraría en un limbo imposible incluso antes de solicitar el visado. Esto era particularmente arriesgado. Expulsado de la universidad como «políticamente poco razonable», me sería extraordinariamente difícil encontrar un trabajo —cualquier tipo de trabajo. Dentro de los parámetros del Estado ratonera soviético, ése era un lugar muy peligroso. Una ley escrita permitía al Estado arrestar y encarcelar a los «parásitos», las personas sin empleo. Esta ley raramente aplicada se invocaba cuando las autoridades querían «atrapar» a alguien —especialmente a los «políticamente poco razonables» que trataban de dejar el país. Por el bien de mi plan, y el alma de mi maestro, sólo podía esperar que no me entregase, pero no había ninguna garantía.

Y luego había otra razón, menos egocéntrica, para no confiarme con Alexandr Romanovich. Dicho de forma simple, yo tenía miedo de que el *shock* de las noticias sobre mis planes le provocara un ataque al corazón allí mismo y en ese preciso momento. Él tenía en efecto un corazón delicado, y el miedo visceral al Estado podía producirle una reacción emocional desproporcionada con la realidad de la situación. Independientemente de cómo lo considerara uno, era mejor que Alexandr Romanovich no supiera nada de mis intenciones. Sólo unas pocas personas conocían mis planes. Todos eran amigos de confianza, a pesar de sus muy diferentes orígenes y creencias.

Y así decidí recurrir a una «mentira piadosa». Cancelar una defensa oral ya programada era algo desconocido. Inventé una historia sobre una emergencia médica en la familia y la necesidad urgente de obtener un trabajo. Mi plan manifiesto era volver a Riga, obtener un trabajo, apoyar a mi familia hasta que la «crisis» hubiera pasado, y luego volver para defender la tesis—medio año o un año, con suerte. Luria se inquietó con mi historia, pero tras un *tour de force* yo salí triunfante. Pude retirarme de la universidad sin revelar, y así poner en peligro, mis planes.

Llegué a Riga y empecé a buscar trabajo. Esto resultó muy difícil, porque obviamente mi cualificación era muy superior a la requerida para los trabajos que estaba solicitando. Finalmente fui contratado como camillero en un hospital del centro de la ciudad —el más bajo en el escalafón. Fui asignado a la unidad de cuidados intensivos. Los pacientes —accidentes de automóvil, sobredosis, puñaladas, violaciones— me proporcionaron una nueva perspectiva sobre mi ciudad de nacimiento.

Los pacientes eran ingresados en ambulancia a mitad de la noche. Yo entraba a trabajar a las seis de la mañana, y para entonces algunos de ellos habían fallecido. Identificar a los muertos en las sucísimas camas y contarlos era mi primera ocupación del día. Como promedio eran seis o siete. Mi trabajo consistía en entregar los cadáveres en la morgue. Los transportaba manualmente en una camilla tambaleante con mi «compañera» María.

María era un mujer desdentada y permanentemente borracha, de entre cuarenta y sesenta y cinco años. Su dominio de las blasfemias rusas era terrible. En aquellos días, yo mismo era muy mal hablado, pero era un aprendiz comparado con el virtuosismo de ella. Todas las mañanas, cuando llegaba, se bebía los autoclaves médicos con etanol utilizados para esterilizar instrumentos médicos. Éste era su desayuno. A las siete de la mañana, cuando estábamos listos para cargar nuestros cadáveres, estaba tan borracha que apenas podía andar. Se tambaleaba, tropezaba y ocasionalmente se caía. Entonces yo estaba atrapado con dos cadáveres, uno real y otro virtual.

En comparación, el resto de mis actividades era trivial: llevar botellas con medicamentos, limpiar los suelos, trasladar pacientes —todas las tareas usuales que los camilleros hacen en todo el mundo. Fue una experiencia surrealista. Pero tras meses de extremo esfuerzo cognitivo asociado con toma de decisiones críticas (ésta debe haber sido la primera vez en mi vida en que descubrí una cosa tal como el esfuerzo cognitivo), había tranquilidad, un hiato, una apariencia de estabilidad por frágil y extraña que fuera. Durante los pocos meses siguientes, hasta que solicitara mi visado, no había decisiones críticas que tomar. Y cuando lo solicitara, no sería despedido. ¡No de este trabajo! Estaba dando descanso a mis lóbulos frontales.

A su debido tiempo solicité mi visado de salida, y unos meses más tarde fui convocado para recibir la respuesta. Era favorable. Yo era libre para salir. La mujer uniformada que me dio las noticias tenía mi expediente delante de ella. Le echó un vistazo y exclamó con incredulidad: «¡Le dejan ir con este currículum!» Yo simplemente me encogí de hombros. No había indignación en su voz, sólo perplejidad. No era su decisión y no le importaba. Quedaban pocos fanáticos dentro del sistema. Mientras caminaba por la calle, yo tenía de nuevo una sensación de despersonalización, como si esto no me estuviera sucediendo a mí, sino a alguien a quien yo estaba observando desde fuera.

Volé a Moscú para despedirme. Como cientos de veces antes, estábamos sentados alrededor de la antigua mesa maciza con cabezas de latón en el estudio de Luria. Habían pasado dos años desde nuestro paseo por la vieja Arbat. Nosotros, Alexandr Romanovich y yo, hablamos durante muchas horas, seis, siete, o más. Lana Pymenovna estaba sirviendo té y se nos unía intermitentemente. Luria no estaba ofendido por mi mentira piadosa. Parecía aliviado de haber quedado fuera de todo el asunto. Finalmente dijo: «No apruebo *lo que* estás haciendo, pero agradezco *cómo* lo has hecho». Se sobreentendía que nunca podría comunicarme con él desde el extranjero; ahora yo era persona *non grata*. Ésta iba a ser nuestra última conversación. Alexandr Romanovich murió tres años más tarde.

Y vine a los Estados Unidos y empecé desde el principio. La continuidad intelectual y estilística que liga a un discípulo con su maestro se había roto y me encontré en mi nueva patria esencialmente solo. Esto hizo las cosas más difíciles al principio, aunque, visto en retrospectiva, más gratificantes. Pero la continuidad también se conservó a través de los numerosos y duraderos hilos de las influencias de mi maestro, que hasta hoy día está presente en mi carrera en formas tanto obvias como sutiles. Han pasado exactamente 27 años desde aquella incómoda despedida. Mi interés por los lóbulos frontales fue sembrado por Alexandr Romanovich y ha seguido estando entre los temas más persistentes de mi carrera. Y por ello este libro está escrito en memoria de Alexandr Romanovich Luria, el hombre que influyó decisivamente en mi vida, y de los complejos tiempos en los que su carrera terminaba y la mía empezaba.

El director ejecutivo del cerebro: una mirada a los lóbulos frontales

Las muchas caras del liderazgo

Llegan al trabajo en limusinas con ventanillas de cristal ahumado; suben a los pisos superiores de las oficinas centrales de la compañía en ascensores privados; sus sueldos están más allá de la imaginación de una persona media. Un examen informal sugiere que son, en promedio, varios centímetros más altos que el resto de nosotros. Envueltos en mística y mirados con temor, son los directores ejecutivos —CEOs*— de América.

Calle arriba desde las oficinas centrales de la empresa en el centro de Manhattan, en el Carnegie Hall, un desmelenado director ensaya con su orquesta. Unas pocas manzanas al sur, en Broadway, un exasperado director de escena trata de hacer que los actores capten su interpretación de una famosa obra. Podría parecer que tienen poco en común con el magnate de la empresa, pero realizan funciones similares. Para un observador ingenuo, el CEO no fabrica el producto de la empresa, de la misma forma que el director de orquesta no toca y el director teatral no actúa. Pese a todo, ellos dirigen las acciones de los que fabrican el producto, tocan la música o representan en escena. Sin ellos no habría producto, ni concierto, ni espectáculo.

El papel del líder que envía a otros a la acción, en lugar de actuar él mismo, se desarrolló relativamente tarde en la sociedad. La historia de la música primitiva no hace mención del director de orquesta, y no hay mención del director de escena en el teatro griego. La guerra primitiva era un choque de dos hordas, en donde cada hombre luchaba en su propio combate; el general llegó milenios más tarde. Y sólo muy recientemente en la historia de la guerra es cuando el mando militar supremo ya no inspiraba a las tropas con su valor personal en primera línea, sino que guiaba la batalla desde la retaguardia.

---

* CEO: chief executive officer. [N. del T.]

La función del liderazgo sólo adquiere un estatus característico y se hace independiente cuando el tamaño y complejidad de la organización (o del organismo) traspasa un cierto umbral. Una vez que la función del liderazgo ha cristalizado en un papel especializado, la sabiduría del líder consiste en mantener un equilibrio delicado y dinámico entre autonomía y control de las partes del organismo. Un líder prudente sabe cuándo intervenir e imponer su voluntad y cuándo retirarse y dejar que sus lugartenientes muestren su propia iniciativa.

El papel del líder es evasivo pero crítico. Dejemos que falte el líder, por poco tiempo que sea, y llega el desastre. Una orquesta se sumergirá en la cacofonía, la toma de decisiones se detendrá, y un gran ejército fracasará. De hecho, algunos historiadores atribuyen la decisiva derrota del Gran Ejército de Napoleón en Waterloo al débil liderazgo del emperador debido a una dolorosa exacerbación de su enfermedad crónica.[2]

El papel del líder es crítico pero evasivo. Recuerdo que cuando era niño me preguntaba por qué la orquesta necesitaba a aquel hombre divertido que agitaba las manos en el pódium, puesto que no aportaba ninguna contribución audible a la música creada ante mí. Y recuerdo al hijo de tres años de un amigo mío que describía el trabajo de su padre como «sentarse en la oficina y sacar punta a los lápices» (su padre era el director de un gran departamento en una universidad importante).

Del mismo modo, los primeros textos de neurología contenían elaboradas descripciones de los papeles jugados por otras partes del cerebro pero apenas ofrecían una nota a pie de página sobre los lóbulos frontales. La consecuencia que se sacaba era que los lóbulos frontales existían fundamentalmente como efectos ornamentales. Los neurocientíficos necesitaron muchos años para empezar siquiera a apreciar la importancia de los lóbulos frontales para la cognición. Pero cuando esto sucedió finalmente, surgió una imagen de particular complejidad y elegancia. Empezaremos a examinarla ahora.

El lóbulo ejecutivo

El cerebro humano es el sistema natural más complejo del universo conocido; su complejidad rivaliza con, y probablemente supera, la complejidad de las estructuras sociales y económicas más intrincadas. Es la nueva frontera de la ciencia. Los años 90 fueron declarados la década del cerebro por los Institutos Nacionales de la Salud. De la misma forma que la primera mitad del siglo XX fue la era de la física, y la segunda mitad del siglo XX fue la era de la biología, el principio del siglo XXI es la era de la ciencia del cerebro-mente.

Igual que una gran empresa, una gran orquesta, o un gran ejército, el cerebro consta de distintas componentes que sirven a distintas funciones. E igual que estas organizaciones humanas a gran escala, el cerebro tiene su CEO, su director, su general: los lóbulos frontales. Para ser precisos, este papel está conferido a una parte de los lóbulos frontales: la corteza prefrontal. Es una abreviatura común, no obstante, utilizar el término «lóbulos frontales».

Igual que los elevados papeles de liderazgo en la sociedad humana, los lóbulos frontales fueron los últimos en llegar. En la evolución su desarrolló empezó a acelerarse sólo con los grandes simios. Como sede de la intencionalidad, la previsión y la planificación, los lóbulos frontales son los más específicamente «humanos» de todos los componentes del cerebro humano. En 1928 el neurólogo Tilney sugirió que la evolución humana entera debería considerarse la «edad del lóbulo frontal».[3]

Igual que las funciones de un CEO, las funciones de los lóbulos frontales desafían una definición rotunda. No tienen asignada una función única y lista para etiquetar. Un paciente con una enfermedad en el lóbulo frontal conservará la capacidad de moverse, utilizar el lenguaje, reconocer objetos e incluso memorizar información. Pero igual que un ejército sin líder, la cognición se desintegra y finalmente colapsa con la pérdida de los lóbulos frontales. En mi lenguaje ruso natal, hay una expresión: «bez tsarya v golovye», «una cabeza sin el zar dentro». Esta expresión podría haberse ideado para describir los efectos de las lesiones en el lóbulo frontal sobre el comportamiento.

Como si la conexión con la realeza no fuera suficiente, los lóbulos frontales han sido investidos también con un aura divina. En su extraordinario ensayo cultural-neuropsicológico, Julian Jaynes avanza la idea de que el hombre primitivo confundía las órdenes ejecutivas generadas internamente con las voces de los dioses originadas externamente.[4] Así, por implicación, la llegada de las funciones ejecutivas en las etapas primitivas de la civilización humana quizá haya sido responsable de la formación de las creencias religiosas.

Los historiadores del arte han advertido un curioso detalle en *La creación de Adán*, el gran fresco de Miguel Angel en el techo de la Capilla Sixtina. El manto de Dios tiene la forma característica del perfil del cerebro, sus pies reposan en el tallo cerebral y su cabeza está enmarcada por el lóbulo frontal. El dedo de Dios, que apunta hacia Adán y le hace humano, se proyecta desde la corteza prefrontal. En palabras de Julius Meier-Graefe, «Hay más genio en el dedo de Dios, llamando a Adán a la vida, que en toda la obra de cualquiera de los precursores de Miguel Angel».[5] Nadie sabe si Miguel Angel pretendía o no esta alegoría, o si la imagen es accidental; quizá sea esto último. Pero apenas puede imaginarse un símbolo más poderoso del efecto profundo de humanización de los lóbulos frontales. Los lóbulos frontales son verdaderamente «el órgano de la civilización».

Puesto que los lóbulos frontales no están ligados a ninguna función única y fácilmente definida, las primeras teorías de la organización cerebral les negaban cualquier papel importante. De hecho, los lóbulos frontales solían ser conocidos como «los lóbulos silentes». Durante las últimas décadas, sin embargo, los lóbulos frontales se han convertido en el centro de una intensa investigación científica. Además, nuestros esfuerzos por comprender las funciones de los lóbulos frontales, y en especial la corteza prefrontal, son un trabajo en curso y, a falta de conceptos más precisos, a menudo divagamos con metáforas poéticas. La corteza prefrontal desempeña el papel central de establecer fines y objetivos y luego de concebir los planes de acción necesarios para alcanzar dichos fines. Selecciona las habilidades cognitivas necesarias para implementar los planes, coordina dichas habilidades y las aplica en el orden correcto. Finalmente, la corteza prefrontal es responsable de evaluar el éxito o el fracaso de nuestras acciones en relación con nuestras intenciones.

La cognición humana mira hacia adelante, es proactiva antes que reactiva. Está impulsada por objetivos, planes, aspiraciones, ambiciones y sueños, todos los cuales pertenecen al futuro y no al pasado. Estas potencias cognitivas dependen de los lóbulos frontales y evolucionan con ellos. En un sentido amplio, los lóbulos frontales son el mecanismo por el que el organismo se libera a sí mismo del pasado y se proyecta en el futuro. Los lóbulos frontales dotan al organismo de la capacidad de crear modelos neurales de cosas como prerrequisito para hacer que las cosas sucedan, modelos de algo que todavía no existe pero que uno quiere traer a la existencia.

Para evocar una representación interna del futuro, el cerebro debe tener una capacidad de tomar ciertos elementos de experiencias previas y reconfigurarlos de una forma que en su totalidad no corresponde a ninguna experiencia pasada real. Para conseguirlo, el organismo debe ir más allá de la mera capacidad de *formar* representaciones internas, los modelos del mundo exterior. Debe adquirir la capacidad de *manipular* y *transformar* dichos modelos. Como dice un amigo mío, matemático dotado, el organismo debe ir más allá de la capacidad de ver el mundo *a través* de representaciones mentales; debe adquirir la capacidad de trabajar *con* representaciones mentales. Puede decirse que una de las características fundamentales distintivas de la cognición humana, la fabricación sistemática de herramientas, depende de esta habilidad, puesto que una herramienta lista-para-utilizar no existe en el entorno natural y tiene que ser evocada para que sea fabricada. Para ir incluso más allá, el desarrollo de la maquinaria neural capaz de crear y sostener imágenes del futuro, los lóbulos frontales, puede verse como un prerrequisito necesario para fabricar herramientas, y por ello para el ascenso del hombre y el despegue de la civilización humana como frecuentemente se define.

Además, el poder generador del lenguaje para crear nuevas construcciones puede depender también de esta capacidad. La capacidad de manipular y recombinar representaciones internas depende críticamente de la corteza prefrontal, y la emergencia de esta capacidad va en paralelo con la evolución de los lóbulos frontales. Si existe algo semejante al «instinto del lenguaje»,[6] puede estar relacionado con la emergencia, ya en una fase tardía en la evolución, de las propiedades funcionales de los lóbulos frontales.

Por consiguiente, el desarrollo más o menos simultáneo de las funciones ejecutivas y el lenguaje fue altamente fortuito desde el punto de vista adaptativo. El lenguaje ofrecía los medios de construir modelos y las funciones ejecutivas ofrecían los medios de manipularlos y hacer operaciones sobre los modelos. Traducido al lenguaje de la biología, la llegada de los lóbulos frontales era necesaria para hacer uso de la capacidad generativa intrínseca al lenguaje. Para los creyentes en drásticas discontinuidades como un factor principal en la evolución, la confluencia entre el desarrollo del lenguaje y las funciones ejecutivas quizá haya sido la fuerza decisiva que había detrás del salto cuántico que fue la llegada del hombre.

De todos los procesos mentales, la formación de objetivos es la actividad más centrada en el actor. La formación de objetivos trata de «yo necesito» y no de «ello es». De modo que la emergencia de la capacidad de formular objetivos debe haber estado inexorablemente ligada a la emergencia de la representación mental del «yo». No debería ser una sorpresa que la emergencia de la autoconciencia esté también intrincadamente ligada a la evolución de los lóbulos frontales.

Todas estas funciones podrían considerarse metacognitivas antes que cognitivas, puesto que no se refieren a ninguna habilidad mental concreta sino que ofrecen una organización jerarquizada para todas ellas. Por esta razón, algunos autores califican las funciones de los lóbulos frontales como «funciones ejecutivas», por analogía con los CEO. Encuentro aún más reveladora la analogía con el director de orquesta. Pero para apreciar completamente las funciones y las responsabilidades del director, tenemos primero que aprender más sobre la orquesta.

La arquitectura del cerebro: una introducción

La visión microscópica

El cerebro consiste en centenares de miles de millones de células (*neuronas* y *células gliales*), intrincadamente interconectadas por caminos (*dentritas* y *axones*). Existen varios tipos de neuronas y células gliales. Algunos de los caminos entre neuronas son locales, y se ramifican dentro de sus «vecindades» inmediatas. Pero otros son largos e interconectan estructuras neurales distantes. Estos caminos largos están cubiertos con un tejido graso blanco, la *mielina*, que facilita el paso de las señales eléctricas generadas dentro de las neuronas (*potenciales de acción*). Las neuronas y las conexiones locales cortas constituyen la *materia gris*, y los caminos mielinizados largos constituyen la *materia blanca*. Cada neurona está interconectada con una miríada de otras neuronas, lo que da como resultado pautas intrincadas de interacciones. De este modo, a partir de elementos relativamente simples se construye una red de complejidad inconcebible.

Conseguir una gran complejidad por medio de múltiples permutaciones de elementos simples parece ser un principio universal que está implementado en la naturaleza (y en la cultura) de diversas formas. Pensemos, por ejemplo, en el lenguaje, donde miles de palabras, frases y discursos se construyen a partir de unas pocas docenas de letras; o pensemos en el código genético, en donde puede conseguirse un número prácticamente infinito de variantes mediante la combinación de un número finito de genes.

Aunque la señal generada dentro de una neurona es eléctrica, la comunicación entre las neuronas toma una forma química. Entrelazados y entretejidos con la complejidad estructural antes descrita están los múltiples sistemas bioquímicos del cerebro. Las sustancias bioquímicas, llamadas *neurotransmisores* y *neuromoduladores*, permiten la comunicación entre neuronas. Una señal eléctrica (*potencial de acción*) se genera dentro del cuerpo de la neurona y viaja a lo largo del axón hasta que llega al terminal, el punto de contacto con una dendrita, un camino que lleva a otra neurona. En el punto de contacto hay un espacio llamado *sinapsis*. La llegada del potencial de acción libera pequeñas cantidades de sustancias químicas (neurotransmisores) que cruzan la sinapsis como balsas a través de un río y se unen a los *receptores*, moléculas altamente especializadas al otro lado del espacio. Conseguido esto, los neurotransmisores se descomponen en la sinapsis con la ayuda de enzimas especializadas. Mientras, la activación de receptores postsinápticos da como resultado otro suceso eléctrico, un *potencial postsináptico*. Varios potenciales postsinápticos simultáneos dan como resultado otro potencial de acción, y el proceso se repite miles de miles de veces a lo largo de caminos tanto paralelos como secuenciales. Esto permite codificar información de tremenda complejidad.

Continuamente estamos aprendiendo acerca de nuevos tipos de neurotransmisores. Hasta la fecha se han descubierto varias docenas de ellos: glutamato, ácido gamma-aminobutírico (GABA), serotonina, acetilcolina, norepinefrina y dopamina, por citar unos pocos. Algunos neurotransmisores, como el glutamato o el GABA, se encuentran prácticamente en cualquier lugar del cerebro. Otros neurotransmisores, como la dopamina, están restringidos a ciertas partes del cerebro. Cada neurotransmisor puede unirse a varios tipos de receptores, algunos de los cuales son ubicuos y otros son específicos de ciertas regiones.

El cerebro puede considerarse un acoplamiento de dos organizaciones altamente complejas, estructural y química. Este acoplamiento lleva a un incremento exponencial en la complejidad global del sistema. Ésta, a su vez, se ve aumentada todavía más por los ubicuos bucles de realimentación mediante los que la actividad de la fuente de señal es modificada por su blanco, tanto locales como globales, tanto estructurales como bioquímicos. Como resultado, el cerebro puede producir un conjunto prácticamente infinito de patrones de activación diferentes, correspondientes a los estados prácticamente infinitos del mundo exterior. La neurona representa una unidad microscópica del cerebro, y el patrón de conectividad entre neuronas representa la organización microscópica del cerebro.

Cuando el organismo está expuesto a un nuevo patrón de señales procedentes del mundo exterior, las intensidades de los contactos sinápticos (la facilidad para el paso de señales entre neuronas) y las propiedades bioquímicas y eléctricas se transforman poco a poco en complejas constelaciones dispersas. Esto supone aprendizaje, tal como hoy lo entendemos.[1]

La visión macroscópica

Las neuronas están agrupadas en estructuras cohesivas, *núcleos* y *regiones*. Cada estructura consta de millones de neuronas. Los núcleos y regiones representan las unidades macroscópicas del cerebro, y el patrón de conectividad entre ellas representa la organización macroscópica del cerebro. El cerebro es un sistema fuertemente interconectado, y la arquitectura de las conexiones principales entre sus núcleos y regiones proporciona una útil visión aérea del sistema total.

A efectos heurísticos, yo recurro a la metáfora de un árbol. Un árbol tiene un tronco y ramas. Las ramas se dividen en ramitas. Al final de las ramitas está el fruto. En cierto modo, el cerebro está organizado de un manera similar. Se puede pensar en el cerebro como un «árbol de impulso y activación». Su tronco está encargado del impulso y la activación fisiológica general necesarios para la función de las varias estructuras cerebrales, el fruto. Es el pivote anatómico del cerebro, el *tallo cerebral*. Una lesión masiva en el tallo cerebral interrumpe la conciencia y puede llevar a un coma.

Contenidos dentro del tallo cerebral compacto hay numerosos núcleos, que dan lugar a un intrincado sistema de caminos. En muchos casos los núcleos y sus proyecciones son bioquímicamente específicos, ligados a un neurotransmisor concreto; en otros casos son bioquímicamente complejos, e implican varios neurotransmisores. Éstos son las ramas y ramitas del «árbol de activación». Cada rama contiene proyecciones sobre una parte característica del cerebro, lo que asegura su activación. Hace unas pocas décadas era común referirse a estas ramas colectivamente como el sistema activador reticular ascendente (SARA).[2] Hoy es cada vez más factible identificar sus distintas componentes neuroanatómicas y bioquímicas y estudiar dichas componentes por separado. Una lesión en cualquier rama dada no perturbará la conciencia en un sentido global, pero interferirá con una función cerebral específica. Cada rama del árbol de activación se proyecta en distintas componentes del cerebro, cada una de ellas con su propio conjunto de funciones.

Existen varias estructuras subcorticales en el cerebro. En la evolución, las estructuras subcorticales se desarrollaron antes que la corteza, y durante millones de años guiaron los comportamientos complejos de diversos organismos. En los reptiles vivos contemporáneos, e incluso en las aves, el neocórtex está sólo mínimamente representado.[3] En un cerebro acortical filogenéticamente antiguo pueden identificarse dos conjuntos de estructuras: el *tálamo* y los *ganglios basales*. En una etapa temprana de la evolución el sistema nervioso central se dividió en dos mitades laterales. Por consiguiente, cada una de las estructuras cerebrales aquí descritas consiste en un par de mitades gemelas: izquierda y derecha.

A pesar de cierto solapamiento funcional, el tálamo y los ganglios basales estaban encargados de funciones característicamente diferentes. En el cerebro precortical antiguo el tálamo estaba encargado fundamentalmente de recibir y procesar información procedente del mundo exterior, y los ganglios basales estaban encargados del comportamiento y la acción motora. Así pues, la distinción entre percepción y acción parece haber sido fundamental en la arquitectura del cerebro desde el principio. El árbol de activación se divide en dos ramas mayores, una que se proyecta por separado en la maquinaria subcortical de la percepción (la *rama dorsal*), y la otra de acción (la *rama ventral*).

Aunque a menudo se trata como una única estructura, el tálamo es, de hecho, un conjunto de muchos núcleos. Algunos de ellos están encargados de procesar distintos tipos de información sensorial: visual, auditiva, táctil y similares. Otros núcleos talámicos están encargados de integrar varios tipos de información sensorial. Una jerarquía completa de integración de *inputs* está presente en el tálamo. El núcleo talámico dorsomedial está en la cima de esta jerarquía, y está estrechamente interconectado con la corteza prefrontal. Otros núcleos talámicos, que se encuentran alrededor de la línea central, son no-específicos, encargados de varias formas de activación.[4]

Estrechamente ligada al tálamo está una estructura denominada el *hipotálamo*. Mientras que el tálamo registra el mundo exterior, el hipotálamo registra los estados internos del organismo y ayuda a mantenerlos dentro de los parámetros homeostáticos y adaptativos. El hipotálamo es también un conjunto de núcleos distintos, cada uno de ellos relacionado con un aspecto diferente de la homeóstasis: ingesta de alimento, ingesta de líquido, temperatura corporal y demás. Juntos, el tálamo y el hipotálamo se conocen como el *diencéfalo*.[5]

Los ganglios basales incluyen a los núcleos caudados, el *putamen* y el *globus pallidus*. En el cerebro precortical estas estructuras eran fundamentales para la iniciación de acciones y el control de los movimientos. En el cerebro mamífero evolucionado los ganglios basales están bajo un control particularmente estrecho de los lóbulos frontales y trabajan en colaboración con ellos. De hecho, la colaboración es tan estrecha que yo tiendo a considerar a los núcleos caudados como parte de los «lóbulos frontales mayores».

También se considera como uno de los ganglios basales una estructura denominada la *amígdala*, aunque tiene una función algo diferente. La amígdala regula aquellas interacciones del organismo con el mundo externo que son cruciales para la supervivencia del individuo y la especie: las decisiones sobre atacar o escapar, copular o no, comer o no. Ofrece una evaluación afectiva, precognitiva y rápida de la situación en términos de su valor de supervivencia.[6]

El *cerebelo* es una gran estructura unida a la parte trasera (o como diría un neuroanatomista, el aspecto dorsal) del tallo cerebral. Su anatomía es un paralelo en miniatura de la anatomía del cerebro en conjunto: un pivote llamado el *vermis* y dos hemisferios cerebelares. El cerebelo es importante en los movimientos, especialmente en la coordinación de movimientos finos con la información sensorial. Pero estudios recientes han mostrado también que el cerebelo está estrechamente ligado a la corteza frontal y participa en la planificación compleja.[7]

En un momento relativamente tardío en la evolución del cerebro empezó a surgir la corteza, primero arquicorteza, luego paleocorteza.[8] Incluye al hipocampo y la corteza cingulada. El *hipocampo*, el «caballito de mar», está compuesto de dos largas estructuras que abrazan el interior de los lóbulos temporales (o como diría un neuroanatomista, de sus aspectos mesiales). El hipocampo desempeña un papel crítico en la memoria. Algunos científicos creen que está dedicado especialmente al aprendizaje espacial.[9] Creo que ésta es una visión estrecha sugerida por los experimentos con animales, donde el aprendizaje espacial es el único paradigma posible para estudiar la memoria. En los seres humanos, el hipocampo está también implicado en otras formas de memoria, tales como la memoria verbal.[10]

La *corteza cingulada* abarca la superficie interna de los hemisferios que están por encima del cuerpo calloso. Su función no está enteramente clara, pero ha sido implicada en las emociones. Junto con la amígdala y los hipocampos, la corteza cingulada comprende el denominado sistema límbico,[11] un constructo algo superado que implica una unidad funcional entre estas estructuras, cuyo valor heurístico ha sido contestado de forma creciente. La corteza cingulada anterior, que supuestamente trabaja con la incertidumbre, está íntimamente ligada a la corteza prefrontal.[12] En cierto sentido, forma parte también de los lóbulos frontales mayores.

Finalmente llegó a la escena el *neocórtex*,[13] un manto delgado que cubre el cerebro y está arrugado con muchas convoluciones, como una nuez. El manto cortical tiene su propia organización intrincada. Consta de seis capas, cada una de ellas caracterizada por su propia composición neuronal. Algunas partes del neocórtex están organizadas en «columnas» verticales que cortan camino a través de las capas y representan distintas unidades funcionales. La llegada del neocórtex ha cambiado radicalmente la forma en que se procesa la información y ha dotado al cerebro con una potencia y una complejidad computacional mucho mayores. La división en dos sistemas gemelos laterales continúa dentro de la corteza, dando lugar a dos hemisferios cerebrales. La diferencia entre los sistemas de «percepción» y «acción» se mantiene también en el nivel neocortical, con la parte posterior (trasera) de la corteza dedicada a la percepción y la parte anterior (frontal) dedicada a la acción. Pero a pesar de estas divisiones, el neo-córtex está mucho más fuertemente interconectado que sus predecesores sub-corticales. Como veremos más adelante, quizá ésta haya sido su razón de ser adaptativa.

La llegada del neocórtex cambió radicalmente el «equilibrio de poder» dentro del cerebro. Las estructuras subcorticales antiguas, que solían desempeñar ciertas funciones independientemente, se encontraron ahora subordinadas al neocórtex y asumieron funciones de soporte a la sombra del nuevo nivel de organización neural. Para un científico que trata de entender estas funciones, esto representa una fuente de confusión: aquello para lo que probablemente se desarrollaron estas estructuras subcorticales antes de la llegada de la corteza no es su función actual en el cerebro completamente cortical. Y así, paradójicamente, nuestra comprensión de las funciones corticales es en muchos aspectos más precisa que nuestra comprensión de las funciones de los ganglios basales o talámicos, pese al hecho de que la corteza es, en cierto sentido, más «avanzada».

El neocórtex consta de diferentes regiones, llamada *regiones citoarquitectónicas*, caracterizadas cada una de ellas por su propio tipo de composición neuronal y patrones de conectividad local. El neocórtex cumple diversas funciones, pero no existe ninguna relación sencilla entre sus diferentes funciones y las regiones citoarquitectónicas. El neocórtex consta de cuatro lóbulos mayores, cada uno de ellos ligado a su propio tipo de información. El lóbulo *occipital* trabaja con la información visual, el lóbulo *temporal* trabaja con los sonidos, el lóbulo *parietal* trabaja con sensaciones táctiles, y el lóbulo *frontal* trabaja con los movimientos.

En una etapa muy tardía de la evolución cortical tuvieron lugar dos desarrollos importantes: la emergencia del lenguaje y un rápido ascenso de las funciones ejecutivas. Como veremos, el lenguaje ocupa su lugar en el neocórtex uniéndose a varias áreas corticales en una forma altamente distribuida. Y las funciones ejecutivas emergen como el puesto de mando del cerebro en la porción delantera del lóbulo frontal, la *corteza prefrontal*. Los lóbulos frontales experimentan una expansión explosiva en la etapa final de la evolución.

Según Korbinian Brodmann,[14] la corteza prefrontal o sus análogos dan cuenta del 29% de la corteza total en los humanos, el 17% en el chimpancé, el 11,5% en el gibón y el macaco, el 8,5% en el lémur, el 7% en el perro y el 3,5% en el gato (Fig. 4.1). Hay varias formas de delimitar la corteza prefrontal con respecto a otras áreas corticales. Uno de estos métodos se basa en los denominados mapas citoarquitectónicos, mapas de la corteza que comprenden regiones cerebrales numeradas y morfológicamente distintas (Fig. 4.2). Estas regiones corticales se denominan «áreas de Brodmann», con el nombre del autor del

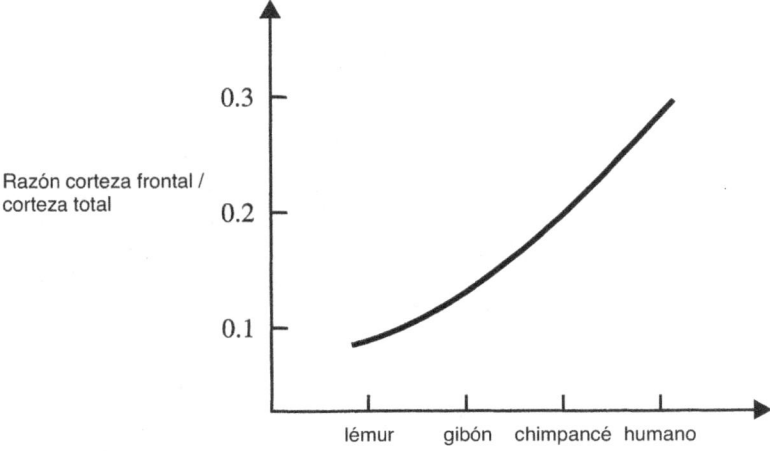

Figura 4.1 Razón entre el lóbulo frontal y el cerebro entero en diferentes especies de simios y primates.

mapa citoarquitectónico más habitualmente utilizado.[15] Según esta definición, la corteza prefrontal consta de las áreas de Brodmann 8, 9, 10, 11, 12, 13, 44, 45, 46 y 47.[16] La corteza prefrontal está caracterizada por la predominancia de las denominadas células neurales granulares que se encuentran principalmente en la capa IV.[17]

Un método alternativo, aunque aproximadamente equivalente, de perfilar la corteza prefrontal es mediante sus proyecciones subcorticales. Una estructura subcortical concreta se utiliza normalmente para este propósito: el *núcleo talámico dorsomedial,* que es, en cierto sentido, el punto de convergencia, la «cima» de la integración que ocurre dentro de los núcleos talámicos específicos. La corteza prefrontal se define entonces como el área que recibe las proyecciones del núcleo talámico dorsomedial. La corteza prefrontal también se delimita a veces mediante sus caminos bioquímicos. De acuerdo con esto, la corteza prefrontal se define como el área que recibe las proyecciones del sistema dopamínico mesocortical. Los diversos métodos de delimitar la corteza prefrontal perfilan territorios aproximadamente idénticos. Se muestra en la Figura 4.3.

En un curioso paralelismo entre la evolución del cerebro y la evolución de la ciencia del cerebro (revisitaremos el tema más de una vez), el interés por la corteza prefrontal fue también el último en llegar. Pero luego empezó poco a poco a revelar sus secretos a los grandes científicos y clínicos como Hughlings Jackson[18] y Alexandr Luria,[19] y en las últimas décadas a investigadores como

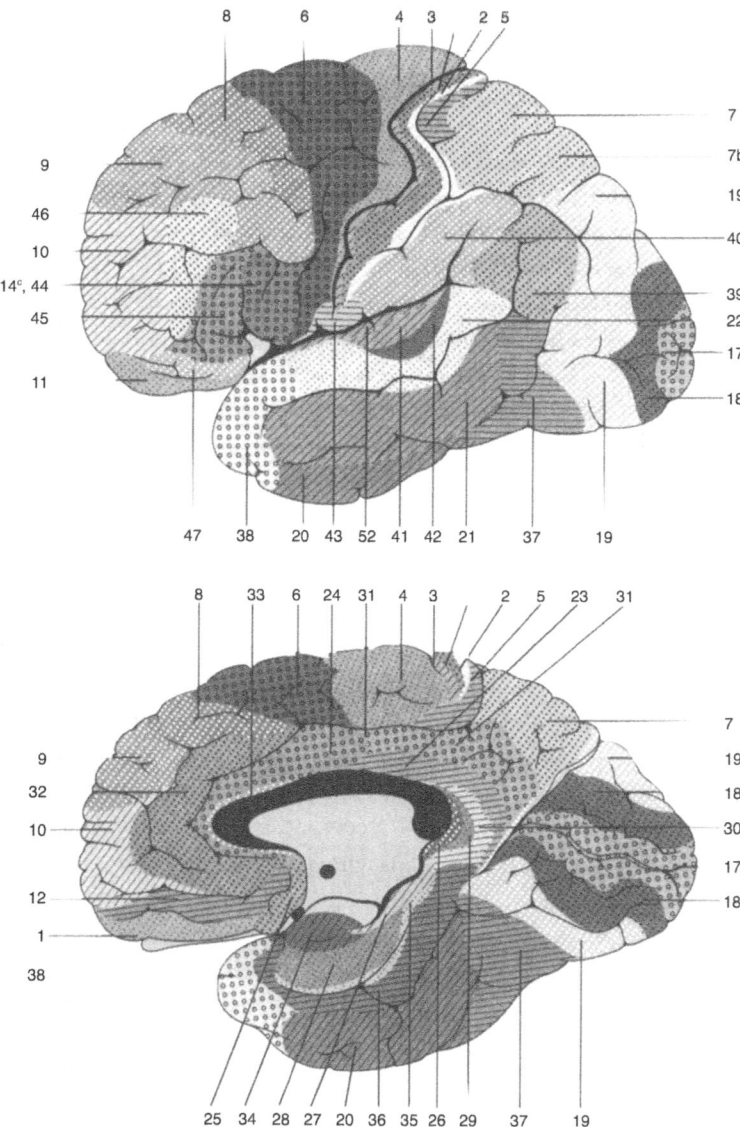

Figura 4.2 Mapa cortical con regiones citoarquitectónicas según Brodmann. [Adaptado de Roberts, Leigh y Weinberger (1993). Reimpreso con permiso.]

Antonio Damasio,[20] Joaquín Fuster,[21] Patricia Goldman-Rakic,[22] y Donald Stuss y Frank Benson.[23]

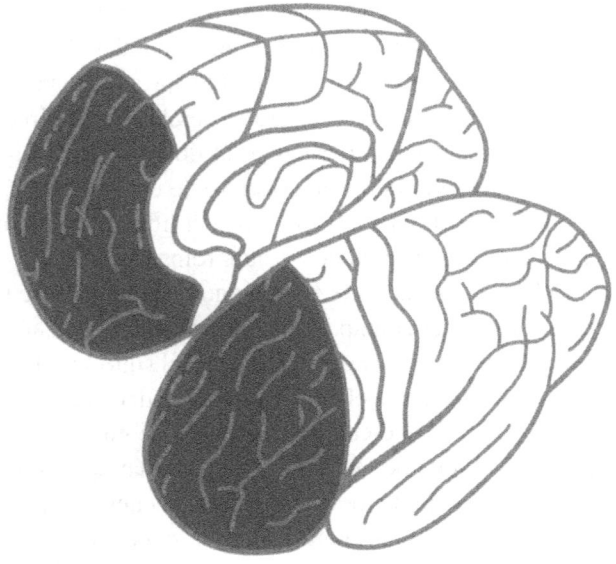

Figura 4.3 Corteza prefrontal.

El puesto de mando y sus conexiones

Un puesto de mando vale lo que valen sus líneas de comunicación con las unidades de combate. Como corresponde a sus funciones «ejecutivas», la corteza prefrontal es probablemente la parte mejor conectada del cerebro.[24] La corteza prefrontal está directamente interconectada con cada unidad funcional bien diferenciada del cerebro. Está conectada con la corteza de asociación posterior, la máxima estación de integración perceptual, y también con la corteza premotora, los ganglios basales y el cerebelo, todos ellos implicados en diversos aspectos del control motor y los movimientos. La corteza prefrontal está conectada con el núcleo talámico dorsomedial, la máxima estación de integración neural dentro del tálamo; con el hipocampo y estructuras relacionadas, que se saben críticas para la memoria; y con la corteza cingulada, que se presume crítica para la emoción y para tratar con la incertidumbre. Además, este puesto de mando está conectado con la amígdala, que regula la mayoría de las relaciones básicas entre los miembros individuales de la especie, y con el hipotálamo, encargado del control de las funciones homeostáticas vitales. Por último, pero no menos importante, está conectado con los núcleos del tallo cerebral encargados de la activación y el impulso.

De todas las estructuras del cerebro, sólo la corteza prefrontal está inmersa en un patrón tan ricamente conectado de caminos neurales. Esta conectividad singular hace a los lóbulos frontales singularmente apropiados para coordinar e integrar el trabajo de todas las demás estructuras cerebrales: el director de la orquesta. Como veremos más adelante, esta extraordinaria conectividad también pone a los lóbulos frontales en un riesgo concreto de enfermedad. Como en las organizaciones políticas, económicas y militares, el líder es en última instancia responsable de las meteduras de pata de los subordinados.

Veremos más adelante que la corteza prefrontal, singular entre las estructuras cerebrales, parece contener el mapa de la corteza entera, una afirmación que hizo por primera vez Hughlings Jackson[25] a finales del siglo XIX. Esta propiedad de la corteza prefrontal quizá sea el prerrequisito crítico de la conciencia, la «percepción interior». Puesto que cualquier aspecto de nuestro mundo mental puede ser, en principio, el foco de nuestra conciencia, hay que pensar que debe existir un área de convergencia de todos sus substratos neurales. Esto lleva a la provocativa proposición de que la evolución de la conciencia, la máxima expresión del cerebro desarrollado, corre paralela a la evolución de la corteza prefrontal. En realidad, los experimentos han demostrado que el concepto de «yo», que se estima un atributo crítico de la mente consciente, aparece sólo en los grandes simios. Y sólo en los grandes simios es donde la corteza prefrontal asume un lugar principal en el cerebro.

La primera fila de la orquesta: la corteza

Sonidos e intérpretes

Para apreciar el papel del director hay que reconocer la complejidad de la orquesta. La orquesta cerebral consiste en una gran colección de intérpretes: las habilidades, competencias y conocimientos que comprende nuestro mundo mental. Y el neocórtex incluye sin duda a los intérpretes más consumados de la orquesta cerebral.

Los científicos llevan mucho tiempo intrigados por la complejidad y diversidad funcional del cerebro, especialmente en su parte más avanzada, la corteza. La mayoría de nosotros hemos visto, en libros de texto escolares o en las estanterías de tiendas de antigüedades, viejos mapas frenológicos. Hoy se rechazan generalmente como si fueran cosas de curanderismo. No obstante, reflejan cómo se entendía la organización del cerebro a comienzos del siglo XIX, cuando el padre de la frenología, Franz Joseph Gall, publicó su influyente trabajo.[1] Los frenólogos estudiaban las protuberancias de la superficie del cráneo y las asociaban a capacidades mentales y rasgos de la personalidad de los individuos. A partir de estas relaciones construían elaborados mapas que situaban atributos mentales específicos en partes específicas del cerebro.

Desde el punto de vista de la ciencia contemporánea, los mapas frenológicos representaron una salida en falso. Como la alquimia respecto a la química, la frenología pertenece a la prehistoria de la neurociencia antes que a su historia primitiva. Pero fue la primera vez que se consideró la corteza como un conjunto de partes distintas, una orquesta antes que un solo instrumento, y se hizo un intento por identificar a los intérpretes. La salida en falso que representó la frenología iluminó un problema fundamental inherente a todo campo de investigación: el de la relación entre el lenguaje de sentido común para la descripción y el lenguaje científico del análisis.

Todos estamos al mando de ciertas habilidades cognitivas (lectura, escritura, cálculo), rasgos (valor, sabiduría, temeridad), y actitudes (afecto, desprecio, vacilación). A primera vista, el significado de estas palabras parece autoevidente, y cabría esperar que cada una de estas propiedades de la mente tuviera su localización diferente en el cerebro. Ésta era la creencia dominante hace tan sólo un siglo y medio, como ilustra el mapa frenológico de la Figura 5.1.

Desde entonces los científicos han aprendido que la forma en que el lenguaje humano cotidiano etiqueta los rasgos y los comportamientos mentales no se corresponde en absoluto con la forma en que se representan en el cerebro. Hoy seguimos pensando que la corteza consiste en muchas partes funcionalmente diferentes. Pero el lenguaje científico que utilizamos para describir estas funciones diferentes ha cambiado sustancialmente. Basta comparar los dos mapas de las Figuras 5.1 y 5.2. El primero de estos mapas cerebrales fue dibujado por Gall a principios del siglo XIX. El segundo mapa cerebral fue dibujado por el famoso neurólogo Kleist a principios del siglo XX.[2] Aunque obviamente no es

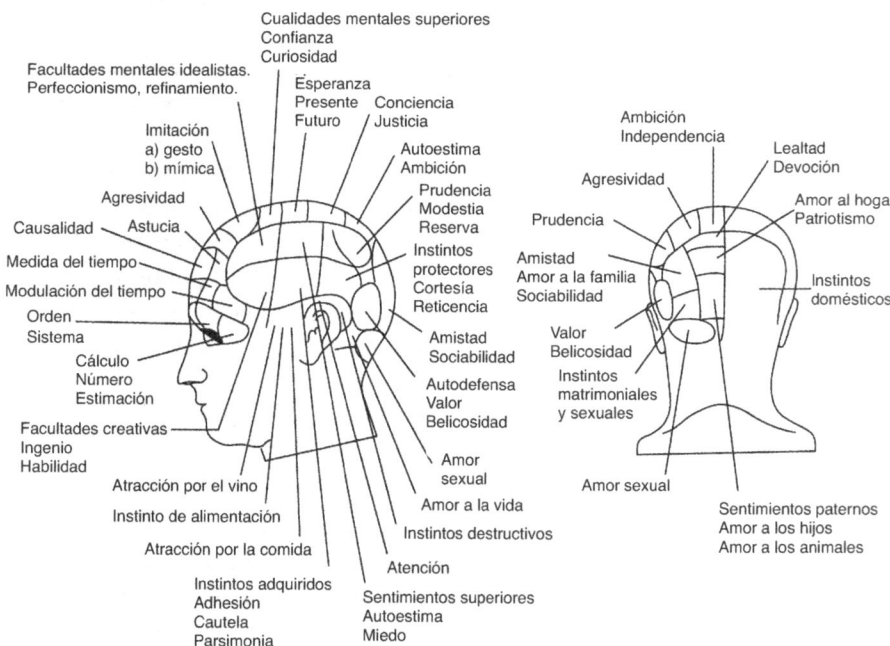

Figura 5.1 Mapa frenológico en el espíritu de Gall. [De *Higher Cortical Functions in Man, Second Edition*, de A. Luria. Copyright 1979 by Consultants Bureau Enterprises, Inc. and Basic Books, Inc. Reimpreso con permiso de Basic Books, miembro de Perseus Books, L.L.C.]

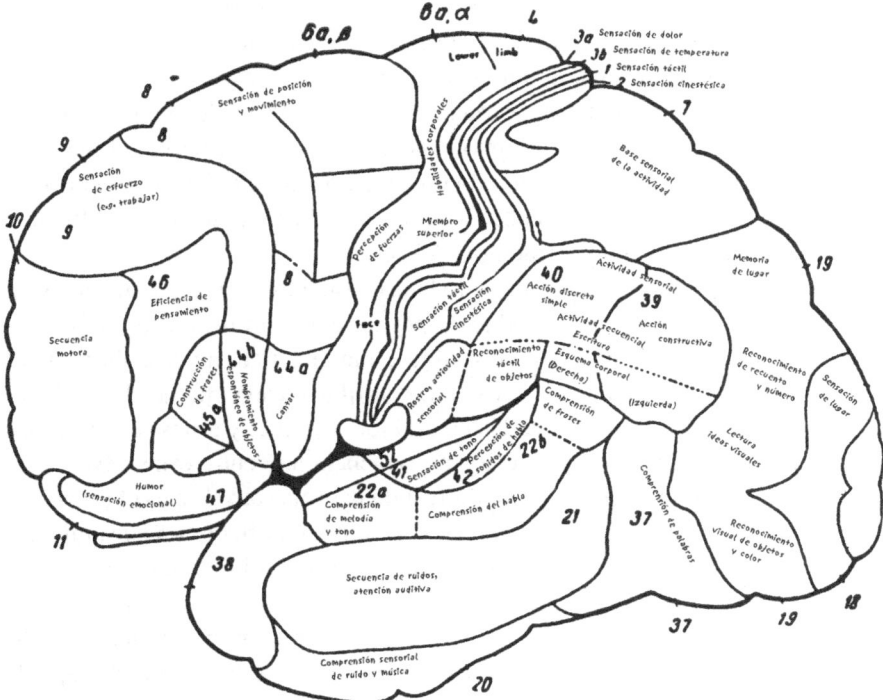

Figura 5.2 Localización cortical de funciones según Kleist. [De *Higher Cortical Functions in Man, Second Edition*, de A. Luria. Copyright 1979 by Consultants Bureau Enterprises, Inc. and Basic Books, Inc. Reimpreso con permiso de Basic Books, miembro de Perseus Books, L.L.C.]

actual, el segundo mapa está mucho más próximo a los principios de la organización neural tal como hoy los entendemos.

El cambio en nuestra comprensión del cerebro se refleja en estos dos mapas. La diferencia entre ellos representa algo más que el aumento del conocimiento. Representa un cambio de paradigma, que necesitó aproximadamente un siglo para completarse. En cada campo del conocimiento existe una diferencia profunda entre el lenguaje de sentido común y el lenguaje científico empleado para describir su dominio. El lenguaje cotidiano describe el mundo en términos de mesas, sillas, piedras, ríos, flores y árboles. Los sistemas de creencias primitivos, antiguos precursores de la ciencia, intentaban explicar el mundo postulando una deidad distinta para cada uno de estos objetos cotidianos.

Por el contrario, el lenguaje científico describe el mundo en términos de unidades no necesariamente evidentes para la simple observación. El lenguaje de la física describe el mundo en términos de átomos y partículas subatómicas; el lenguaje científico de la química en términos moleculares. La ciencia del cerebro está hoy donde estaba la química inorgánica en los días de Mendeleyev, buscando sus principios de organización y elaborando el lenguaje científico adecuado. El campo está en continuo movimiento. La transición del mapa de Gall al mapa de Kleist refleja este proceso. Rasgos frenológicos como la codicia, el respeto o la autoestima pueden tener un sentido cotidiano inmediato, pero no corresponden a distintas estructuras del cerebro.

Pero ¿cuáles son los rasgos que sí lo hacen? Imagínese a usted mismo escuchando una música compleja producida por un conjunto intrincado de instrumentos musicales desconocidos e invisibles, mientras trata de descubrir cuáles son los instrumentos, cuántos hay y cómo contribuye cada uno de ellos a la totalidad de la experiencia acústica. Usted oirá tonos graves y tonos suaves, tonos medios y tonos agudos, pero ¿qué correspondencia hay entre estas descripciones de sentido común y la composición real de la orquesta? Éste es el desafío al que tuvieron que enfrentarse generaciones de neurocientíficos con herramientas limitadas e imprecisas —un poco como los proverbiales brahmines ciegos que trataban de averiguar la naturaleza del elefante. La verdadera «orquesta» de la cognición es a menudo difícil de entender en términos de sentido común. En realidad, ¿qué tienen que ver cosas como el «reconocimiento táctil» en el mapa de Kleist con nuestros sentimientos, pensamientos y acciones cotidianas?

Suponiendo que existe una relación entre estructura y función, nuestra búsqueda se ve ayudada de algún modo por características específicas de la morfología cerebral. La corteza consta de dos hemisferios, y cada hemisferio consta de cuatro lóbulos: occipital, parietal, temporal y frontal. Tradicionalmente, el lóbulo occipital ha estado ligado a la información visual, el lóbulo temporal a la información auditiva, y el lóbulo parietal a la información táctil. El hemisferio izquierdo ha estado ligado al lenguaje y el hemisferio derecho al procesamiento espacial. Durante las últimas décadas, no obstante, muchas de estas creencias asentadas han sido desafiadas por nuevos hallazgos y teorías.

Novedad, rutina y hemisferios cerebrales

Durante muchos años se ha sabido que un hemisferio (el izquierdo, en la mayoría de los casos) está más íntimamente ligado al lenguaje que el otro. Paul Pierre Broca[3] y Carl Wernicke[4] demostraron en la segunda mitad del siglo XIX que lesiones aisladas del hemisferio izquierdo interfieren drásticamente con el lenguaje. Habitualmente se observan afasias (perturbaciones del lenguaje) después de derrames en el hemisferio izquierdo pero no así después de derrames en el hemisferio derecho.

Los hechos básicos que ligan el lenguaje al hemisferio izquierdo no se discuten. Sin embargo, surge la cuestión de si la asociación íntima con el lenguaje es el atributo central del hemisferio izquierdo o es un caso especial, una consecuencia de un principio más fundamental de organización cerebral. Cualquier intento de caracterizar la función de un hemisferio por el lenguaje y del otro por el procesamiento espacial conduce a una conclusión inquietante. Puesto que el lenguaje, al menos en su definición estrecha, es un atributo característicamente humano, cualquier dicotomía basada en el lenguaje es aplicable sólo a los humanos. ¿Significa esto que no existe ninguna especialización hemisférica en los animales? La escasez de trabajo sobre la especialización hemisférica en especies no humanas sugiere que ésta es todavía la hipótesis dominante entre los neurocientíficos.

Pero la hipótesis de la exclusividad humana de la especialización hemisférica es contraintuitiva, puesto que normalmente esperamos al menos cierto grado de continuidad evolutiva en los rasgos. Aunque existen indudablemente muchos casos de discontinuidad evolutiva, la hipótesis de trabajo en cualquier investigación científica debería ser una hipótesis de continuidad. Esto me fue señalado hace muchos años por una persona que no era otro que mi propio padre, ingeniero de profesión, básicamente lego en psicología (y por lo tanto libre de ideas preconcebidas) pero en posesión de una amplia cultura general, una mente lógica y rigurosa, y sentido común.

La hipótesis de la exclusividad humana de la especialización hemisférica también se enfrenta a nuestra creencia general en la relación entre estructura y función. Los dos hemisferios cerebrales no son imágenes especulares uno de otro. El lóbulo frontal derecho es más extenso y tiene más protuberancias que el lóbulo frontal izquierdo. El lóbulo occipital izquierdo es más extenso y tiene más protuberancias que el lóbulo frontal derecho. Esta doble asimetría se denomina el *torque Yakovleviano,* en referencia al destacado neuroanatómono de Harvard P. Yakovlev, quien la descubrió.[5] La corteza frontal es más gruesa en el hemisferio derecho que en el hemisferio izquierdo.[6] Pero el torque Yakovleviano está ya presente en el hombre fósil, y muchas asimetrías hemisféricas están presentes en los grandes simios.[7] Diferencias de género y asimetrías hemisféricas en el grosor cortical están presentes en la rata.[8] El *planum temporal*, una estructura dentro del lóbulo temporal, es mayor en el hemisferio izquierdo que en el hemisferio derecho en los humanos.[9] Tradicionalmente, esta asimetría ha estado ligada al lenguaje. La investigación posterior ha demostrado, no obstante, que la cisura de Silvio y en particular el planum temporal, estructuras en el lóbulo temporal tradicionalmente asociadas con el lenguaje, son también asimétricas en los orangutanes, gorilas[10] y chimpancés,[11] como lo son en los humanos.

La bioquímica del cerebro es también asimétrica. La dopamina neurotransmisora es algo más dominante en el hemisferio izquierdo y la norepinefrina neurotransmisora en el hemisferio derecho.[12] Los receptores de estrógenos neurohormonales son más dominantes en el hemisferio derecho que en el hemisferio izquierdo.[13] Estas diferencias bioquímicas están ya presentes en varias especies no-humanas.[14] En los fetos de monos la concentración de receptores de andrógenos en los lóbulos frontales es asimétrica en los machos pero simétrica en las hembras.[15]

Así pues, parece que los dos hemisferios son diferentes, tanto estructural como bioquímicamente, en varias especies animales. Por consiguiente, es lógico sospechar que las funciones de los dos hemisferios son también diferentes en los animales. Pero en los animales estas diferencias no pueden estar basadas en el lenguaje, puesto que los animales no poseen lenguaje... ¡al menos no en su definición estrecha! Es evidente que se necesita una distinción más fundamental para captar la diferencia entre las funciones de los dos hemisferios. En teoría, eso no refutaría la asociación entre el lenguaje y el hemisferio izquierdo, sino que la englobaría como un caso especial.

La idea que guió mi aproximación a los hemisferios cerebrales había nacido treinta años antes en Moscú. Siendo estudiante en la Universidad de Moscú, pasaba mucho tiempo en el Instituto Bourdenko de Neurocirugía, donde Luria tenía un laboratorio. Me hice amigo de algunos neurocirujanos pediatras que solían contar sus historias quirúrgicas durante las pausas para comer en la cafetería del hospital. Había una historia particularmente intrigante. Me enteré de que en los niños de corta edad el daño en el hemisferio derecho era devastador y el daño en el hemisferio izquierdo tenía relativamente pocas consecuencias. Aunque estas afirmaciones no estaban demostradas por investigación formal, ofrecían una situación hipotética que necesitaba explicación, un ejercicio de gimnasia mental al que no podía resistirme.

La afirmación era directamente opuesta a lo que se supone que sucede en un cerebro adulto. En los adultos, el hemisferio izquierdo se denomina con frecuencia el hemisferio dominante y se supone que es especialmente importante. Los neurocirujanos suelen ser reacios a operar en el hemisferio izquierdo por temor a afectar al lenguaje. Por el contrario, se suele suponer que se puede prescindir más del hemisferio derecho. En la literatura antigua se conocía como el «hemisferio menor». Los neurocirujanos se sienten generalmente más cómodos operando en el hemisferio derecho, y el shock electroconvulsivo (ECT) se suele administrar en el hemisferio derecho pero no en el izquierdo.

¿Es posible que el hemisferio izquierdo esté dedicado al lenguaje y sea por consiguiente «silente» hasta que el lenguaje está completamente desarrollado? Eso podría explicar posiblemente la falta de efecto adverso del daño en el hemisferio izquierdo en los niños, pero no podría explicar el efecto adverso particularmente severo del daño en el hemisferio derecho. Además, mis amigos neurocirujanos siguen diciéndome que incluso cuando el daño en el hemisferio izquierdo afecta a las áreas que no están normalmente implicadas en el lenguaje, las consecuencias en los niños eran bastante benignas.

Parecía que algún tipo de transferencia general de funciones estaba teniendo lugar entre los dos hemisferios, del derecho al izquierdo, a lo largo del desarrollo, y que esta transferencia no se limitaba a la adquisición del lenguaje. Esto dio lugar a la idea de que la diferencia entre los dos hemisferios cerebrales gira alrededor de la diferencia entre novedad cognitiva y rutina cognitiva. ¿Es posible que el hemisferio derecho sea particularmente hábil para procesar nueva información y el hemisferio izquierdo sea particularmente hábil para procesar información familiar y rutinaria? Yo «importé» esta idea conmigo cuando me trasladé a los Estados Unidos en 1974. En 1981 mi amigo Louis Costa y yo publicamos un artículo teórico que ligaba por primera vez el hemisferio derecho con la novedad cognitiva y el hemisferio izquierdo con las rutinas cognitivas.[16]

El psicólogo Herbert Simon, ganador del Premio Nobel, cree que el aprendizaje implica la acumulación de todo tipo de patrones fáciles de reconocer.[17] ¿Es posible que el hemisferio izquierdo sea el depositario de tales patrones?

La novedad y la familiaridad son las características definitorias en la vida mental de cualquier criatura capaz de aprender. En los comportamientos instintivos simples el estímulo desencadenante es instantáneamente «familiar» y el grado de «familiaridad» no cambia con la exposición. La respuesta del organismo está bien formada desde el principio y sigue siendo la misma a lo largo de la vida. La hipótesis es que la maquinaria neural que controla la respuesta al estímulo permanece inalterada por la experiencia. Un ejemplo de tal comportamiento se encuentra en los reflejos simples. Cuando le pica la nariz, usted se rasca automáticamente y sin pensárselo. Esta respuesta no es un resultado del aprendizaje y no cambiará a lo largo de su vida.

Los cerebros de los animales superiores, incluyendo los humanos, están dotados de una poderosa capacidad para el aprendizaje. A diferencia del comportamiento instintivo, el aprendizaje, por definición, es cambio. El organismo encuentra una situación para la cual no tiene preparada una respuesta efectiva. Con exposiciones repetidas a situaciones similares a lo largo del tiempo, emergen estrategias de respuesta apropiadas. La duración, o el número de exposiciones necesarias para la emergencia de soluciones efectivas, es enormemente variable. A veces el proceso se condensa en una sola exposición (la denominada reacción ¡Ajá!). Pero, invariablemente, la transición va desde una ausencia de comportamiento efectivo a la emergencia de comportamiento efectivo. Este proceso se denomina «aprendizaje» y el comportamiento emergente (o enseñado) se denomina «comportamiento aprendido». En una etapa primitiva de todo proceso de aprendizaje el organismo se enfrenta a la «novedad», y la etapa final del proceso de aprendizaje puede considerarse como «rutinización» o «familiaridad». La transición de novedad a rutina es el ciclo universal de nuestro mundo interior. Es el ritmo de nuestros procesos mentales que se despliegan en varias escalas de tiempo.

El papel del aprendizaje y de los comportamientos aprendidos aumenta a lo largo de la evolución, a expensas de los comportamientos instintivos. ¿Es posible que la emergencia de diferencias estructurales y químicas entre los dos hemisferios fuera impulsada por las presiones evolutivas para ampliar el aprendizaje? ¿Es posible, en otras palabras, que la existencia de dos sistemas diferentes y separados pero interconectados, uno para la novedad y otro para las rutinas, facilite el aprendizaje?

Una respuesta experimental a esta pregunta requeriría comparar las capacidades de aprendizaje de dos tipos de organismos: con y sin dos hemisferios, pero de la misma complejidad por lo demás. Puesto que la dualidad hemisférica es un atributo universal de todas las especies avanzadas, el experimento nunca será realizado. Lo más que el investigador podría hacer es representar las curvas de crecimiento evolutivo de capacidades de aprendizaje y de diferenciación hemisférica, esperando ver un paralelismo. Pero representar tales «curvas» es una empresa imprecisa, basada en hipótesis arbitrarias.

El arsenal de la ciencia, no obstante, no está limitado a métodos experimentales y empíricos. Aunque sigan siendo el puntal de la ciencia, los métodos experimentales son intrínsecamente limitados. Por esto es por lo que las disciplinas más desarrolladas adquieren su brazo teórico. Una teoría es un modelo simplificado de algún aspecto de la realidad, que normalmente está construido en un lenguaje formal, a menudo matemático. En lugar de experimentación directa, un modelo puede examinarse formalmente, o computacionalmente, deduciendo algunas de sus propiedades a partir de otras propiedades. Con la llegada de potentes computadores se ha hecho posible combinar métodos deductivos y experimentales en un único enfoque computacional. Se crea un modelo del objeto en cuestión en forma de un programa informático, que luego es ejecutado en el ordenador, simulando comportamiento. De este modo pueden diseñarse experimentos con el modelo, y las propiedades dinámicas del modelo pueden examinarse mediante el estudio de su comportamiento real. De todos los nuevos desarrollos en neurociencia cognitiva, la llegada de los métodos computacionales es especialmente prometedora.

Especialmente excitantes entre ellos son las redes neurales. Compuestas de grandes conjuntos de unidades relativamente simples, las redes neurales son extraordinariamente similares al cerebro. Pueden acumular y almacenar información sobre su entorno («inputs»), siempre y cuando sean realimentadas sobre su comportamiento. Realmente aprenden.

Las redes neurales se están utilizando cada vez más para modelar y entender mejor los procesos en el cerebro real. Stephen Grossberg, uno de los pioneros del modelado por redes neurales, descubrió que la eficiencia computacional se ve aumentada por la separación del sistema en dos partes, una que trabaja con inputs novedosos y otra con inputs rutinarios.[18] Otras teorías computacionales también han reconocido la distinción entre el comportamiento exploratorio en situaciones nuevas y las rutinas cognitivas en situaciones estacionarias. Aunque ninguna de estas teorías ligaba explícitamente estos dos procesos a los dos hemisferios cerebrales, al menos proporcionaban un argumento adicional a favor de que la emergencia de una separación semejante en la evolución conferiría una ventaja computacional al cerebro.

Ligar la novedad al hemisferio derecho y las rutinas cognitivas al hemisferio izquierdo obliga a considerar el cerebro de una forma completamente nueva. Tradicionalmente se creía que el papel de los hemisferios en la cognición era estático y genérico. Se pensaba que ciertas funciones, como el lenguaje, estaban invariablemente ligadas al hemisferio izquierdo. Otras funciones, como el procesamiento espacial, se presumían ligadas al hemisferio derecho de una forma igualmente inviolable. Un libro de texto estándar sobre neuropsicología o neurología conductual hace una lista de una correspondencia fija entre función y estructura sin mucha consideración a cualquier cambio dinámico en la naturaleza de esta correspondencia. ¿Qué pasó con la vieja sabiduría de Confuncio según la cual «es imposible entrar dos veces en el mismo río»? Venerada en la mayoría de las ramas de la neurobiología, esta verdad aparentemente autoevidente fue ignorada en neuropsicología durante muchos años. Además, la neuropsicología tradicional y la neurología conductual suponen tácitamente que la correspondencia funcional del cerebro es la misma en todos los individuos, independientemente de su educación, vocación o experiencia vital. Pero esto desafía también al sentido común. ¿Pueden un fotógrafo retratista y un músico estar utilizando exactamente las mismas partes del cerebro para mirar rostros y escuchar música?

Novedad y rutina son relativas, no obstante. Lo que hoy es nuevo para mí será rutinario mañana, dentro de un mes, o dentro de un año. Por consiguiente, la relación entre los dos hemisferios debe ser dinámica, caracterizada por un desplazamiento gradual del lugar del control cognitivo sobre una tarea desde el hemisferio derecho al hemisferio izquierdo. Además, lo que es nuevo para mí puede ser familiar para usted, y viceversa. Por consiguiente, la relación funcional entre los dos hemisferios es algo diferente en personas diferentes.

Por transferencia de información de derecho a izquierdo no entiendo una transposición literal de información. Lo más probable es que las representaciones mentales se desarrollen interactivamente en ambos hemisferios, pero sus ritmos de formación difieren. Se forman más rápidamente en el hemisferio derecho en las etapas tempranas del aprendizaje de una capacidad cognitiva, pero el ritmo relativo se invierte en favor del hemisferio izquierdo en etapas tardías. La forma en que pueden emerger estas diferencias funcionales entre los dos hemisferios como consecuencia de las diferencias neuroanatómicas entre los dos hemisferios se discute en otro lugar.[19, 20]

Dependiendo de la educación, vocación e historia vital, lo que es nuevo para un individuo es rutinario para otro. Por consiguiente, los papeles de los dos hemisferios en la cognición son dinámicos, relativos e individualizados. Después de todo, la vieja sabiduría de Confucio se aplica al modo en que interaccionan los dos hemisferios cerebrales, igual que se aplica a cualquier otra rama de la neurobiología. E incluso más importante, la distinción entre novedad y rutina puede aplicarse a cualquier criatura capaz de aprendizaje, y las diferencias hemisféricas basadas en esta distinción pueden existir ya en especies no-humanas. Al menos esta posibilidad puede ser explorada experimentalmente y establecerse así la continuidad evolutiva a través de las especies. Éste es con mucho un marco más convincente de investigación científica.

La historia de la ciencia está repleta de salidas en falso. El progreso científico, sin embargo, no está basado en una refutación al por mayor de viejas afirmaciones con la llegada de las nuevas. Esto hubiera significado un movimiento desesperadamente circular. Es más constructiva la situación en que una nueva teoría o descubrimiento engloba al viejo conocimiento como un caso especial comprendido en un concepto más general. La teoría novedad-rutina de la especialización hemisférica no implica que las nociones tradicionales que ligan el lenguaje con el hemisferio izquierdo sean erróneas. En su lugar, las engloba como un caso especial de una forma exclusivamente humana de representar información mediante un código rutinizado y bien articulado: el lenguaje.

En ciencia, incluso la hipótesis más plausible y estéticamente atractiva debe someterse a un test empírico. Mucha de la evidencia en apoyo de la relación dinámica entre los dos hemisferios se obtuvo con herramientas bastante simples. Estas herramientas explotaban las propiedades básicas del cableado neural. La mayoría de los caminos sensoriales en el cerebro están cruzados: la información de la mitad izquierda del mundo exterior se transporta principalmente al hemisferio derecho, y la información de la mitad derecha del mundo exterior llega principalmente al hemisferio izquierdo. Esto es cierto para la información táctil, visual y, en menor medida, la acústica. Por supuesto, en circunstancias normales los dos hemisferios interaccionan y comparten información debido a los masivos haces de fibras que los conectan, llamados el cuerpo calloso y las comisuras. Sin embargo, si se entrega información de forma muy breve en un lado del campo sensorial, es posible comprometer a un único hemisferio, el opuesto al lado de la entrada.

Esto puede lograrse con dispositivos bastante simples. Uno de ellos, el taquistoscopio, es un simple aparato de proyección visual que explota este principio. Para bien o para mal, el taquistoscopio es probablemente responsable de más información sobre el funcionamiento de los dos hemisferios que cualquier otro método. En el caso de la información acústica esto se consiguió con un aparato de audición dicótica, esencialmente un magnetófono con dos auriculares.[21]

Gran parte de la investigación con estos métodos se movía en torno a la reformulación y elaboración del viejo y agotado concepto estático acerca del papel de los dos hemisferios. Se hicieron algunos pocos y preciosos avances trascendentales. La mayor parte de la investigación estaba dirigida meramente a extender las listas de lavandería de funciones del hemisferio izquierdo y funciones del hemisferio derecho. Sin embargo, algunos de los hallazgos llevaron a conclusiones provocativamente inesperadas, que violaban la «verdad» establecida. El procesamiento de música y la percepción de rostros figuran destacados en la lista del hemisferio derecho. La prosopagnosia (deterioro del reconocimiento facial) y la amusia (deterioro del reconocimiento de melodías) han sido consideradas tradicionalmente como síntomas de daño en el hemisferio derecho tras un derrame cerebral u otras situaciones. Pero el experimento clásico de Bever y Chiarello mostró una sorprendente relación entre el lado en que se procesa la música y la apreciación musical.[22] Efectivamente, las personas musicalmente ingenuas procesan la música principalmente con el hemisferio derecho. Quienes tienen formación musical, sin embargo, procesan la música principalmente con el hemisferio izquierdo. Puesto que la mayoría de las personas son musicalmente ingenuas, la vieja noción que liga la música al hemisferio derecho está apoyada, pero sólo en un sentido limitado y débil. La noción de un nexo intrínseco y obligatorio entre música y especialización hemisférica ya no es sostenible. En su lugar, el lado del procesamiento de la información musical parece ser relativo, determinado por el grado de formación musical y exposición previa a la música. Se ha informado de hallazgos similares para los rostros.

Según las ideas tradicionales, los rostros poco conocidos son procesados principalmente por el hemisferio derecho. Pero los rostros familiares son procesados principalmente por el hemisferio izquierdo.[23] ¡Una vez más vemos una relatividad basada en la distinción novedad-rutina!

Una confirmación adicional del principio novedad-rutina de especialización hemisférica procede de simulaciones dinámicas en laboratorio del proceso de aprendizaje. Supongamos que se crea una tarea totalmente nueva, de un tipo nunca experimentado antes por el sujeto y ni siquiera relacionado con sus experiencias previas. Supongamos, además, que el sujeto se está dedicando extensamente a la tarea en un largo experimento que se extiende durante varias horas e incluso días. Utilizando el taquistoscopio y los métodos dicóticos fue posible demostrar que al principio el hemisferio derecho sobrepasaba al hemisfeio izquierdo. Con exposición repetida a la tarea, sin embargo, el patrón se invirtió, y el hemisferio izquierdo emergía como el más consumado. El cambio de derecha a izquierda del control hemisférico parece ser un fenómeno universal, que puede demostrarse para un amplio abanico de tareas de aprendizaje, no verbales y verbales por igual.

Por convincentes que fueran los estudios taquistoscópicos y dicóticos, requerían que los estímulos fueran presentados bajo condiciones que guardan poco parecido con la forma en que llega la información en la vida real. La evidencia era indirecta, puesto que era inferida más que directamente observada en el cerebro. La evidencia era también imprecisa, puesto que los métodos taquistoscópico y dicótico son intrínsecamente incapaces de revelar la neuroanatomía exacta del procesamiento de información dentro del hemisferio. ¿Hasta qué punto eran relevantes estos hallazgos para los procesos de la vida real? Era importante demostrar la dinámica de la interacción hemisférica en situaciones más naturales.

Una teoría dinámica de las relaciones cerebro-conducta requiere herramientas experimentales dinámicas. La metodología de investigación verdaderamente apropiada para abordar los aspectos dinámicos de las relaciones cerebro-conducta se ha hecho disponible sólo con la llegada de la neuroimagen funcional. La dinámica de las curvas de aprendizaje puede estudiarse tomando imágenes «instantáneas» en varias etapas de la curva de aprendizaje, donde mucho del entrenamiento tiene lugar independientemente entre una instantánea y otra.

Un número creciente de estudios mediante neuroimagen funcional están utilizando esta metodología con tecnologías modernas, tales como la imagen funcional por resonancia magnética (fIRM), la tomografía de emisión de positrones (PET), y la tomografía computerizada de emisión de fotón único (SPECT). La evidencia obtenida con estos métodos pone de manifiesto también una íntima unión entre el hemisferio derecho y la novedad y entre el hemisferio izquierdo y la rutina.

Alex Martin y sus colegas del Instituto Nacional de la Salud Mental ofrecieron una demostración particularmente convincente.[24] Utilizando PET, estudiaron cambios en las pautas de flujo sanguíneo mientras los sujetos aprendían varios tipos de información: palabras con significado, palabras absurdas, objetos reales y objetos absurdos. Cada tipo de información se presentaba dos veces, pero cada vez con ítems únicos. Durante la primera presentación, cuando la tarea era nueva, las estructuras mesiotemporales derechas estaban especialmente activadas, pero esta activación decrecía durante la segunda exposición. Por el contrario, el nivel de activación era constante en las estructuras mesiotemporales izquierdas. Esto se refleja en la Figura 5.3. Los hallazgos son importantes porque el nivel del flujo sanguíneo refleja el nivel de activación neural.

En el estudio de Martin el cambio de activación de derecha a izquierda estaba generalizado en los cuatro tipos de información, verbal y no verbal por igual. Esto significa que la asociación del hemisferio derecho con la novedad y el hemisferio izquierdo con la rutina no depende de la naturaleza de la información, sino que es universal. Además, el cambio de activación de derecha a izquierda estaba presente pese al hecho de que no se repetían ítems específicos a lo largo de los dos ensayos sucesivos. Así pues, los cambios en las pautas de activación reflejan aspectos generales del aprendizaje más que el aprendizaje de un ítem específico.

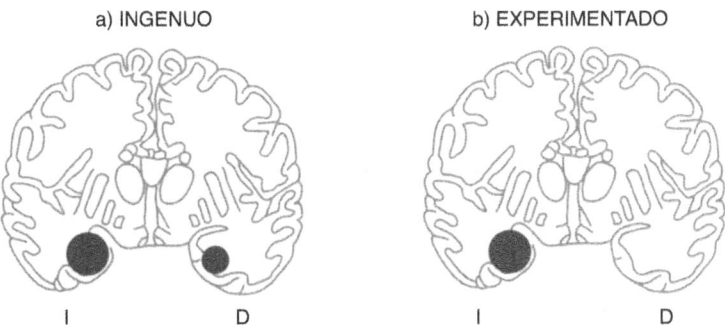

Figura 5.3 Cambios en la activación de las regiones cerebrales en función de la familiarización con la tarea. El hemisferio derecho es particularmente activo cuando la tarea es nueva (a), pero su activación decrece con la práctica (b). [Adaptado de Martin, Wiggs y Weisberg (1997). Reimpreso con permiso de Wiley-Liss, Inc. filial de John Wiley & Sons, Inc.]

Hallazgos similares han sido anunciados por un grupo de neurocientíficos británicos.[25] Tanto para rostros como para símbolos, la exposición a estímulos poco familiares estaba asociada con un aumento de la activación (fusiforme) occipital derecha. Por el contrario, el incremento en la familiaridad estaba asociado con la disminución de la activación occipital derecha y el aumento de la activación occipital izquierda. Como en el estudio de Martin, el efecto novedad-familiaridad está presente independientemente de la naturaleza del estímulo. Es válido tanto para símbolos (que en el esquema ortodoxo de las cosas debería estar ligado al hemisferio izquierdo) como para rostros (que en el esquema ortodoxo de las cosas debería estar ligado al hemisferio derecho).

Utilizando PET, Gold y sus colegas examinaron los cambios en las pautas de flujo sanguíneo cerebral por regiones (rCBF) en el curso del aprendizaje de una tarea compleja del «lóbulo frontal» (una combinación de respuesta diferida y alternancia diferida) en sujetos sanos.[26] Se compararon las etapas temprana (ingenua) y tardía (experimentada) de las curvas de aprendizaje. La activación del lóbulo frontal era evidente en ambas etapas, pero era considerablemente mayor en la etapa temprana que en la etapa tardía. Particularmente digno de mención era el cambio de activación relativa. En la etapa temprana la activación rCBF era mayor en la regiones prefrontales derechas que en las izquierdas. En la etapa tardía se invertía la pauta, mostrando una mayor activación de las estructuras prefontales izquierdas que de las derechas. Esto iba acompañado de un decrecimiento global de la activación prefrontal.

Shadmehr y Holcomb estudiaron las correlaciones PET y rCBF con el aprendizaje de una habilidad motora compleja que requiere que el sujeto prediga y domine el comportamiento de un aparato robótico.[27] Durante las etapas tempranas de aprendizaje se notó un incremento de actividad, con respecto a la condición de base, en la corteza frontal derecha (giro frontal medio). Por el contrario, durante las etapas de entrenamiento tardías se notó un incremento en la actividad, con respecto a las primeras, en la corteza parietal posterior izquierda, corteza premotora dorsal izquierda y corteza cerebelar anterior derecha.

Haier y sus colegas estudiaron la correlación PET y ritmo metabólico de glucosa (GMR) con el aprendizaje de un popular rompecabezas espacial (Tetris).[28] Después de cuatro a ocho semanas de práctica diaria con Tetris, el GMR en las regiones superficiales corticales decrecía pese a que el nivel de ejecución había mejorado multiplicándose por más de siete. La mayoría de los sujetos que mejoraron su ejecución de Tetris mostraban los mayores decrecimientos GMR en varias áreas después de practicar.

Berns, Cohen y Mintun estudiaron la correlación PET y rCBF con el aprendizaje, y reaprendizaje, de sistemas de relaciones gobernados por reglas («gramáticas»).[29] Primero se introducía la Gramática A, que luego era seguida por la Gramática B. La diferencia entre las dos gramáticas era demasiado sutil para que los sujetos fueran conscientes de la transición. Se tomaron instantáneas de neuroimágenes seriales en el curso del aprendizaje de la Gramática A y luego de la Gramática B. El aprendizaje de la Gramática A se caracterizaba por un brote inicial de activación en el estriato ventral derecho, las estructuras cinguladas anterior izquierda y premotora izquierda con posterior decrecimiento en la activación. En comparación, se advertía un aumento gradual de activación en las regiones parietal posterior derecha y prefrontal dorsolateral derecha. La introducción de la Gramática B llevaba a un segundo brote de activación en las regiones premotora izquierda, cingulada anterior izquierda y estriato ventral derecho, con posterior declive.

Raichle y sus colegas estudiaron la correlación PET rCBF con una tarea lingüística (encontrar verbos adecuados para sustantivos presentados visualmente).[30] Primero se introducía una lista de sustantivos (condición ingenua) y luego, después de una práctica considerable, se reemplazaba por una nueva lista (condición nueva). La ejecución ingenua se caracterizaba por una activación concreta de las cortezas cingulada anterior, prefrontal izquierda, temporal izquierda y cerebelar derecha. La activación desaparecía prácticamente después de la práctica y se recuperaba parcialmente durante la situación nueva, con la introducción de una nueva lista de sustantivos. Un análisis adicional reveló activación cerebelar derecha dominante durante las situaciones ingenua y nueva, pero no tras la práctica. Por el contrario, una importante activación occipital medial izquierda estaba presente tras la práctica, pero no durante las situaciones ingenua o nueva.

Tulving y sus colegas estudiaron la correlación PET rCBF con la novedad y familiaridad en el reconocimiento facial.[31] La familiaridad estaba asociada con la activación en una amplia red de regiones bilateralmente frontales y parieto-occipitales. La novedad estaba asociada con la activación en una amplia red de regiones bilateralmente temporales, parietales y occipitales. Adicionalmente, la novedad estaba asociada con una activación típicamente asimétrica, derecha pero no izquierda, de las estructuras del hipocampo y parahipocampo.

Concluimos así que el grueso de la evidencia presenta una imagen cohesiva, y que existe una coherencia impresionante entre los viejos métodos taquistoscópico y dicótico «de baja tecnología» y los métodos actuales de la neuroimagen funcional. Parece que la orquesta cerebral está dividida en dos grupos de intérpretes. Los que se sientan a la derecha del pasillo son más rápidos en el dominio básico del nuevo repertorio, pero a la larga, y con la debida práctica, los que están a la izquierda del pasillo se acercan más a la perfección. En la analogía de la empresa, la gran organización que es el cerebro parece consistir en dos divisiones principales: una que trabaja con proyectos relativamente nuevos, y la otra que ejecuta las líneas de producción ya probadas y establecidas. En realidad cada hemisferio cerebral está implicado en todos los procesos cognitivos, pero su *grado de implicación relativa* varía de acuerdo con el principio novedad-rutina.

El desplazamiento del lugar del control cognitivo desde el hemisferio derecho al izquierdo ocurre en muchas escalas de tiempo: de minutos u horas, como en el caso de los experimentos con aprendizaje dentro del experimento, hasta años y décadas, como en el caso del aprendizaje de habilidades y códigos complejos, incluyendo el lenguaje. Este desplazamiento puede advertirse incluso en la escala que trasciende la vida de un individuo. Puede argumentarse que la historia entera de la civilización humana ha estado caracterizada por un desplazamiento relativo del énfasis cognitivo desde el hemisferio derecho al hemisferio izquierdo, debido a la acumulación de «plantillas» cognitivas ya listas de diversos tipos. Estas plantillas cognitivas se almacenan externamente mediante diversos medios culturales, incluyendo el lenguaje, y son internalizadas por los individuos en el curso del aprendizaje como una especie de «prefabricados» cognitivos. Cualquier intento por traducir la psicología cultural-histórica de Vygotski[32] en términos neuroanatómicos conducirá inevitablemente a esta conclusión. En una vena más poética y metafórica, una conclusión similar fue alcanzada por Julian Jaynes en su interpretación de la «mente bicameral» donde las «voces de los dioses» emanaban del hemisferio derecho para guiar a nuestros ancestros cuando surcaban situaciones nuevas hace tres milenios.[33]

El apuro de Noé y los paisajes del cerebro

Durante las últimas décadas la especialización hemisférica se ha convertido en un tema de moda en la literatura de divulgación. Es habitual hablar de terapias de «hemisferio derecho» y «hemisferio izquierdo», rasgos de «cerebro derecho» y «cerebro izquierdo», personalidades de «cerebro derecho» y «cerebro izquierdo». Pero es importante darse cuenta de que los dos hemisferios tienen mucho más en común que lo que les separa. Los músicos que se sientan en posiciones similares a los dos lados del pasillo tocan instrumentos similares. La especialización hemisférica no es sino dos variantes paralelas del mismo tema básico.

Según este tema, los lóbulos occipitales están implicados en la visión, los lóbulos temporales en la percepción cognitiva y los lóbulos parietales en la percepción táctil y somatosensorial. Pero el cerebro humano es más que un conjunto de dispositivos sensoriales con una dedicación específica. Somos capaces de reconocer patrones complejos, comprender el lenguaje y analizar relaciones matemáticas. ¿Cuál es la base neural de éstas y otras funciones mentales complejas? Como veremos, la orquesta consta de muchos intérpretes cuyas contribuciones al conjunto desafían definiciones simples y cuya disposición es a la vez compleja y fluida: realmente un juego de «sillas musicales».

Los neurocientíficos se han basado tradicionalmente en los efectos de las lesiones cerebrales para entender cómo trabaja el cerebro normal. En su forma más simplista, la lógica de tal investigación es la siguiente. Supongamos que un daño en el área cerebral A deteriora la función cognitiva A' pero no las funciones cognitivas B', C' o D'. Por el contrario, un daño en el área B deteriora la función cognitiva B' pero no las funciones cognitivas A', C' o D'; y así sucesivamente. Entonces podemos concluir que el área cerebral A es responsable de la función cognitiva A', el área cerebral B lo es de la función cognitiva B', y así sucesivamente.

El método se denomina *principio de disociación doble*. Este reputado método está en el corazón de la neuropsicología clásica. Ha contribuido a nuestra comprensión de las complejas relaciones entre el cerebro y la cognición más que cualquier otro método hasta la fecha. Sin embargo, falla en más de un aspecto. En un cerebro altamente interactivo, el daño en un área puede afectar al funcionamiento de otras áreas. Un cerebro lesionado experimenta diversas formas de reorganización natural («plasticidad»), lo que lo hace un modelo más bien espúreo de función normal. Pese a estos fallos, el método de lesiones ha proporcionado mucha información útil sobre el cerebro, y todas nuestras teorías actuales de la función cerebral están basadas en alguna medida en esta información.

Los efectos del daño cerebral en la cognición ayudan a responder no sólo a la pregunta «dónde», sino también a la pregunta «qué». Observando las múltiples formas en las que puede desintegrarse la cognición, empezamos a entender cómo «divide» la naturaleza las funciones mentales en operaciones cognitivas específicas, y cómo están cartografiadas estas operaciones en el cerebro.

Durante los últimos años, la llegada de potentes métodos de neuroimagen funcional ha cambiado el desarrollo de la neurociencia cognitiva. Como se ha señalado anteriormente, estos métodos incluyen la tomografía de emisión de positrones, la tomografía computerizada de emisión de fotón único y especialmente la imagen funcional por resonancia magnética. Basados en diferentes principios físicos, desde la emisión de sustancias radioactivas a los cambios de campo magnético local, estos métodos tienen una cosa en común. Nos permiten observar directamente las pautas de actividad fisiológica en partes diferentes del cerebro cuando los sujetos están comprometidos en diversas tareas cognitivas. Un prominente psicólogo americano, Michael Posner, comparaba el impacto de la neuroimagen funcional en la neurociencia cognitiva con el impacto del telescopio en la astronomía. Igual que la invención del telescopio a comienzos del siglo XVII hizo posible la observación directa del macrocosmos, la introducción de la neuroimagen funcional a finales del siglo XX nos permitió observar directamente el funcionamiento de la mente por primera vez en la historia.

La neuroimagen funcional tiene sus limitaciones. La mayoría de sus métodos no miden directamente la actividad neural. En su lugar, utilizan medidas indirectas o «marcadores»: flujo sanguíneo, metabolismo de glucosa y así sucesivamente. Hay fuerte evidencia, sin embargo, de que estos marcadores reflejan con precisión los niveles de actividad neural. Otra limitación tiene que ver con nuestra capacidad para identificar las fuentes de activación, relacionando aspectos diferentes de esta activación con operaciones mentales específicas. Los neurocientíficos están desarrollando métodos estadísticos cada vez más potentes para resolver este problema.

Pese a todo, hay otro problema relacionado con la relación entre la dificultad de tareas y el esfuerzo de tareas y la intensidad de la señal registrada en el dispositivo de imagen (fIRM, PET o SPECT). Con la familiaridad con las tareas y su dominio es habitual que caiga la intensidad de la señal.[34] En principio, esto puede significar que una tarea «fácil», muy automática y sin esfuerzo, no generará una señal detectable. Pero las tareas cognitivas fáciles y sin esfuerzo no son, por así decir, extracraneales. Ocurren también dentro de nuestras cabezas, y las lesiones cerebrales siguen afectándolas. De hecho, la *mayoría* de nuestros procesos mentales son automáticos y sin esfuerzo, casi conducidos, por decir así, con piloto automático. En comparación, las tareas cognitivas esforzadas y controladas conscientemente representan sólo una porción menor de nuestra vida mental.

Existe una posibilidad real de que la resolución de que disponemos actualmente en los dispositivos de neuroimagen funcional limite nuestra capacidad de hacer imágenes de tareas relativamente «esforzadas», mientras que las tareas automáticas «sin esfuerzo» no generan una señal detectable. La mayoría de las tareas de activación cognitiva relativamente complejas utilizadas en los experimentos tienen probablemente componentes cognitivos con esfuerzo y sin esfuerzo. Por consiguiente, sus «paisajes» de activación pueden ser engañosos en cuanto que muestran picos aislados entre los que hay valles no visibles. Lo que uno ve puede ser mucho menos de lo que uno tiene. Tratar de conjeturar la pauta de activación cerebral de una tarea cognitiva a partir de datos de neuroimagen funcional puede ser parecido a Noé tratando de conjeturar el paisaje de Meso-potamia después del Diluvio Universal mirando desde la cima del Monte Ara-rat que sobresale del agua. Comprender la relación entre intensidad de señal y nivel de dificultad en tareas rigurosamente cuantitativas ayudará a interpretar los datos de activación cognitiva en fIRM y PET. Las técnicas de neuroimagen disponibles son herramientas de incalculable valor para la neurociencia cogniti-va, siempre que seamos conscientes de sus limitaciones y no tomemos los ha-llazgos demasiado literal y acríticamente.

La introducción de nuevos métodos científicos es siempre excitante. Al mismo tiempo amenaza la estabilidad de las hipótesis establecidas. La mayoría de los descubrimientos científicos extienden y desarrollan el conocimiento pre-viamente acumulado, antes que refutarlo. Los puntos de discontinuidad en el flujo del progreso científico son relativamente raros. Cuando ocurren, y las vie-jas hipótesis quedan refutadas en favor de otras radicalmente diferentes, deci-mos que ha tenido lugar un «cambio de paradigma». Los historiadores de la ciencia han debatido acaloradamente la relación entre los avances en los méto-dos científicos y los grandes adelantos conceptuales. ¿Qué impulsa a qué? No todo nuevo método científico, por revolucionario que pueda ser, conduce a un cambio de paradigma conceptual instantáneo. Las buenas noticias son que los hallazgos de neuroimagen funcional recientes han confirmado en general las primeras ideas basadas en estudios de lesiones. Las malas noticias son que los grandes adelantos están todavía por venir.

Locura modular

A comienzos de los años 80, Gall y su frenología disfrutaron de un singular re-surgimiento bajo el nombre de «modularidad».[35] Las lesiones cerebrales produ-cen a veces déficits cognitivos muy concretos y restringidos. Pueden afectar a los nombres de objetos que pertenecen a una categoría específica (e.g., flores o animales) pero no afectan a todos los demás nombres de objetos. O pueden de-teriorar el reconocimiento de una clase concreta de objetos pero no de otros ob-jetos. Durante años, los neuropsicólogos se han sorprendido por tales fenóme-nos, conocidos como «disociaciones fuertes». Algunas de las disociaciones fuertes de las que se ha informado eran asombrosas. En un estudio, un paciente que era incapaz de nombrar un melocotón o una naranja no tenía ninguna difi-cultad en nombrar ¡un ábaco y una esfinge!

Las disociaciones fuertes son escasas y la mayoría de los clínicos no en-cuentran un solo caso en el curso de sus carreras. De todas formas, muchos científicos piensan que las disociaciones fuertes son particularmente interesantes e informativas para entender los mecanismos cerebrales de la cognición. El descubrimiento neuropsicológico y la construcción de la teoría llegaron a ser extraordinariamente dependientes de la búsqueda de tales «casos interesantes» y su valor teórico se ha convertido en un artículo de fe. Los muchos casos anodinos que hay que revisar para explorar y poder extraer las pocas disociaciones fuertes preciosas se estaban desechando como poco informativos.

Esta búsqueda circular llevó a la conclusión de que la corteza consiste en módulos distintos, cada uno de ellos encargado de una función cognitiva altamente específica. Se hacía la hipótesis de que los módulos están encerrados, separados por fronteras claras y con interacciones muy limitadas. Los casos con déficits cognitivos muy específicos se interpretaban como fallos en módulos con dedicaciones específicas, y la existencia de tales casos se tomaba como prueba de la existencia de los módulos.

En este esquema de cosas, la corteza se entiende como un mosaico de numerosos módulos separados por fronteras claras y con comunicaciones restringidas entre ellos. Cada módulo está encargado de una función altamente específica. La búsqueda de disociaciones fuertes se aceptaba como el método principal para identificar los misteriosos módulos. Para cada disociación fuerte de la que se informaba se postulaba un nuevo módulo, y la lista crecía. Esto era sorprendentemente similar a lo que sucedió en los días de auge de la frenología, excepto que las disociaciones fuertes causadas por lesiones cerebrales han reemplazado a las protuberancias en el cráneo como la fuente de ideas dominante.

La falacia de este enfoque se hace evidente si uno advierte que por cada caso de disociaciones fuertes existen centenares de casos de disociaciones débiles, en donde muchas funciones se deterioran a la vez aunque en grados diferentes. Si decidimos *a priori* que estos casos mucho más numerosos no son importantes y sólo lo son las disociaciones fuertes, estamos tomando un sesgo inevitable a favor del modelo modular del cerebro.

En realidad, la teoría modular explica muy poco, puesto que al carecer de capacidad para reducir multitud de hechos específicos a principios generales y simplificadores no satisface el requisito básico de cualquier teoría científica. Como los sistemas de creencias de la antigüedad, simplemente reclasifica su dominio inventando una nueva deidad para cada cosa. De todas formas, y como todas las nociones simplistas, tiene el atractivo seductor e ilusorio de la explicación instantánea: ¡introducir un modulo nuevo para cada observación nueva!

Dada la extrema rareza de las disociaciones fuertes, es probable que ellas reflejen las idiosincrasias de los estilos cognitivos y los antecedentes individuales y que tengan poco que ver con los principios invariantes de la organización cerebral. Si esto es así, entonces las raras disociaciones fuertes no son otra cosa que aberraciones estadísticas no interpretables.

Consideremos lo siguiente: yo soy un hablante nativo de ruso que aprendió inglés cuando era quinceañero. Mi competencia en ambos lenguajes varía dependiendo de las circunstancias y está repleta de disociaciones fuertes. La fatiga, embriaguez o enfermedad tienen efectos distintos, y opuestos, en mi capacidad para comunicarme en los dos lenguajes. En inglés mi dominio del léxico concreto (e.g., objetos domésticos, que aprendí siendo niño) se hace muy precario, pero mi dominio del léxico abstracto (e.g., terminología científica, que aprendí siendo adulto) permanece intacto. En ruso sucede lo contrario: yo empiezo a titubear en mis intentos de transmitir conceptos de alto nivel pero mi lenguaje cotidiano permanece invulnerable. Ciertas partes del léxico (e.g., nombres de flores y peces) están igualmente deterioradas en ambos lenguajes, puesto que nunca las aprendí en ninguno de ellos. Un buen amigo mío, un eminente psicólogo del sur de California, es un hablante nativo de inglés con un dominio excelente del ruso. Él informa igualmente de disociaciones fuertes dependientes del estado, similares en carácter pero no en sus detalles, en ambos lenguajes.

Si cualquiera de nosotros dos tuviera la mala suerte de sufrir un ataque, la teoría neuropsicológica cognitiva podría quedar afectada de forma diferente dependiendo de cuál de nosotros fuera examinado y en qué lenguaje. Inmediatamente se documentarían y se informaría de las disociaciones fuertes, debido todo ello a las circunstancias idiosincráticas de nuestras respectivas historias personales, absurdamente irrelevantes para cualquier cosa de importancia neurocientífica.

Podría decirse que el bilingüismo es relativamente poco común. Sin embargo, otros factores cognitivos inusuales pueden jugar un papel en diferentes individuos. En combinación, estas excepciones pueden explicar la mayoría de las disociaciones fuertes. Cada perfil cognitivo individual es un paisaje que consta de cimas (puntos fuertes) y valles (puntos débiles), y las disparidades en alturas pueden ser bastante espectaculares. Mi ignorancia casi completa de nombres de peces y flores en mi lengua rusa nativa es un caso ilustrativo.

El efecto de un trastorno neurológico extendido en un paisaje cognitivo muy desigual puede compararse con un diluvio que sumerge los valles pero no afecta a las cimas. Diferencias graduadas entre las fuerzas y las debilidades individuales supondrán la aparición de disociaciones fuertes y la confianza del neuropsicólogo será barrida por el mar de los artificios.

Gradientes cognitivos y jerarquías cognitivas

A veces se utiliza un truco didáctico para explicar la organización del neocórtex. El truco es simplista pero heurísticamente poderoso. Se basa en la noción de una jerarquía de tres niveles en el neocórtex.

En la cara posterior del hemisferio, el primer nivel de la jerarquía consiste en las áreas de proyección sensorial primarias. Están organizadas de un modo «estimulotópico», lo que aproximadamente significa una proyección punto a punto del campo de estímulos en el campo cortical. Las proyecciones son continuas (o, como diría un matemático, «homeomorfas»). Esto significa que los puntos adyacentes del campo de estímulos se proyectan en puntos adyacentes del espacio cortical. Las áreas de proyección sensorial primaria incluyen la corteza visual retinotópica del lóbulo occipital, la corteza somatosensorial somatotópica del lóbulo parietal y la corteza auditiva «frecuencitópica» del lóbulo temporal. En el lóbulo frontal, el primer nivel de la jerarquía está representado por la corteza motora, que también es somatotópica. La aplicación entre los espacios de estímulos y las áreas de proyección primarias es topológicamente correcta aunque está métricamente distorsionada: los diferentes territorios corticales y las diferentes partes del espacio de estímulos no se corresponden de acuerdo con sus tamaños relativos, sino de acuerdo con su importancia relativa.

El segundo nivel de la jerarquía consiste en las áreas corticales que están involucradas en procesamiento de información más compleja. Estas áreas ya no están organizadas de una forma estimulotópica. Sin embargo, cada una de estas áreas está aún ligada a una modalidad concreta. Estas áreas corticales, llamadas córtices de asociación específicos de modalidad, son adyacentes a las áreas corticales de proyección primaria.

Finalmente, el tercer nivel de la jerarquía consiste en las regiones corticales que aparecen en las últimas etapas de la evolución del cerebro y que se supone son fundamentales para los aspectos más complejos del procesamiento de información. No están ligadas a ninguna modalidad única. En lugar de ello, la función de estas áreas corticales es integrar los inputs que proceden de muchas modalidades. Se denominan córtices de asociación heteromodal e incluyen a la corteza inferotemporal, la corteza inferoparietal y por supuesto la corteza prefrontal.

Cuando se examinan los efectos de las lesiones cerebrales de forma realista y sin precondiciones estridentes, emerge una imagen muy diferente de la imagen modular del cerebro. Daños en partes adyacentes de la corteza producen déficits cognitivos similares aunque no idénticos. Esta pauta implica que las regiones adyacentes del neocórtex ejecutan funciones cognitivas similares, y que una transición gradual de una función cognitiva a otra corresponde a una trayectoria continua y gradual a lo largo de la superficie cortical. La forma en que se distribuye la cognición por toda la corteza es graduada y continua, no modular y compendiada. Esta pauta de organización, que yo he calificado como «gradiental», se aplica en particular a la corteza de asociación heteromodal; probablemente menos a la corteza de asociación específica de modalidad; y mucho menos a la corteza de proyección primaria, que retiene propiedades fuertemente modulares.

El concepto de gradiente cognitivo se me ocurrió por primera vez a finales de los años 60, cuando empecé a tomar cursos en neuropsicología. A mí y a otros estudiantes se nos estaba presentando un popurrí de síndromes neuropsicológicos, una lista de lavandería sin fin y dispar. Empecé a sentir que necesitaba un artificio autodidacta que me permitiera organizar estos síndromes neuropsicológicos en un esquema coherente y simplificador. El modelo gradiental servía admirablemente para este propósito, puesto que me permitía interpolar síndromes antes que aprenderlos de memoria. Entonces llegué a darme cuenta de que la noción gradiental de organización funcional cortical es también una potente herramienta conceptual y explicatoria cuando se piensa en el cerebro y los trastornos cerebrales, mucho más potente que la que dominaba en la visión de la corteza en aquella época y que la hacía consistir en regiones funcionales discretas. Entre otras cosas, mis gradientes me permitían predecir aproximadamente los efectos de lesiones cerebrales concretas antes de observar empíricamente dichos efectos, y yo disfrutaba del juego. También ayudaba a explicar cómo adquirían sus funciones las diferentes partes del neocórtex. Empecé a pensar en mis gradientes como el análogo neuropsicológico de la tabla periódica de los elementos de Mendeleyev.

La primera persona con la que compartí mi teoría gradiental fue Ekhtibar Dzafarov de Baku (ahora capital del Azerbeijan independiente en el Mar Caspio). Ekhtibar, un condiscípulo algunos años menor que yo en el Departamento de Psicología de la Universidad Estatal de Moscú, era mi protegido. De brillante erudición y un prodigio matemático, Ekhtibar era un estudio en contradicciones culturales. Tenía una mente creativa y rigurosa completamente familiarizada con la literatura y la filosofía occidental, pero conservaba sus costumbres del Este.

Por casualidad, yo fui probablemente responsable de la admisión de Ekhtibar en la universidad. A los estudiantes graduados se les pedía a menudo que entrevistasen a los aspirantes novatos como parte del procedimiento de admisión. La oficina del decano nos alertaba sobre la atracción concreta que el Departamento de Psicología ejercía supuestamente entre los solicitantes «mentalmente inestables». A la luz de este interés y en el espíritu de la cultura en que vivíamos, se nos instruía para detectar solicitantes «psicóticos» y marcar a escondidas sus expedientes con un Marcador Mágico—un beso de la muerte para los sueños de los aspirantes a la Universidad de Moscú.

Y así estaba yo sentado una tarde sofocante del mes de julio en un despacho sin aire acondicionado en el viejo campus de la Universidad de Moscú en Manezhnaya Square, obligándome a escuchar a un joven con dificultades de expresión sentado al otro lado de la mesa, mientras mi atención divagaba. Mientras, mi amiga Natasha Kalita estaba en la mesa contigua entrevistando a un sureño impecablemente vestido y con el cabello negro. El joven, que aún parecía un quinceañero, hablaba un ruso excelente pero con un inequívoco acento del Caúcaso. Cuando empecé a espiar su conversación para aliviar el aburrimiento, el joven sureño estaba hablando del teorema de Gödel, mientras que los ojos cada vez más vidriosos de Natasha dejaban ver una incomprensión total. Cuando el sureño pasó a la máquina de Turing, vi que la mano de Natasha cogía el Marcador Mágico. Pero yo detectaba ya un alma gemela y rápidamente le pedí a Natasha que cambiáramos. Ella se quedó con mi patán incoherente y yo completé la entrevista con el joven sureño.

Escribí un entusiasta informe y Ekhtibar se convirtió en un estudiante de primer año de psicología, probablemente el más brillante del Departamento. Tras ese encuentro él mismo se pegó a mí y me vio como su protector. Rápidamente desarrollamos un respeto intelectual mutuo y nos convertimos en una audiencia mutua para nuestras ideas y teorías más extravagantes.

Cuando algunos años más tarde yo estaba listo para dejar el país, Ekhtibar voló desde Moscú a Riga para despedirme. Pasamos una tarde conversando tranquilamente en el salón del apartamento de mis padres en un tercer piso. Como persona *non grata* y un «traidor a mi país» yo sospechaba que el apartamento estaba siendo sometido a escuchas, y por eso nos aseguramos de que el teléfono (que la mayoría de los ciudadanos soviéticos suponían el dispositivo más comúnmente usado para espiar un apartamento) estuviera fuera de la habitación e inutilizado. Muchos años después Ekhtibar me dijo que a su retorno de Riga fue convocado por el KGB (*Komitet Gosudarstvennoi Bezopasnosti*, Comité de Seguridad del Estado) e interrogado sobre sus razones para visitarme; allí le recitaron el contenido de nuestra conversación de despedida con gran detalle como prueba de la omnisciencia del KGB. No tengo idea de cómo nos grabaron. Tan sólo puedo conjeturar que quizá hubiera una camioneta aparcada en la calle próxima al edificio, con un equipo completo de espionaje. Aunque me quedaban pocas ilusiones sobre los gobernantes de mi viejo país, encontré la historia alucinante, triste más que indignante. Yo no era un disidente destacado; para cualquier canon estándar, era un don nadie político. Pero así es como se gastaban los recursos en un país no conocido por su riqueza hace apenas una década y media, antes de su colapso final bajo su propio peso.

Y así fue Ekhtibar el primero que conoció mi teoría casera del gradiente, que se apartaba abruptamente de todo lo que nos enseñaban sobre el cerebro. Se hizo con estilo, con vino tinto georgiano en la comida mientras contemplábamos un panorama de Moscú desde el restaurante de la terraza del Hotel del Ministerio de Defensa próximo al campus universitario, coloquialmente conocido entre los estudiantes como «el Pentágono». La elección del lugar era irónica, puesto que yo estaba eludiendo, con la connivencia de Luria, el servicio militar soviético, una empresa más que peligrosa en ese tiempo y lugar.

Ekhtibar quedó impresionado y apoyó la idea. Así que decidí ir más allá y al día siguiente la discutí con Alexandr Romanovich. Siempre había pensado que mi modelo gradiental era una derivación directa e inmediata del propio enfoque de Luria sobre las relaciones cerebro-conducta. Pero para mi sorpresa él no lo vio así, y básicamente lo desechó en favor de la premisa «localizacionista» más tradicional. Una de las muchas cosas buenas de Luria era que se podía estar en desacuerdo con él en un debate científico sin arriesgarse a la erosión de la relación personal. E incluso cuando no compartía tus ideas, no se sentía amenazado por ellas. Su actitud no era nunca de irritación; iba desde el entusiasmo a una indiferencia benigna, y esta última es precisamente la que adoptó aquella vez.

Redacté mi teoría gradiental sólo 15 años más tarde, en 1986, cuando tuve el privilegio de pasar un año como investigador visitante en el Instituto de Estudios Avanzados de la Universidad Hebrea de Jerusalén. Cuando finalmente se publicó en 1989[36] el artículo en el que introducía el concepto de un «gradiente cortical» cognitivo, y luego se publicó otra vez como capítulo de un libro,[37] fue básicamente ignorado. La noción de modularidad estaba demasiado arraigada y era simplistamente atractiva. Pero hoy la modularidad está en retirada y la visión gradiental de la corteza cerebral está en ascenso. Ésta, creo yo, representa un verdadero cambio de paradigma en neurociencia cognitiva, y como todo cambio de paradigma implicaba una batalla cuesta arriba. En un notable ensayo, «Scotoma: Forgetting and Neglect in Science», Oliver Sacks asemeja los recientes cambios en nuestras ideas sobre el cerebro al cambio de paradigma en física a comienzos del siglo XX.[38] Ésta fue la época en que la física newtoniana de cuerpos discretos fue reemplazada por la nueva física de los campos: eléctrico, magnético y gravitatorio.

Como discuto más tarde en este libro, la noción de modularidad no es completamente errónea. La modularidad probablemente capta de forma precisa un principio arcaico de organización neuronal, que fue reemplazado posteriormente en el curso de la evolución por el principo gradiental. Si es así, entonces existe un asombroso paralelismo entre la evolución del cerebro y la evolución intelectual de nuestras ideas acerca del cerebro. Tanto la evolución del propio cerebro como la evolución de nuestras teorías sobre el cerebro han estado caracterizadas por un cambio de paradigma, de lo modular a lo interactivo.

Una cosa es una cosa

El principio gradiental se entiende mejor si se examinan dos aspectos fundamentales de nuestro mundo mental: la percepción y el lenguaje. Consideremos dos posibles formas alternativas de codificar las representaciones mentales de las cosas. En la primera versión, las diversas categorías de objetos (frutas, flores, ropas, herramientas, etc.) se codifican como «módulos» separados, cada uno de los cuales ocupa una localización distinta y bien delimitada en la corteza. En la segunda versión, la representación de cada categoría de objetos se distribuye de acuerdo con sus diversas componentes sensoriales: visual, táctil, auditiva, etc.

La primera posibilidad será compatible con el principio modular de la organización cerebral. De hecho, los proponentes de este principio citan habitualmente casos de dificultades perceptivas o de nominación que afectan a categorías de objetos específicos y aislados. Como se señaló antes, tales casos son extraordinariamente raros, pero existen. La segunda posibilidad será compatible con el principio continuo y gradiental de la organización cortical. Para ayudar a decidir cuál de las dos alternativas está más próxima a la verdad, nos dirigimos a una clase peculiar de trastornos neurológicos llamados «agnosias asociativas».

Imagínese andando por unos grandes almacenes. Se encontrará rodeado por centenares de objetos, algunos de ellos únicos en al menos algunos aspectos. ¿Qué probabilidad hay de que usted ya haya visto ese dibujo concreto en una corbata, ese corte concreto en un vestido, o esa forma concreta en un jarrón? Probablemente no ha encontrado antes copias exactas de ninguno de estos objetos. Sin embargo, los reconocerá inmediatamente como miembros de ciertas categorías familiares: una corbata, un vestido y un jarrón. Paradójicamente, estos objetos son instantáneamente familiares, pese al hecho de que, estrictamente hablando, son novedosos.

La percepción categorial, la capacidad de identificar ejemplares únicos como miembros de categorías genéricas, es una capacidad cognitiva fundamental sin la cual habríamos sido incapaces de movernos por el mundo que nos rodea. Damos por supuesta esta capacidad, y en la mayoría de los casos la ejercemos de forma automática, sin esfuerzo e instantáneamente. Pero con la enfermedad cerebral esta capacidad fundamental puede quedar gravemente deteriorada, incluso cuando no están afectados los sentidos básicos (visión, audición, tacto). Llamamos a tales condiciones agnosias asociativas.[39]

Nuestro conocimiento del mundo exterior es de naturaleza multimedia. Podemos evocar la imagen visual de la copa verde del árbol tanto como el sonido de las hojas agitadas por el viento, el aroma de sus flores y el áspero tacto de la corteza bajo nuestros dedos. ¿Cómo sufre la capacidad de reconocer objetos comunes en las agnosias asociativas? ¿Comparten un destino similar los diversos atributos de la representación mental de un objeto? La ruptura perceptiva en las agnosias asociativas, ¿se produce según los objetos completos o según sus dimensiones sensoriales?

La investigación sobre los efectos del daño cerebral en la cognición ha mostrado que en las agnosias la capacidad de percibir objetos nunca se destruye por completo. Normalmente está limitada a ciertos sistemas sensoriales sin afectar a los otros. En consecuencia, se han identificado y bautizado diferentes agnosias parciales. Un paciente con «agnosia de objeto visual» es incapaz de reconocer visualmente un objeto común pero lo reconocerá inmediatamente al tacto. Un paciente con «astereognosia de objeto puro» es incapaz de reconocer el mismo objeto común al tacto pero lo reconocerá visualmente. Un paciente con «agnosia auditiva asociativa» es incapaz de reconocer un objeto común por su sonido característico (e.g., un perro por su ladrido) pero no tendrá dificultades en reconocerlo visualmente o por el tacto.[40]

De modo que ninguna de estas formas de agnosia elimina por completo nuestra capacidad de percibir un objeto, sino sólo parcialmente. En cada forma de agnosia, el déficit se limita normalmente a una modalidad sensorial distinta (visual, auditiva o táctil), y en ésa y sólo esa modalidad está gravemente deteriorada la percepción del paciente. Por la misma razón, este déficit parcial no se limita normalmente a una clase particular de objetos (como prendas de vestir o herramientas domésticas), sino que afecta a todo tipo de objetos en alguna medida. Pese a todo, el paciente no es ciego, ni sordo, ni está entumecido. Aunque las agnosias están definitivamente ligadas a sistemas sensoriales particulares, las propias sensaciones no están afectadas. El déficit es un déficit de la interpretación de la información sensorial, más que de su recepción.

¿Cuál es la neuroanatomía de las agnosias asociativas? Los territorios corticales cuyo daño conduce a estas agnosias son adyacentes a las áreas encargadas de los inputs sensoriales cuando llegan a la corteza. El territorio de la agnosia de objeto visual comprende la corteza visual del lóbulo occipital, el territorio de la agnosia auditiva asociativa comprende la corteza auditiva del lóbulo temporal, y el territorio de la astereognosia de objeto puro comprende la corteza somatosensorial del lóbulo parietal.

De esto se sigue que la representación mental de un objeto no es modular. Está distribuida, puesto que sus diferentes componentes sensoriales están representadas en diferentes partes de la corteza. Y es gradiental, puesto que las regiones de estas representaciones parciales son continuas sobre las áreas de las correspondientes modalidades sensoriales.

Una palabra para una cosa

Consideremos dos posibles formas alternativas de codificar en el cerebro el conocimiento del significado de una palabra:

1. La representación de los significados de las palabras es de naturaleza modular. Todos los significados de una palabra están reunidos y separados de la representación cerebral del mundo físico real que denotan.
2. La representación de los significados de una palabra está distribuida. Está distribuida en estrecha proximidad neuroanatómica a las representaciones cerebrales de los correspondientes aspectos del mundo físico. Esto significaría que los significados de los diferentes tipos de palabras están codificados en diferentes partes de la corteza.

Aunque la mayoría de las representaciones de cosas y sucesos implican múltiples modalidades sensoriales, algunas son más dependientes de ciertas modalidades sensoriales que de otras. En los humanos, las representaciones mentales de los objetos físicos dependen fundamentalmente de la modalidad visual, y sólo de forma secundaria de otras modalidades sensoriales. Esto se refleja en la frase «traer una imagen ante el ojo de la mente»—no el «oído de la mente» o la «nariz de la mente». Usted puede comprobarlo por sí mismo pidiendo a un amigo que describa un objeto común. Hay muchas probabilidades de que la descripción se centre en la apariencia del objeto y sólo posteriormente, cuando le apremie, en cómo suena, huele y se siente al tacto. Por el contrario, un perro hablador (una criatura relativamente más olfatoria) hubiera inventado casi con certeza la frase «traer ante la nariz de la mente». Al mismo tiempo, las representaciones mentales de acciones físicas—caminar, correr, golpear— son de una naturaleza menos visual y más motora y táctil/propioceptiva.

Los objetos se representan en el lenguaje con nombres, y no cualquier nombre, sino nombres concretos. «Silla» es una palabra para un objeto, pero «independencia» no lo es. Las acciones se representan en el lenguaje por verbos, específicamente por verbos concretos. «Correr» es una palabra para una acción, pero «equivocar» no lo es. ¿Cuáles son las representaciones corticales de las palabras para objetos y las palabras para acciones? ¿Se representan juntas en una parte característica de la corteza, o se distribuyen sus representaciones por diferentes partes de la corteza, de acuerdo con su significado,?

Estudios de lesiones de pacientes sugieren que la cartografía cortical del lenguaje está decididamente distribuida. Normalmente la pérdida de la capacidad de nombrar no es global, sino parcial. La pérdida de palabras de objetos (o «anomia para los sustantivos») está causada por daños en la región del lóbulo temporal adyacente al lóbulo occipital visual. En estos casos, las palabras para acciones son relativamente escasas. Por el contrario, la pérdida de palabras para acciones (o «anomia para verbos») está causada por daños en el lóbulo frontal, precisamente en frente de la corteza motora. Esto sugiere que la representación cortical de palabras para objetos está estrechamente ligada a la representación cortical de los propios objetos y la representación cortical de palabras para acciones está estrechamente ligada a la representación cortical de las propias acciones.[41]

Esta conclusión se ve apoyada por estudios recientes en sujetos sanos que utilizan métodos de neuroimagen funcional. Alex Martin y sus colegas en el Instituto Nacional de Salud Mental revisaron un gran número de tales estudios y concluyeron que tanto la representación cortical de objetos como la representación cortical de significados de palabras que denotan objetos están altamente distribuidas.[42] Características diversas de dichas representaciones se almacenan próximas a las áreas sensorial y motora que participaron en la adquisición de información sobre dichos objetos. Por ejemplo, nombrar animales activaba las áreas occipitales izquierdas, mientras que nombrar herramientas activaba las regiones premotoras izquierdas encargadas de los movimientos de la mano derecha.[43] Esto se muestra en la Figura 5.4.

Una vez más, aparece una imagen decididamente no modular, distribuida y continua de la organización funcional cortical, compatible con el modelo gradiental. El conocimiento del significado de una palabra no se almacena en el cerebro como un módulo separado y compacto. Los diferentes aspectos del significado de una palabra se distribuyen en estrecha relación con los aspectos de la realidad física que denotan.

Paradójicamente, algunos de los hallazgos habitualmente citados por los defensores de la modularidad encajan de forma más natural en el modelo gradiental de la corteza.[44] Es más probable que tras un daño cerebral se pierda la capacidad de nombrar cosas vivas antes que la de nombrar objetos inanimados. De todos los hallazgos mencionados en apoyo de la visión modular del cerebro, éste es uno de los más robustos y reproducibles. Con todo, el simple sentido común sugiere una explicación diferente.

a) ANIMALES

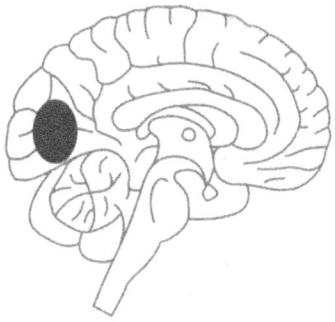

b) HERRAMIENTAS

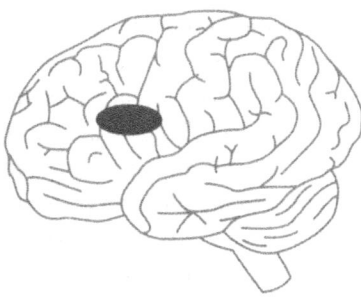

Figura 5.4 Representación cortical distribuida del lenguaje. La representación cortical de los significados de palabras que denotan objetos está altamente distribuida. Características diversas de estas representaciones se almacenan cerca de aquellas áreas sensoriales y motoras que participan en la adquisición de información acerca de los objetos. (a) Área de flujo sanguíneo incrementado cuando los sujetos nombran dibujos de animales comparada con la mención de herramientas. (b) Área de flujo sanguíneo incrementado cuando los sujetos nombran dibujos de herramientas comparada con la mención de animales. [Adaptado de Martin, Wiggs, Ungerleider y Maxby (1996). Reimpreso con permiso de *Nature*, copyright 1996 by Macmillan Magazines Ltd.]

La mayoría de los objetos inanimados con los que entramos en contacto están hechos por el hombre. Los objetos hechos por el hombre se crean con un propósito: hacemos cosas con ellos. En la mayoría de los casos, esto implica que las representaciones mentales de objetos inanimados tienen un aspecto adicional: la representación de acciones implícitas en los objetos. Este aspecto está en su mayor parte ausente en las representaciones mentales de cosas vivas. Como resultado, las representaciones mentales de cosas inanimadas están más ampliamente distribuidas, implican más partes del cerebro y son por lo tanto menos vulnerables a los efectos de una lesión cerebral.

Como sucede con las representaciones mentales del propio mundo físico, la representación mental del lenguaje que *denota* el mundo físico está distribuida. Existe una estrecha relación, de hecho un estrecho paralelismo, entre estos dos registros neurales. Parecen estar acoplados, unidos el uno al otro. Esto tiene un sentido a la vez evolutivo y (perdón por la vena teleológica) estético. El diseño neural es a la vez económico y elegante.

El director de orquesta:
una mirada más cercana a los lóbulos frontales

La novedad y los lóbulos frontales

El repertorio de cada orquesta o coro consiste tanto en obras que han sido su puntal durante años como en añadidos relativamente nuevos. Asimismo, los productos manufacturados por una compañía consisten en líneas de productos más viejos y otros relativamente nuevos. ¿Qué obras (o productos) requieren una mayor atención continuada por parte del director de la orquesta (o del CEO)? El sentido común sugiere que cuanto menos racionalizadas o ensayadas estén las actividades, menos probable es que se consigan satisfactoriamente con «piloto automático». Por consiguiente, las actividades más novedosas y menos ensayadas requieren una dirección más estrecha por parte del líder.

Los experimentos con neuroimagen funcional realizados por Raichle y sus colegas ilustran de forma muy espectacular la relación entre los lóbulos frontales y la novedad.[1] Los investigadores utilizaron tomografía de emisión de positrones (PET) para estudiar la relación entre los niveles de flujo sanguíneo en regiones del cerebro y la novedad de la tarea. Cuando se introducía por primera vez la tarea (decir un verbo adecuado a un sustantivo presentado visualmente), el nivel de flujo sanguíneo en los lóbulos frontales alcanzaba su máximo. A medida que aumentaba la familiaridad de los sujetos con la tarea, la implicación del lóbulo frontal prácticamente desaparecía. Cuando se introducía una nueva tarea, que en general se parecía a la primera aunque no era exactamente igual, el flujo sanguíneo frontal aumentaba algo pero no alcanzaba su nivel inicial (Fig. 6.1). Parece haber una fuerte relación entre la novedad de la tarea y el nivel de flujo sanguíneo en los lóbulos frontales: éste es máximo cuando la tarea es nueva, mínimo cuando la tarea es familiar, e intermedio cuando la tarea es parcialmente nueva. En la medida en que los niveles de flujo sanguíneo están correlacionados con la actividad neural (lo que la mayoría de los científicos cree que sucede), estos experimentos proporcionan evidencia

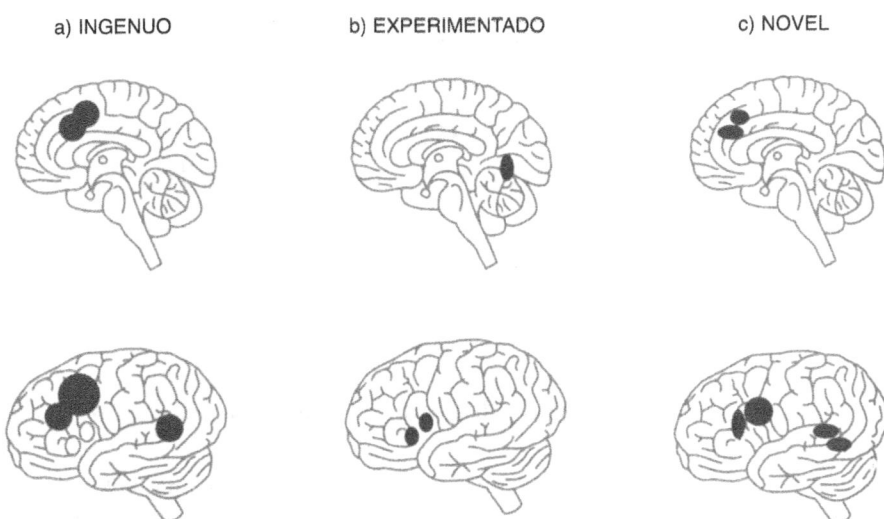

Figura 6.1 Lóbulos frontales y novedad. (a) La corteza prefrontal está activa cuando la tarea cognitiva es nueva. (b) La activación frontal cae con la familiarización con la tarea. (c) Se activa de nuevo parcialmente cuando se introduce una tarea algo diferente, similar a la primera pero no idéntica. [Adaptado de Raichle *et al.* (1994). Reimpreso con permiso.]

fuerte y directa sobre el papel de los lóbulos frontales al tratar con la novedad cognitiva.

Hay que recordar que la novedad está asociada con el hemisferio derecho. ¿Significa esto que los lóbulos frontales están más íntimamente implicados en el funcionamiento del hemisferio derecho que en el del hemisferio izquierdo? Puede ser. El lóbulo frontal derecho es mayor en el hemisferio derecho que en el hemisferio izquierdo. Y aunque es artificioso trazar paralelismos directos entre estructura y función, la mayoría de los científicos creen que más tejido neural implica mayor capacidad computacional.

El papel especial desempeñado por los lóbulos frontales y el hemisferio derecho en tratar con la novedad y por el hemisferio izquierdo en la implementación de rutinas sugiere que los cambios dinámicos asociados con el aprendizaje son al menos dobles. Con el aprendizaje, el lugar del control cognitivo se desplaza desde el hemisferio derecho al hemisferio izquierdo, y desde las partes frontales a las partes posteriores de la corteza.

Este fenómeno dual que acabo de describir fue espectacularmente demostrado por Jim Gold y sus colegas en el Instituto Nacional de Salud Mental.[2] Utilizando PET, estudiaron cambios en las pautas de flujo sanguíneo en el curso de la realización de una tarea compleja de «respuesta alternativa diferida». La activación del lóbulo frontal era muy fuerte en la etapa primitiva (ingenua) y decaía considerablemente en la etapa final (experimentada) del aprendizaje de la tarea. Su pauta regional también había cambiado. En la etapa primitiva de aprendizaje la activación era mayor en las regiones prefontales derechas que en las izquierdas. En la etapa final la pauta se invertía: había más activación en las regiones prefrontales izquierdas que en las derechas. Esto se muestra en la Figura 6.2.

En la literatura antigua sobre el tema el hemisferio derecho se conocía como el «hemisferio menor» y los lóbulos frontales como los «lóbulos silentes». Hoy sabemos que estas estructuras no son ni menores ni silentes, aunque sus funciones pueden ser evasivas. Las funciones del hemisferio derecho son menos transparentes que las funciones del hemisferio izquierdo, y las funciones de los lóbulos frontales son menos transparentes que las funciones de la corteza posterior precisamente porque trabajan con situaciones que desafían una fácil codificación y reducción a un algoritmo. ¡Tanto más para el hemisferio menor y el lóbulo silente! Se necesitó mucho tiempo para apreciar sus funciones, pero ahora estamos empezando a entender su verdadera complejidad y el papel fundamental que juegan en nuestros procesos mentales.

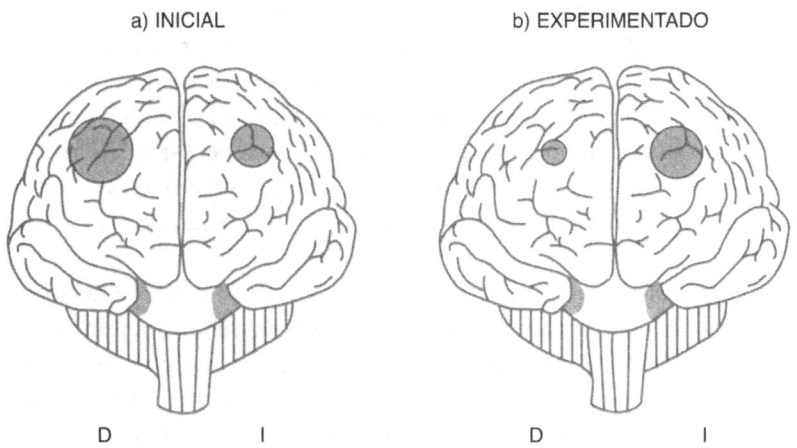

Figura 6.2 Lóbulos frontales, hemisferios y novedad. (a) Una tarea nueva activa predominantemente la corteza prefrontal derecha. (b) A medida que la tarea se hace familiar, el nivel global de activación cae y se desplaza de la región prefrontal derecha a la izquierda. [Adaptado de Gold *et al.* (1996). Reimpreso con permiso.]

Memoria activa o ¿trabajar con memoria?

La «memoria» no parece un concepto misterioso para la mayoría de la gente. De hecho, el gran público está tan condicionado por el término que a menudo se utiliza de forma abusiva, y por ello sin significado, para referirse de forma indiscriminada a cada aspecto de la mente. Pregunte a diez personas qué hace la «memoria» y las respuestas serán prácticamente uniformes: aprender nombres, números de teléfono, la tabla de multiplicar y empollarse para el examen final las fechas de los sucesos históricos de los que podría prescindir. La memoria está también entre los aspectos más arduamente estudiados de la mente. En un estudio de memoria típico se le pide a un sujeto que memorice una lista de palabras o una serie de fotografías de rostros, y que luego recuerde o reconozca el material en condiciones diversas.

Por desgracia, tanto las preconcepciones del gran público sobre la memoria como las formas tradicionales de llevar a cabo la investigación sobre la memoria tienen muy poco que ver con la forma en que actúa la memoria en la vida real. En un estudio de memoria típico se le pide a un sujeto que memorice información y luego la recuerde. El sujeto memoriza cierta información porque el examinador le instruye para ello. Memorización y recuerdo son el fin para ambos, y la decisión respecto a lo que recordar queda para el examinador y no para el sujeto.

En la mayoría de las situaciones de la vida real almacenamos y recordamos información no por el propio hecho de recordarla, sino como un prerrequisito para resolver un problema entre manos. Aquí, recordar es un medio para un fin, y no el fin. Además, y esto es particularmente importante, a ciertos recuerdos se accede y son recuperados no en respuesta a una orden externa procedente de algún otro, sino en respuesta a una necesidad generada internamente. En lugar de que me digan lo que hay que recordar, yo mismo tengo que decidir en el momento qué información es útil para mí en el contexto de mis actividades en curso.

Todos nosotros conocemos todo tipo de cosas. Yo conozco la situación de las barberías en el West Side de Manhattan, los nombres de los principales compositores rusos, la tabla de multiplicar, los principales aeropuertos de Australia, las edades de mis primos lejanos, etc., etc. ¿Cómo es posible entonces que cuando estoy sentado delante de mi ordenador, escribiendo este libro, yo accedo instantáneamente a mi conocimiento sobre los lóbulos frontales y escribo sobre ellos, y no sobre la Revolución Francesa o mis restaurantes favoritos de Nueva York? Además, ¿cómo es posible que habiéndome entrado hambre al cabo de algunas horas de mecanografiado agotador, accedo con la misma prontitud a mi conocimiento de los restaurantes vecinos, y ya no de los lóbulos frontales, y dicha transición es instantánea y sin solución de continuidad?

La mayoría de los actos de memoria de la vida real implican el decidir qué tipo de información es útil para mí en ese instante, y luego seleccionar esta información de entre el enorme conjunto de conocimiento disponible. Además, cuando cambia la naturaleza de nuestras actividades, hacemos un cambio suave e instantáneo de una selección a otra, y luego otra vez y así sucesivamente. Hacemos tales decisiones, selecciones y transiciones prácticamente a cada momento de nuestra vida de vigilia, la mayor parte de las veces de forma automática y sin esfuerzo. Pero dada la cantidad total de información diversa disponible para nosotros en cualquier instante dado, estas decisiones no son ni mucho menos triviales. Requieren intrincadas computaciones neurales, que son llevadas a cabo por los lóbulos frontales. La memoria basada en tal cambio incesante, decisión fluida, selección y alternancia está guiada por los lóbulos frontales y se denomina *memoria activa*. En cada momento del proceso necesitamos acceder a un tipo concreto de información que solamente representa una minúscula fracción de nuestro conocimiento total. Nuestra capacidad para acceder es similar a encontrar instantáneamente una aguja en un pajar, y resulta extraordinariamente asombrosa.

Y en ello reside una diferencia crucial entre un experimento de memoria típico y la forma en que se utiliza la memoria en la vida real. En la vida real, yo tengo que tomar la decisión acerca de lo que hay que recordar. En un experimento de memoria típico, la decisión la toma el examinador por mí: «Escuche estas palabras y recuérdelas». Al trasladar el proceso de toma de decisión del individuo al examinador eliminamos el papel de los lóbulos frontales y la tarea de la memoria ya no es una tarea de memoria activa. La mayoría de los actos de recuerdo de la vida real implican a la memoria activa y los lóbulos frontales, pero la mayoría de los procedimientos utilizados en la investigación de la memoria y en el examen de pacientes con trastornos de memoria no lo hacen.

La disparidad entre la forma en que se utiliza la memoria y la forma en que se estudia sirve para explicar la confusión sobre el papel de los lóbulos frontales en la memoria. Durante años ha tenido lugar un debate no concluyente sobre el tema, desde que éste fue planteado por primera vez por Jacobsen[3] y Luria.[4] Recientemente, debido en gran medida al trabajo de los neurocientíficos Patricia Goldman-Rakic[5] y Joaquín Fuster,[6] se ha reafirmado el papel de los lóbulos frontales en la memoria y el concepto de memoria activa ha ganado importancia. La memoria activa está estrechamente ligada al papel crítico que juegan los lóbulos frontales en la organización temporal del comportamiento y en el control de la propia secuencia en que son activadas diversas operaciones mentales para afrontar el objetivo del organismo.[7] Hoy el concepto de memoria activa está entre los más de moda en la neurociencia cognitiva. Como sucede con los conceptos de moda, a menudo se utiliza arbitraria y vagamente, lo que a veces lo vacía de significado. Por esto es por lo que resulta particularmente importante discutir este concepto cuidadosa y rigurosamente.

Puesto que la selección de la información requerida para resolver el problema entre manos se hace en los lóbulos frontales, éstos deben «saber», al menos vagamente, en qué parte del cerebro está almacenada dicha información. Esto sugiere que todas las regiones corticales están representadas de algún modo en los lóbulos frontales, una afirmación que hizo por primera vez Hughlings Jackson a finales del siglo XIX.[8] Tal representación es probablemente grosera, más que específica, y permite a los lóbulos frontales saber qué tipo de información está almacenada en cada sitio, pero no la propia información específica. Los lóbulos frontales entran entonces en contacto con las partes apropiadas del cerebro y traen «on-line» el recuerdo (o, como dicen los científicos, el «engrama»), activando la circuitería que incorpora el engrama. La analogía entre los lóbulos frontales y el director ejecutivo de la empresa resulta de nuevo apropiada. Habiendo firmado un nuevo contrato, es posible que el CEO no posea ninguna de las habilidades técnicas necesarias para realizar el proyecto, pero él sabe quién de su equipo las posee y tiene la capacidad de seleccionar correctamente a los empleados que lo desarrollarán de acuerdo con sus capacidades concretas.

Puesto que las diferentes fases en la resolución de un problema pueden requerir diferentes tipos de información, los lóbulos frontales deben llamar *on-line* constante y rápidamente a nuevos engramas y desconectar los viejos. Además, debemos hacer a menudo transiciones rápidas de una tarea cognitiva a otra y, para hacer las cosas aún más difíciles, frecuentemente trabajamos en varios problemas en paralelo. Esto subraya un aspecto muy peculiar de la memoria activa: su constante y rápido cambio de contenido. Imagine que usted tiene cinco cuentas bancarias en las que realiza frecuentes operaciones (depósitos y retiradas de dinero), muchas veces de forma simultánea. Imagine, además, que tiene que llevar la cuenta de los cinco saldos en su cabeza, sin ayudarse de un cuaderno o un ordenador para llevar su negocio. En lugar de memorizar un volumen de información estática, debe ser capaz de actualizar rápidamente el contenido de su memoria en todo momento.

La situación de las cinco cuentas bancarias parece una pura fantasía. Pero ¿hasta qué punto es diferente del desafío al que se enfrenta un ejecutivo, empresario, inversor, político o militar que debe controlar y actuar en varias situaciones que rápidamente se despliegan en paralelo? Imagine a un malabarista que lanza cinco bolas al aire y tiene que seguir constantemente el movimiento de las cinco. Imagine ahora un malabarismo mental, que es a lo que equivale llevar una empresa, un negocio o un laboratorio científico. Esto le da una idea de lo que hace la memoria activa. Con un mal funcionamiento de la memoria activa, todas las bolas caerán pronto al suelo.

Volvamos ahora a nuestro ejecutivo de empresa. Él necesita reunir un equipo de expertos para un proyecto complejo y a largo plazo con contingencias imprevisibles. En cada fase del proyecto debe identificar la destreza requerida; decidir cómo localizar los nombres de los expertos; encontrarlos realmente; recordar sus nombres y números de teléfono al menos durante la elaboración del proyecto; identificar las necesidades dictadas por la fase siguiente del proyecto; y así sucesivamente. Imagine, además, que en cada fase del proyecto necesita más de un tipo de experto, de modo que tienen lugar varias búsquedas en paralelo. Ésta sería una descripción razonablemente exacta de la memoria activa. La memoria activa es muy diferente de las actividades que asociamos tradicionalmente con la palabra «memoria» —aprender un volumen dado de información y retenerla.

Pero el papel de la memoria activa no se restringe a una toma de decisiones a gran escala. Dependemos de la memoria activa incluso en las situaciones más anodinas. En su memoria tiene usted los números de teléfono de sus restaurantes favoritos y de su dentista. Sabe dónde guarda sus zapatos y su aspirador. Incluso si esta información está en todo momento en su memoria, no es el centro de su atención en todo momento. Cuando necesita agasajar a sus amigos, usted llama a su restaurante y no a su dentista. Cuando tiene que vestirse por la mañana, va al armario que contiene los zapatos y no al de la aspiradora. Estas decisiones aparentemente triviales y sin esfuerzo también requieren memoria activa.

Tenemos la capacidad de traer al foco de atención la información relevante para la tarea cuando la necesitamos, y de pasar luego al siguiente elemento de información relevante. La selección de la información apropiada para la tarea ocurre automáticamente y sin esfuerzo, y la suavidad de esta selección está asegurada por los lóbulos frontales. Pero los pacientes en etapas tempranas de demencia a menudo refieren acciones «inanes». Pueden coger platos sucios y llevarlos al dormitorio en lugar de a la cocina, o abrir la nevera buscando unos guantes. Ésta es una alteración temprana de la capacidad de los lóbulos frontales para seleccionar y llamar *on-line* a la información apropiada para la tarea. La memoria activa sufre frecuentemente en las demencias tempranas. Una persona con una memoria activa gravemente deteriorada se encontrará rápidamente en un estado de confusión desesperada.

La paradoja de la memoria activa es que incluso si los lóbulos frontales son críticos para acceder y activar la información relevante para la tarea, ellos mismos no contienen esa información: la tienen otras partes del cerebro. Para demostrar esta relación, Patricia Goldman-Rakic y sus colegas en Yale estudiaron respuestas diferidas en el mono.[9] Registraron neuronas en los lóbulos frontales del mono, que se disparan mientras hay que «mantener» un engrama (huella de memoria) y dejan de dispararse una vez que se ha iniciado la respuesta. Estas neuronas están involucradas en el mantenimiento *on-line* del engrama, pero no en el almacenamiento del engrama.

Diferentes partes de la corteza prefrontal están involucradas en diferentes aspectos de la memoria activa, y existe un paralelismo peculiar entre la organización funcional de los lóbulos frontales y las regiones corticales posteriores. Durante años se ha sabido que el sistema visual de los primates (incluido el de los humanos) consiste en dos componentes distintas. El sistema «qué», que se extiende a lo largo del gradiente occipitotemporal, procesa información sobre la identidad del objeto. El sistema «dónde», que se extiende a lo largo del gradiente occipitoparietal, procesa información sobre la localización del objeto. Presumiblemente, el conocimiento espacial visual también está distribuido. Las memorias para «qué» se forman dentro del sistema occipitotemporal, y las memorias para «dónde» dentro del sistema occipitoparietal.

¿Está controlado el *acceso* a estos dos tipos de memoria visual por las mismas regiones frontales o por regiones diferentes? Susan Courtney y sus colegas en el Instituto Nacional de Salud Mental respondieron a la pregunta en un experimento PET con una ingeniosa tarea de activación.[10] Un conjunto de rostros aparecía en una cuadrícula de cuatro por seis, seguido de otro conjunto de rostros. A los sujetos se les pedía que respondieran a la pregunta «qué» (¿Son iguales los rostros?) o a la pregunta «dónde» (¿Aparecían en las mismas posiciones dentro de la cuadrícula?). Las dos tareas producían dos pautas de activación distintas dentro de los lóbulos frontales, en las porciones inferiores para «qué» y en las porciones superiores para «dónde». Hallazgos similares se obtuvieron utilizando registros de una única célula en monos por parte de Patricia Goldman-Rakic y sus colegas en Yale.[11]

Aparentemente, diferentes aspectos de la memoria activa están bajo control de diferentes regiones dentro de los lóbulos frontales. ¿Significa esto que cada parte de la corteza prefrontal está ligada a un sistema particular fuera de los lóbulos frontales? ¿Qué le sucedió al director en general? ¿Hay una parte de los lóbulos frontales cuya contribución sea verdaderamente integral? Misteriosamente, el área que rodea a los polos frontales, la máxima extensión adelantada del lóbulo frontal (el área 10 de Brodmann), ha eludido hasta ahora la mayoría de los intentos de caracterizar su función en términos específicos. No sería sorprendente que la investigación futura demostrara que las áreas que rodean inmediatamente a los polos frontales sirven para una función especialmente sintética y superponen un nivel adicional de jerarquía neural sobre las regiones corticales dorsolateral y orbitofrontal. Las funciones sintéticas que probablemente desempeña esta parte del cerebro se discuten en la próxima sección.

Libertad de elección, ambigüedad y los lóbulos frontales

Consideremos los siguientes problemas cotidianos. (1) Mi cuenta bancaria tenía un saldo de 1.000 dólares y saqué 300 dólares. ¿Cuánto he dejado? (2) ¿Qué voy a ponerme hoy: una chaqueta azul, una chaqueta negra o una chaqueta gris? (3) ¿Cuál es el número de teléfono de mi dentista? (4) ¿Iré de vacaciones al Caribe, a Hawai o a Grecia? (5) ¿Cuál es el nombre de la secretaria de mi jefe? (¡Más vale que no me equivoque!) (6) ¿Pediré langosta *fra diavolo*, costillas de cordero o pollo Kiev para cenar? (Mi doctor dice que nada de esto).

Las situaciones 1, 3 y 5 son deterministas. Cada una de ellas tiene una única solución correcta intrínseca a la situación, y todas las demás respuestas son falsas. Al encontrar la solución correcta—la «verdad»—yo me comprometo en una *toma de decisión verídica*. Las situaciones 2, 4 y 6 son intrínsecamente ambiguas. Ninguna de ellas tiene una solución intrínsecamente correcta. Yo elijo las costillas de cordero no porque sean «intrínsecamente correctas» (¡qué ridículo!), sino porque me gustan. Al hacer mi elección, me comprometo en una *toma de decisión adaptativa* (mi doctor dice que mal adaptativa).

En la escuela se nos da un problema y debemos encontrar la respuesta correcta. Normalmente existe sólo una respuesta correcta. La respuesta está oculta; la pregunta es clara. Pero la mayoría de las situaciones de la vida real, fuera del ámbito de los problemas técnicos restringidos, son intrínsecamente ambiguas. La respuesta está oculta, y también lo está la pregunta. Nuestros objetivos en la vida son generales y vagos. La «búsqueda de felicidad» es una noción amorfa que significa cosas diferentes para personas diferentes, o incluso para la misma persona en circunstancias diferentes. En cualquier instante dado, cada uno de nosotros debemos decir qué significa aquí y ahora para mí la búsqueda de felicidad. En su famosa replica a la pregunta: «¿Cuál es la respuesta?» Gertrude Stein captó esto muy bien: «¿Cuál es la pregunta?».

Vivimos en un mundo ambiguo. Aparte de los exámenes en el instituto, los tests en la facultad y las trivialidades fácticas y computacionales, la mayoría de las decisiones que tomamos en nuestras vidas cotidianas no tienen soluciones intrínsecamente correctas. Las elecciones que hacemos no son inherentes a las situaciones que se nos presentan. Son un intercambio complejo entre las propiedades de las situaciones y nuestras propiedades, nuestras aspiraciones, nuestras dudas y nuestras historias. Sólo es lógico esperar que la corteza prefrontal sea fundamental para tal toma de decisiones, puesto que es la única parte del cerebro donde los inputs que proceden del interior del organismo convergen con los inputs procedentes del mundo exterior.

Encontrar soluciones para situaciones deterministas es algo que suele conseguirse por vía algorítmica. Cada vez se delega más en diversos aparatos: calculadoras, computadores, directorios de todo tipo. Pero hacer elecciones en ausencia de soluciones intrínsecamente correctas sigue siendo, al menos por ahora, un territorio específicamente humano. En cierto sentido, la libertad de elección es posible sólo cuando la ambigüedad está presente.

La ausencia de verdades absolutas algorítmicamente computables es precisamente lo que distingue a las decisiones de liderazgo de las decisiones técnicas. La responsabilidad más destacada de un director de orquesta o un director escénico es la de ofrecer una interpretación de una obra famosa: una proposición intrínsecamente subjetiva. Un CEO toma decisiones estratégicas en un entorno ambiguo y fluido. El genio militar sigue considerándose dominio del arte más que de la ciencia.

Resolver la ambigüedad, o «desambiguar la situación» en la jerga científica, significa a menudo elegir primero la pregunta, es decir, reducir la situación a una pregunta que tiene una única respuesta correcta. Al escoger la ropa que me voy a poner, puedo plantearme muchas preguntas: (1) ¿Qué chaqueta se adapta mejor al clima? (y escojo la chaqueta más calida); (2) ¿Cuál está más de moda? (y escojo la chaqueta más nueva); (3) ¿Cuál es mi favorita? (y escojo la chaqueta gris). La forma precisa en que «desambiguo» la situación depende de mis prioridades en ese momento, que pueden cambiar dependiendo del contexto. Una incapacidad para reducir la ambigüedad conduce a un comportamiento vacilante, inseguro, inconsistente. Uno se acuerda del asno de Buridán, que permanecía quieto y muerto de hambre frente a dos gavillas, incapaz de elegir entre ambas. Incluso los antiguos romanos entendieron los peligros de la ambigüedad persistente y acuñaron el dicho «Dura lex sed lex» («La ley dura es mejor que la ausencia de ley»).

Al mismo tiempo, un individuo debe tener flexibilidad para adoptar diferentes perspectivas sobre la misma situación en diferentes momentos. El organismo debe ser capaz de «desambiguar» la misma situación de múltiples formas y tener la capacidad de cambiar entre ellas a voluntad. Tratar con la ambigüedad inherente está entre las funciones principales de los lóbulos frontales. En cierto sentido, que usted sea decidido o sea falto de personalidad depende de lo bien que trabajen sus lóbulos frontales. Los estudios han demostrado que los pacientes con lesiones en el lóbulo frontal enfocan situaciones intrínsecamente ambiguas de forma diferente a como lo hacen las personas sanas. La pérdida de capacidad para tomar decisiones está entre los signos más habituales de la demencia temprana. El daño a otras partes del cerebro no parece afectar a estos procesos.

Dicho en pocas palabras, las decisiones verídicas tratan de «encontrar la verdad», y las decisiones adaptativas y centradas en el actor tratan de escoger «lo que es bueno para mí». La mayoría de las decisiones de «liderazgo ejecutivo» están basadas en prioridades, se hacen en entornos ambiguos y son de naturaleza adaptativa, antes que verídica. Los procesos cognitivos implicados en resolver situaciones ambiguas a través de prioridades son muy diferentes de los implicados en resolver situaciones estrictamente deterministas. Irónicamente, la ambigüedad cognitiva y la toma de decisiones basada en prioridades han sido casi completamente ignoradas en neuropsicología cognitiva. Esto no quiere decir que otras ramas de la psicología las hayan ignorado. Tests proyectivos como las manchas de tinta de Rorschach han tenido siempre un papel respetado en la tradición psicodinámica. Pero en su búsqueda de precisión y medida, la ciencia cognitiva ha rechazado tales procedimientos por ser demasiado vagos, demasiado subjetivos. Pese a todo, la falta de métodos científicos satisfactorios no cambia el hecho de que la toma de decisiones adaptativa y basada en prioridades en situaciones ambiguas es fundamental para nuestras vidas, y que los lóbulos frontales son especialmente importantes en tal toma de decisiones. De modo que más que dejar de lado el problema como «indigno», hay que encontrar los métodos científicos apropiados.

Con mi antiguo estudiante de doctorado Ken Podell, traté de remediar las deficiencias con un experimento sencillo, utilizando un procedimiento original denominado Tarea con Preferencia Cognitiva (Cognitive Bias Task o CBT).[12] Un sujeto veía un dibujo geométrico (el blanco), luego aparecían otros dos dibujos (elecciones), y al sujeto se le pedía que «mire el blanco y seleccione la elección que más le guste.» (La tarjeta CBT se muestra en Fig. 6.3.) Dejábamos claro al sujeto que no hay respuestas intrínsecamente correctas o incorrectas, y que la elección dependía de él. El experimento consistía en un gran número de ensayos semejantes, y no había dos completamente idénticos.

De este modo se animaba a los sujetos a que hicieran lo que quisieran. En realidad, sin embargo, los dibujos estaban dispuestos de tal modo que los sujetos tenían dos opciones: basar su respuesta o bien en las propiedades de los blancos (que cambiaban de un ensayo a otro) o sobre alguna preferencia estable no relacionada con el blanco (e.g., color o forma favoritos). A pesar de la naturaleza aparentemente vaga de nuestro experimento, las respuestas de los sujetos

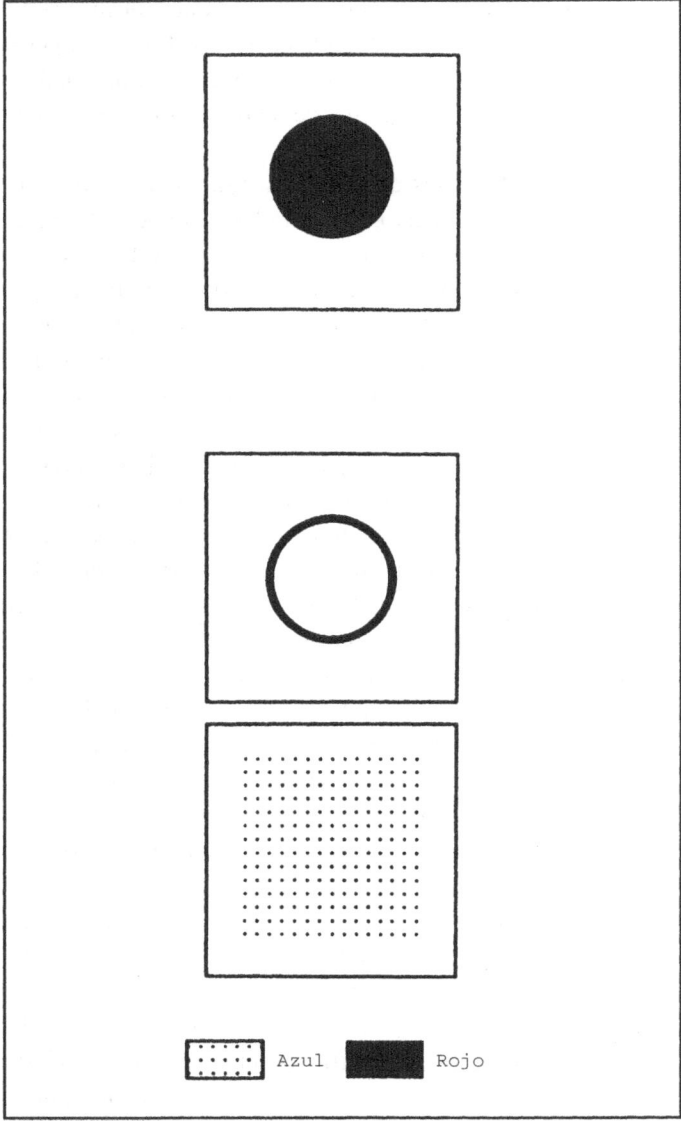

Figura 6.3 El Cognitive Bias Task (CBT). En la versión del CBT centrada en el actor se le pide a un sujeto que mire la forma superior y luego elija la que más le guste de las dos formas inferiores. En las versiones verídicas del CBT se le pide a un sujeto que mire la forma superior y luego elija la que más se le parezca (o más difiera) de las dos formas inferiores. Sin que lo sepa el sujeto, una de las dos elecciones inferiores es siempre más parecida al blanco que la otra. [Según Goldberg *et al*. (1994). © 1994 by Massachusets Institute of Technology. Reimpreso con permiso.]

podían cuantificarse claramente y eran altamente reproducibles. Nuestro paradigma «proyectivo cognitivo» se mostró muy informativo, y volveremos a él en varias partes de este libro.

Llevamos a cabo nuestro experimento con individuos sanos y con pacientes con varios tipos de daño cerebral. El daño en los lóbulos frontales cambiaba espectacularmente la naturaleza de las respuestas. El daño en otras partes del cerebro tenía muy poco efecto o ninguno. Repetimos el experimento, pero esta vez «desambiguamos» la tarea de dos formas diferentes. En lugar de instruir a los sujetos a «hacer la elección que usted prefiera», les pedimos «hacer la elección más similar al blanco», y luego hacer otra elección, esta vez «la más diferente del blanco». En condiciones desambiguadas desaparecieron los efectos de las lesiones frontales y los sujetos con lesiones cerebrales podían realizar la tarea igual que los sujetos de control sanos (ver Fig. 6.4).

Nuestro experimento muestra que los lóbulos frontales son críticos en una situación de libre elección, cuando *compete al sujeto el decidir cómo interpretar una situación ambigua*. Una vez que la situación ha sido «desambiguada» para el sujeto y la tarea ha sido reducida a la computación de la única respuesta correcta posible, el input de los lóbulos frontales ya no es crítico, incluso si todos los demás aspectos de la tarea siguen siendo iguales.

De todos los aspectos de la mente humana ninguno es más intrigante que la intencionalidad, la volición y la libre voluntad. Pero estos atributos de la mente humana entran completamente en juego sólo en situaciones que requieren elecciones múltiples. Nosotros los humanos tendemos a afirmar que las capacidades mentales que consideramos más avanzadas son únicamente nuestras. Filósofos y científicos han hecho numerosas afirmaciones en el sentido de que volición e intencionalidad son rasgos específicamente humanos. En su forma absoluta, esta afirmación no puede atraer a un neurobiólogo riguroso. Es más probable que estas propiedades de la mente se hayan desarrollado poco a poco a lo largo de la evolución, siguiendo posiblemente un curso exponencial. Es difícil diseñar un experimento riguroso para probarlo, pero puede argumentarse que este proceso tuvo lugar en paralelo con el desarrollo de los lóbulos frontales.

Los neurocientíficos cognitivos no son los únicos que ignoraron por su cuenta y riesgo la toma de decisiones adaptativa y centrada en el actor. Mucho peor es que la toma de decisiones centrada en el actor ha sido también ignorada por los educadores. Todo nuestro sistema educativo se basa en enseñar la toma de decisiones verídicas. Y esto es cierto no sólo en los Estados Unidos sino en todas partes, al menos dentro de la tradición cultural occidental. Las estrategias de toma de decisiones adaptativas centradas en el actor simplemente no se enseñan. En lugar de ello, cada individuo las adquiere de forma idiosincrásica,

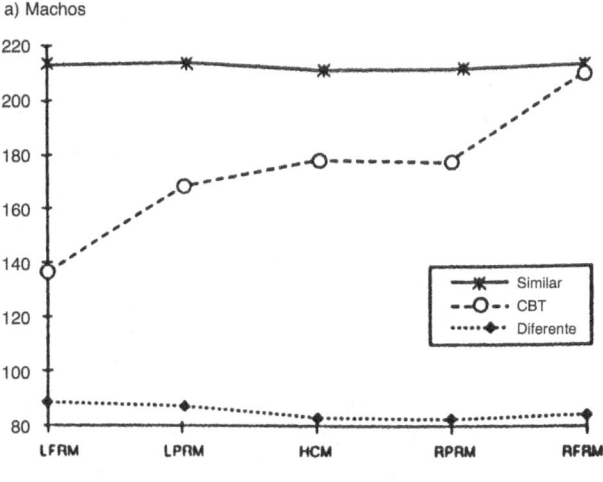

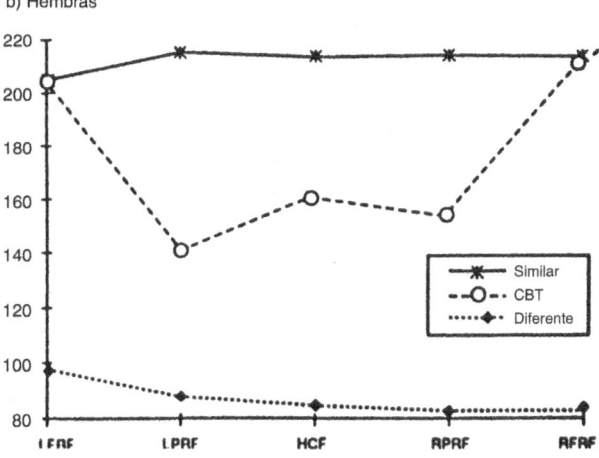

Figura 6.4 Versión centrada en el actor *versus* versión verídica del Cognitive Bias Task. En la versión centrada en el actor las lesiones frontales producen cambios espectaculares en el rendimiento en el CBT. Los efectos de las lesiones desaparecen en las dos versiones verídicas del CBT. Esto es verdad para hombres diestros (A) y para mujeres diestras (B). Clave: LFRM, grupo de hombres con lesión frontal izquierda; LPRM, grupo de hombres con lesión posterior izquierda; HCM, grupo de control de hombres sanos; RPRM, grupo de hombres con lesión posterior derecha; RFRM, grupo de hombres con lesión frontal derecha; LFRF, grupo de mujeres con lesión frontal izquierda; LPRF, grupo de mujeres con lesión posterior izquierda; HCF, grupo de control de mujeres sanas; RPRF, grupo de mujeres con lesión posterior derecha; RFRF, grupo de mujeres con lesión frontal derecha. [Según Goldberg *et al.* (1994). © 1994 by Massachusets Institute of Technology. Reimpreso con permiso.]

como descubrimiento cognitivo personal mediante ensayo y error. Diseñar formas de enseñar explícitamente los principios de la solución de problemas centrados en el actor está entre los desafíos más loables para educadores y psicólogos escolares. También la psicología del desarrollo se centra en la toma de decisiones verídicas, y la cronología y fases de la toma de decisiones adaptativas centradas en el actor es prácticamente desconocida.

Sabemos, sin embargo, que la toma de decisiones adaptativas declina antes que la toma de decisiones verídicas en las etapas tempranas de demencia. Mi primer estudiante postdoctoral Allan Kluger y yo llevamos a cabo un estudio en el Millhauser Dementia Research Center de la Facultad de Medicina de la Universidad de Nueva York.[13] Comparamos el declive de la ejecución en la Tarea con Preferencia Cognitiva y en su análogo verídico y no ambiguo en pacientes en diferentes etapas en la demencia de tipo Alzheimer. La ejecución de la versión de la tarea basada en preferencias y centrada en el actor declinó mucho antes en el proceso de enfermedad que la ejecución de la versión verídica «ajuste a similitud». Esto se refleja en la Figura 6.5 A y B.

Este hallazgo es importante en más de un aspecto. Desafía la noción dominante de que los lóbulos frontales son relativamente invulnerables en la demencia de tipo Alzheimer. Muchas investigaciones sugieren que la enfermedad de Alzheimer afecta especialmente al hipocampo y al neocórtex.[14] Tradicionalmente se ha supuesto que en el nivel neocortical los lóbulos parietales son especialmente vulnerables en la enfermedad de Alzheimer, y que los lóbulos frontales lo son menos. Esta hipótesis bien arraigada es probablemente una falsa concepción provocada por el fracaso sistemático en reconocer los síntomas cognitivos tempranos de disfunción del lóbulo frontal como signos tempranos de demencia. De hecho, si uno escucha cuidadosamente a los pacientes con demencia y a los miembros de su familia, entonces se hace obvio que la indecisión, la duda y una delegación creciente en los demás para tomar decisiones son tan comunes como el deterioro de memoria o las dificultades para encontrar palabras en las etapas tempranas del declive cognitivo en los ancianos. Por desgracia, el fracaso en la toma de decisiones centradas en el actor se suele diagnosticar erróneamente como depresión o alguna otra cosa, quedando a veces completamente inadvertido como síntoma clínicamente significativo, un síntoma temprano de disfunción del lóbulo frontal.

La búsqueda de señales cognitivas altamente sensibles de demencia temprana es un desafío fundamental para los clínicos, investigadores en la demencia y compañías farmacéuticas. Con la llegada de nuevas drogas para el tratamiento de la demencia, una perspectiva bienvenida y cada vez más realista, se hará especialmente importante tener herramientas cognitivas sensibles para me-

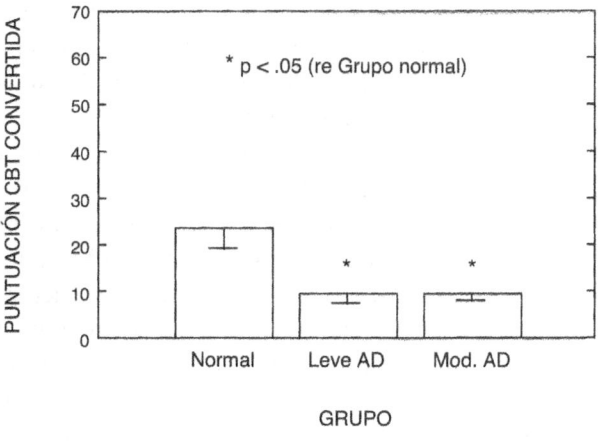

NIVEL DE EJECUCIÓN EN LA TAREA CON PREFERENCIA COGNITIVA
(CBT: Cognitive Bias Task)

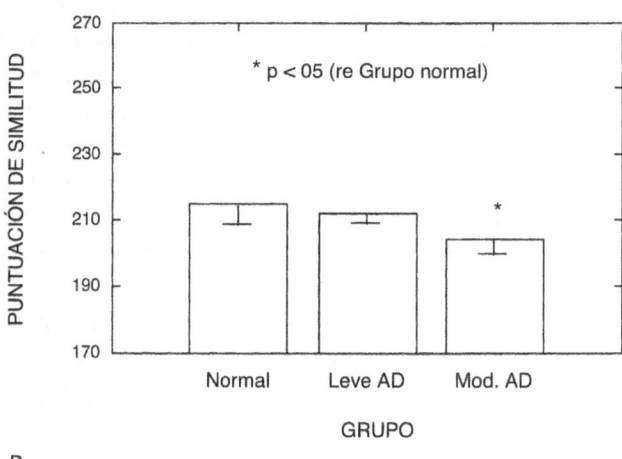

NIVEL DE EJECUCIÓN EN LA TAREA DE AJUSTE PERCEPTUAL

Figura 6.5 Declive de la toma de decisión centrada en el actor *versus* la toma de decisión verídica en la demencia de Alzheimer. La toma de decisión centrada en el actor declina en una etapa más temprana del proceso de la enfermedad (A). La toma de decisión verídica empieza a declinar en una etapa más tardía (B). [Según Goldberg *et al.* (1997).]

dir los efectos terapéuticos de las nuevas drogas «cognotrópicas». La excepcional vulnerabilidad de la toma de decisiones centrada en el actor en la enfermedad cerebral ofrece una estrategia innovadora para desarrollar marcadores cognitivos de etapas muy tempranas de la demencia y herramientas altamente sensibles para la evaluación de los efectos de las drogas cognotrópicas.

Lóbulos diferentes para gentes diferentes: estilos de toma de decisiones y los lóbulos frontales

La neuropsicología de las diferencia individuales

Comparar la función del cerebro normal y el anormal ha sido el pilar de la neuropsicología. Se entiende, por supuesto, que la enfermedad cerebral puede tomar muchas formas, cada una de ellas correspondiente a su propia condición psiquiátrica o neurológica: demencia, lesiones en la cabeza, derrames cerebrales y demás. Por otra parte, la neuropsicología y la neurociencia cognitiva tradicionales han asumido una abstracción, el «cerebro normal», concebido como un gran promedio de todos los cerebros individuales. Esta noción simplista se ha llevado con frecuencia a extremos absurdos en muchas áreas de la neurociencia cognitiva. Esto incluye a la neuroimagen, la metodología cada vez más dominante que permite a científicos y clínicos examinar la fisiología del cerebro y no sólo la estructura del cerebro. Los datos de las imágenes se encajan en un «espacio de Talairach» (con el nombre de su inventor),[1] que es básicamente el cerebro de una sola mujer francesa, seleccionada presumiblemente sobre la hipótesis de que sirve como buena aproximación a todos los demás cerebros. Para empeorar las cosas, sólo se seleccionó un hemisferio y el otro se construyó como si fuera su imagen especular, ignorando así todo lo que sabemos sobre las diferencias hemisféricas.

Los neurocientíficos no son los únicos en reconocer y apreciar la diversidad de mentes, talentos y personalidades humanas como variantes de la normalidad. El mundo sería realmente un lugar aburrido si todos fuéramos iguales y por lo tanto predecibles en gran medida. Al señalar que Joe Doe está dotado para las matemáticas, y es irascible y musicalmente inepto, mientras que Jane Blane está dotada para la música, y es dulce y matemáticamente inepta, no concluimos automáticamente que uno sea normal y la otra anormal. En la mayoría de los casos suponemos que ambos son normales pero diferentes. Todo un campo de la psicología ha surgido para estudiar las *diferencias individuales como expresiones múltiples de la normalidad.*

Pero ¿tiene algo que ver el cerebro con estas diferencias, o son enteramente un reflejo de nuestros diferentes entornos, crianzas y experiencias? Los neuroanatomistas han sabido desde hace tiempo que los cerebros «normales» individuales difieren profundamente en tamaño global, tamaños relativos de las diferentes partes, y proporciones. Hallazgos más recientes sugieren que la bioquímica del cerebro individual es también altamente variable. Estas diferencias son particularmente pronunciadas en los lóbulos frontales.[2]

¿Hay una relación entre la variabilidad de los cerebros humanos y la variabilidad de las mentes humanas? En particular, ¿están relacionadas las diferencias en los estilos de toma de decisiones con las diferencias en la anatomía y la química de los lóbulos frontales? Sólo estamos empezando a plantear estas preguntas y, al hacerlo, estamos sentando las bases de una nueva disciplina, la *neuropsicología de las diferencias individuales y grupales*. Quizá a su debido tiempo seamos capaces de entender la contribución de las diferencias *neurales* individuales a las diferencias *cognitivas* individuales. Pero la investigación procederá por pasos, estableciendo primero esta relación con respecto a grupos antes que a individuos.

Estilos cognitivos masculino y femenino

Intuitivamente entendemos que ningún paisaje cognitivo individual es plano. En lugar de ello, consiste en picos y valles, correspondiendo los picos a potencias individuales y los valles a debilidades individuales. La búsqueda por entender la relación entre paisajes cognitivos individuales y cerebros individuales dirigió los primeros intentos de cartografiar las funciones corticales, dando lugar a la ahora descartada frenología de Gall. En esta tradición, las diferencias cognitivas individuales se han entendido en términos de quién es mejor en qué (donde «mejor» corresponde supuestamente a «más grande» en términos de espacio cortical regional).

También podemos acercarnos a las diferencias individuales en términos de *estilos* cognitivos, más que en *capacidades* cognitivas. En especial, podemos plantear preguntas sobre las diferencias individuales en los *estilos de toma de decisiones*. Esto nos lleva de nuevo a la distinción entre toma de decisiones adaptativas y verídicas que antes hicimos. Si las capacidades cognitivas influyen en la facilidad con que adquirimos habilidades cognitivas, entonces los estilos de toma de decisiones influyen en nuestra forma de tratar las circunstancias vitales como individuos. La mayoría de las situaciones de la vida real de cualquier grado de complejidad no tienen una única solución tácita e inequívoca (como la tiene el enunciado «2 + 2 = ...»). Colocadas en la misma situación, diferentes personas actuarán de diferentes maneras; no hay una que tenga razón claramente y todas los demás estén claramente equivocadas. ¿Cómo hacemos nuestras elecciones y cómo se explican las diferencias en la forma en que las hacemos? Finalmente, ¿cuáles son los mecanismos cerebrales responsables de las diferencias en los estilos de toma de decisiones?

Mis colegas y yo enfocamos la cuestión proponiendo nuestro Cognitive Bias Task (CBT) deliberadamente diseñado de forma vaga a individuos neurológicamente sanos.[3] Recordará usted que a los sujetos se les mostraban tres formas geométricas (un blanco y dos elecciones) y se les pedía que mirasen el blanco y eligiesen la que «más les gustase» (ver Fig. 6.3, una tarjeta CBT). Estaba claro que sujetos diferentes exhibían pautas de respuesta diferentes. Estas pautas de respuesta se ajustaban a una u otra entre dos distintas estrategias. Algunos sujetos ajustaban su elección al blanco, y cuando cambiaban los blancos, así lo hacían sus elecciones. Decimos que ésta es una estrategia de toma de decisiones *dependiente del contexto*. Otros sujetos hacían sus elecciones basados en preferencias estables, independientemente del blanco. Ellos siempre escogían azul, o rojo, o círculo, o cuadrado. Decimos que ésta es una estrategia de toma de decisiones *independiente del contexto*. Para nuestra sorpresa, hombres y mujeres hacían sus elecciones de formas sorprendentemente diferentes: los hombres eran más dependientes del contexto y las mujeres eran más independientes del contexto (ver Fig. 7.1). Aunque había un solapamiento entre las dos curvas, las diferencias sexuales eran robustas y significativas.

Las diferencias de género en la cognición son un tema relativamente nuevo y cada vez más «caliente». Durante décadas, los neurocientíficos trataron a la humanidad como una masa homogénea, ignorando una verdad que parece autoevidente para cualquier hombre y mujer de la calle: que hombres y mujeres son diferentes. Pero cada vez más nos encontramos con que corremos riesgos cuando ignoramos las diferencias de género en cognición. El trabajo inicial sobre las diferencias de género cognitivas se centró en habilidades cognitivas específicas, en quién es mejor en qué. Esta investigación se centró en lo que aquí llamamos toma de decisiones *verídica*. Algunas de las investigaciones más citadas sugieren, por ejemplo, que los hombres son mejores en matemáticas y en relaciones espaciales, y las mujeres son mejores en lenguas. Pero muy poco se ha dicho, si es que se ha dicho algo, sobre las diferencias de género en estilos cognitivos generales. En particular, casi nada se ha dicho en la literatura cognitiva sobre las diferencias de género en el enfoque general de la toma de decisiones, sobre lo que aquí llamamos toma de decisiones *adaptativa*. Nuestro trabajo con el CBT está entre las primeras de tales exposiciones.

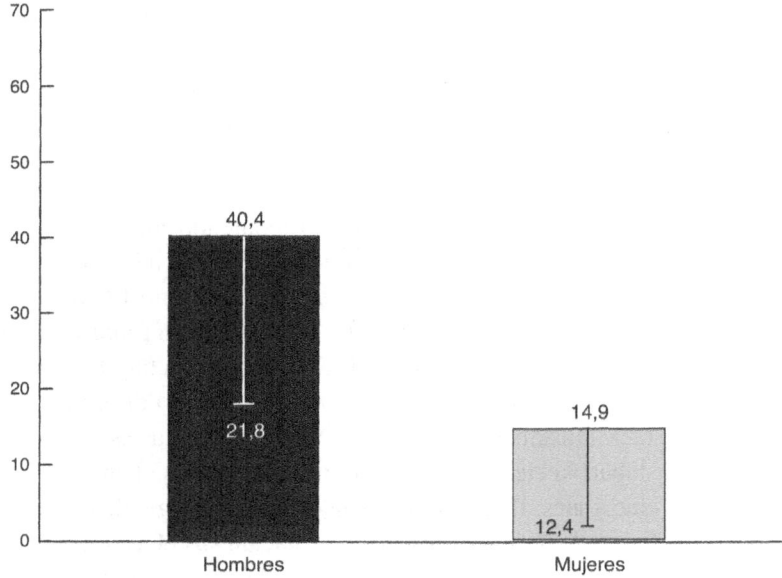

Figura 7.1 Diferencias sexuales en la toma de decisiones centrada en el actor. Los varones exhiben un patrón de selección de respuestas más dependiente del contexto en el Cognitive Bias Task. Las mujeres exhiben un patrón de selección de respuestas más independiente del contexto. [Según Goldberg *et al*. (1994). © 1994 by Massachusets Institute of Technology. Reimpreso con permiso.]

¿Podrían corresponder las diferencias de género observadas en nuestro experimento esotérico a algunos rasgos de la vida real? El sentido común sugiere que podrían hacerlo. Imaginemos dos enfoques de las finanzas personales. Jane Blane y Joe Blow son consultores autónomos cuyos ingresos fluctúan de un mes a otro. Jane Blane practica un enfoque de vida independiente del contexto. Ella ahorra siempre el 5% de sus ingresos, nunca compra ropa que cueste más de 500 dólares por unidad, y siempre toma sus vacaciones en agosto. Por el contrario, el enfoque vital de Joe Blow es dependiente del contexto. Cuando sus ingresos mensuales están por debajo de 5.000 dólares no ahorra nada, cuando están entre 5.000 dólares y 7.000 dólares ahorra el 5%, y ahorra el 10% cuando sus ingresos mensuales superan los 7.000 dólares. Tiende a no comprar ropa que cueste más de 500 dólares, excepto cuando sus ingresos mensuales son particularmente altos. Se toma vacaciones cada vez que se lo permite su carga de trabajo. Esto es sólo un ejemplo, pero modela las diferencias individuales básicas y duraderas en la toma de decisiones centrada en el actor.

En un sentido muy amplio, la estrategia independiente del contexto puede considerarse una «estrategia universal por defecto». En cierto sentido representa un intento por parte del organismo de formular las «mejores» respuestas promedio a todos los efectos y en todas las posibles situaciones vitales. El organismo acumulará un repertorio de tales respuestas como una suma total resumida de experiencias duraderas. El repertorio «a todos los efectos» será actualizado con nuevas experiencias, aunque lenta y gradualmente, puesto que es el conservador de la «sabiduría universal» del individuo.

El problema con una estrategia semejante es que las situaciones de la vida real suelen ser tan diferentes unas de otras que cualquier intento de «promediar» resulta absurdo. En estadística, extraer un valor medio a partir de casos individuales tiene sentido sólo si todos los individuos representan a la misma población. Si los individuos se extraen de poblaciones diferentes, entonces la media será engañosa. De todas formas, semejante estrategia «por defecto» puede ser su mejor apuesta cuando usted se enfrente con una situación totalmente nueva de la que no tiene ninguna experiencia ni conocimiento específico.

Por el contrario, una estrategia dependiente del contexto refleja un intento de capturar las propiedades únicas, o al menos específicas, de la situación entre manos y «cortar a la medida» la respuesta del organismo. Habiendo encontrado una nueva situación, el organismo intenta reconocerla como una pauta familiar que representa a una *clase reducida* y familiar de situaciones, una «cantidad conocida». Logrado esto, el organismo aplica la experiencia específica de tratar con tales situaciones familiares. Pero enfrentado a una situación radicalmente nueva, el intento del organismo de reconocer pautas fracasará. En tal caso, un organismo guiado por una estrategia dependiente del contexto, una opción no por defecto, tratará de capturar inmediata mente las propiedades únicas de la situación entre manos, incluso si la información disponible puede ser lamentablemente insuficiente. Esto produce un comportamiento «movido» con cambios precipitados en cada transición a una nueva situación.

La estrategia óptima para la toma de decisiones se consigue probablemente mediante un equilibrio dinámico entre los enfoques dependientes del contexto e independiente del contexto. En realidad, muy pocas personas se adhieren a una u otra estrategia en su forma pura; la mayoría de las personas son capaces de cambiar de una a otra a voluntad, o adoptar estrategias mixtas dependiendo de la situación. Pero de forma sutil, los individuos tienden a gravitar hacia uno u otro enfoque de la vida. Análogamente, nuestra investigación demuestra que las mujeres como grupo tienen una sutil preferencia hacia la independencia de contexto y los hombres la tienen hacia la dependencia de contexto.

Ninguna de las dos estrategias es mejor que la otra en un sentido absoluto. Sus ventajas relativas dependen de lo estacionario que sea el entorno. En un entorno relativamente estacionario un enfoque independiente del contexto en la toma de decisiones es probablemente el más correcto. En un entorno altamente inestable es preferible un enfoque dependiente del contexto. La elección de estrategia depende también de lo bueno que sea el conocimiento que tiene el individuo en cuestión de las situaciones concretas entre manos. Si su conocimiento de las situaciones entre manos es bueno, entonces una estrategia dependiente del contexto es probablemente mejor. Pero si el conocimiento del individuo sobre las situaciones concretas es poco firme porque el individuo no está familiarizado con la situación o porque la situación es intrínsecamente compleja, entonces puede ser más prudente fiarse de un conjunto compacto de principios por defecto ensayados y comprobados.

La evolución parece valorar ambas estrategias de toma de decisiones, y ambas están representadas en nuestra especie. ¿Trabajan mejor de forma sinérgica que cada una de ellas por separado? ¿Cómo se complementan mutuamente? ¿Cuál es más adecuada para qué tipo de desafíos cognitivos? ¿Qué presiones evolutivas han llevado a su ligera divergencia por sexos? ¿Favorecen adaptativamente las dos estrategias de toma de decisiones a los distintos papeles masculino y femenino en nuestro éxito como especie? ¿Corresponden estas diferencias a los diferentes papeles desempeñados por mujeres y hombres en las etapas primitivas de la evolución humana? ¿Están determinadas biológica o culturalmente desde el principio las diferencias de género en los estilos de toma de decisiones? ¿Se encuentran estas diferencias en otros primates? ¿O es posible encontrarlas en la mayoría de las especies mamíferas? ¿Nacen las personas con ellas, o divergen chicos y chicas en sus estilos de toma de decisiones sólo cuando se acercan a la madurez sexual? ¿Cambia el estilo de toma de decisiones en las mujeres con la menopausia? ¿Desaparecen las diferencias de género en los estilos de toma de decisiones a medida que convergen los papeles sociales de hombres y mujeres? Estas preguntas fascinantes esperan sus respuestas mediante investigación futura.

La investigación sobre las diferencias de género cognitivas, aunque cada vez más importante, suele verse atacada cuando un enunciado de *diferencia* de género se malinterpreta militantemente como enunciado de *inferioridad* de género. Una vez fui blanco de esta falsa corrección política mientras daba una conferencia en un destacado centro médico de Nueva York a mediados de los 90. Un joven estudiante postdoctoral interrumpió mi presentación y me acusó de forma estridente de machismo cuando estaba presentando los descubrimientos descritos en este capítulo. Respondí diciendo que puesto que no había estado especialmente preocupado por la corrección política en mi viejo país, la Unión Soviética, donde las consecuencias de la «incorrección» política podían ser bastante graves, no veía ninguna razón para preocuparme por ello en los Estados Unidos, donde lo peor que me podía pasar era que gastara mi tiempo en una discusión estúpida. Debo decir, en mi favor, que la audiencia de doctores y estudiantes de medicina reaccionó con un sonoro aplauso.

Quizá sea interesante establecer una taxonomía de actividades que se inclinan mejor a una dependencia de contexto y a una independencia de contexto en la toma de decisiones. Hasta cierto punto, esto puede conseguirse de forma empírica. Pero la diferencia entre estrategias dependiente del contexto e independiente del contexto también se presta a una modelización computacional relativamente simple con redes neurales y otros métodos. Además de modelizar organismos individuales, puede examinarse un comportamiento colectivo de tales organismos cuando algunos de ellos son «dependientes del contexto» y otros son «independientes del contexto». Además, la predominancia relativa de estos dos sesgos en la toma de decisiones puede variar en diferentes entornos. Examinando tales comportamientos grupales de redes neurales, quizá sea posible empezar a entender el valor adaptativo de tener diferentes estrategias de toma de decisiones combinadas en una población. A la larga, tales modelos computacionales teóricos pueden ofrecer ideas particularmente importantes sobre las diferencias individuales y sobre el valor adaptativo de tener varios tipos de toma de decisiones representados en la sociedad.

Lóbulos frontales, hemisferios y estilos cognitivos

¿Cuáles son los mecanismos cerebrales de los diferentes estilos cognitivos? ¿Dependen las diferentes estrategias de toma de decisiones de diferentes partes del cerebro? ¿Son los mecanismos diferentes en hombres y mujeres? Los estilos de toma de decisiones parecen depender de los lóbulos frontales. También manifiestan diferencias sexuales y están lateralizados. Esto nos lleva a la cuestión de la lateralización de las funciones del lóbulo frontal.

La especialización hemisférica ha sido siempre un tema central en neuropsicología. Sin embargo, los lóbulos frontales han estado tradicionalmente en la periferia de dicha investigación. Ésta era una consecuencia comprensible de la creencia dominante en que las diferencias funcionales entre los dos hemisferios giraban en torno a la distinción «verbal-visuoespacial». Puesto que la corteza prefrontal no ha sido considerada tradicionalmente como la «sede» de ningún proceso de lenguaje o visualización, no se consideraba particularmente pertinente para esta distinción.

Pero esto se da de bruces con el sentido común, si creemos que la estructura cerebral y la bioquímica cerebral tienen más que una relación fugaz con la función cerebral. Los lóbulos frontales exhiben asimetrías y diferencias de género morfológicas que los humanos comparten con varias especies no-humanas. La protuberancia del polo frontal derecho sobre el polo frontal izquierdo, conocida como torque Yakovleviano (la otra mitad del torque incluye una protuberancia del lóbulo occipital izquierdo sobre el lóbulo occipital derecho), es notoria en los varones y menos pronunciada en las hembras. Pero está presente también en el hombre fósil.[4] El grosor cortical de los lóbulos frontales izquierdo y derecho es similar en las hembras pero diferente en los varones (el derecho más grueso que el izquierdo). Los humanos comparten la diferencia de género en el grosor cortical frontal con varias especies mamíferas. Los humanos comparten también las diferencias en el grosor cortical frontal izquierdo y derecho en los varones con otras varias especies.[5]

También las diferencias bioquímicas encontradas en los lóbulos frontales son compartidas por los humanos con otras especies. Los receptores de estrógenos están distribuidos simétricamente en los lóbulos frontales en las hembras y asimétricamente en los varones—y también en varias especies mamíferas no-humanas.[6] Algunos de los principales neurotransmisores también muestran asimetría hemisférica. Los caminos dopamínicos tienden a ser más dominantes en el lóbulo frontal izquierdo que en el derecho, y los caminos noradrenérgicos tienden a ser más dominantes en el lóbulo frontal derecho que en el izquierdo. Esta asimetría dual se encuentra en los humanos y en los monos y las ratas.[7]

Sobre esta base, es altamente probable que los lóbulos frontales sean funcionalmente diferentes en hombres y mujeres. También es probable que los lóbulos frontales izquierdo y derecho sean funcionalmente diferentes en los hombres pero menos en las mujeres. Por la misma razón, es altamente *improbable* que estas diferencias funcionales estén restringidas a las diferencias entre lenguaje y procesos no verbales —por la sencilla razón de que esta distinción no tiene significado en monos, ratas y similares.

Como antes, mis colegas y yo teníamos la sensación de que se nos presentaba una inmejorable ocasión de descifrar el problema aplicando nuestras tareas no verídicas centradas en el actor. Escogimos para el estudio a pacientes con lesiones aisladas en el lóbulo frontal izquierdo o el lóbulo frontal derecho, hombres y mujeres. Inicialmente limitamos nuestro estudio a pacientes diestros. Cuando planteamos el Cognitive Bias Task a los pacientes, surgió una imagen muy sorprendente.

Los hombres con el lóbulo frontal derecho dañado se comportaban de una manera extraordinariamente dependiente del contexto y los hombres con el lóbulo frontal izquierdo dañado se comportaban de una manera extraordinariamente independiente del contexto. Los sujetos de control normales neurológicamente intactos estaban en algún lugar en el centro del abanico. Así pues, parece que en los hombres los dos lóbulos frontales hacen sus elecciones de formas muy diferentes y opuestas. En un cerebro normal estas dos estrategias de toma de decisiones coexisten en equilibrio dinámico, asumiendo una u otra el papel dirigente según sea la situación. Pero esta flexibilidad de toma de decisiones se pierde con el daño cerebral, y el comportamiento se deteriora hacia uno u otro extremo de mala adaptación. En las mujeres la imagen era enteramente diferente. Tanto las lesiones frontales izquierdas como derechas producían comportamiento extraordinariamente dependiente del contexto, mientras que las mujeres normales neurológicamente sanas exhibían, como ya sabemos, comportamiento independiente del contexto.

Por supuesto, el siguiente paso lógico es estudiar sujetos normales mediante neuroimagen funcional, y esto es lo que estamos haciendo en el momento de escribir este libro. Esperamos que los hombres diestros sanos con preferencia por la toma de decisiones dependientes del contexto mostrarán una activación particular de la corteza prefrontal izquierda mientras hacen su tarea. Por el contrario, los varones diestros sanos con preferencia por la toma de decisiones independientes del contexto mostrarán una activación particular en la corteza prefrontal derecha. En las mujeres cabe esperar una imagen completamente diferente. Mujeres diestras sanas con preferencia hacia la toma de decisiones independientes del contexto mostrarán bilateralmente una activación particular de la corteza prefrontal, y las mujeres con preferencia por la toma de decisiones dependientes del contexto mostrarán bilateralmente una activación particular de la corteza posterior.

Estilos cognitivos y cableado cerebral

Las estrategias cognitivas de toma de decisiones son diferentes en hombres y en mujeres, y así lo son las pautas de lateralización de las funciones de su lóbulo frontal. Desde hace algún tiempo se sabía que las diferencias estructurales, bioquímicas y funcionales entre los hemisferios son mayores en los hombres que en las mujeres.[8] Por eso no debería ser una sorpresa que las diferencias funcionales sean mayores entre los dos lóbulos frontales masculinos que entre los dos lóbulos frontales femeninos.

Entre las muchas consecuencias posibles de estas diferencias, hay una particularmente interesante. Está relacionada con el hecho de que varias enfermedades del cerebro afectan a hombres y mujeres con tasas diferentes. La esquizofrenia,[9] el síndrome de Tourette[10] y el trastorno de déficit de atención con hiperactividad[11] son más comunes en hombres que en mujeres. Como encontraremos más adelante en este libro, los tres trastornos se entienden hoy como disfunción de los lóbulos frontales o de las estructuras íntimamente ligadas a los lóbulos frontales. ¿Podría ser que los hombres sean más vulnerables que las mujeres a cualquier trastorno que afecte predominantemente a los lóbulos frontales? Esto podría deberse al hecho de que los dos lóbulos frontales femeninos son funcionalmente más parecidos, y por consiguiente cada uno de ellos es más capaz de asumir las funciones del otro en el caso de disfunción lateralizada del lóbulo frontal. De hecho, una sugerencia de disfunción cerebral lateralizada, antes que completamente bilateral, está presente en la esquizofrenia,[12] el síndrome de Tourette[13] y posiblemente incluso en el trastorno de déficit de atención con hiperactividad.[14]

¿Significa todo esto que la corteza femenina está en general menos diferenciada funcionalmente que la corteza masculina? Tradicionalmente esta pregunta se planteaba de forma restringida, sólo con respecto a los hemisferios cerebrales, y entonces la respuesta tenía que ser sí. Pero investigaciones recientes sugieren que en ciertos aspectos la corteza femenina está *más* diferenciada funcionalmente que la corteza masculina. Nuestro propio trabajo también apuntaba en esta dirección cuando comparábamos los efectos de lesiones posteriores (parietales y temporales) sobre las estrategias de selección de respuestas.[15]

Los efectos de las lesiones posteriores (parietal y temporal) en hombres y mujeres sobre la ejecución de CBT eran considerablemente menos significativos que los efectos de las lesiones frontales. Esto era de esperar si la toma de decisiones centrada en el actor está básicamente bajo el control de los lóbulos frontales. De todas formas, los efectos de las lesiones cerebrales posteriores presentaban también dimorfismo de género. En los hombres, los efectos de una lesión posterior tenían una orientación similar a los efectos de una lesión frontal, aunque más débil: las lesiones del lado izquierdo hacían el comportamiento más independiente del contexto y las lesiones del lado derecho hacían el comportamiento más dependiente del contexto. Pero en las mujeres los efectos de las lesiones posteriores eran opuestos a los de las lesiones frontales: hacían la ejecución menos dependiente del contexto en lugar de más dependiente del contexto.

En conjunto, los descubrimientos en hombres y mujeres llevan a una conclusión provocativa. Estos descubrimientos desafían la creencia establecida de que la misma pauta de diferenciación cortical funcional está presente en ambos sexos, aunque se expresa con más fuerza en hombres que en mujeres. Nuestros descubrimientos sugieren que la diferencia no es meramente de grado sino de cualidad, que hay presente una diferencia cualitativa. La corteza femenina no está menos diferenciada funcionalmente que la corteza masculina, ni tampoco más. Los dos sexos acentúan aspectos diferentes de la diferenciación cortical funcional. En el cerebro masculino las diferencias izquierda-derecha están mejor articuladas que en el cerebro femenino. ¡Pero en el cerebro femenino las diferencias delante-detrás están mejor articuladas que en el cerebro masculino!

Esta conclusión está apoyada por investigaciones anteriores que estudiaron los efectos de las lesiones[16] y examinaron las pautas de activación de flujo sanguíneo cerebral por regiones[17] y la imagen funcional por resonancia magnética (fIRM) en hombres y mujeres.[18] Cuando la tarea consistía en procesar información verbal, en los hombres se veía una coactivación de las regiones frontal y posterior dentro de un mismo hemisferio, el derecho. Por el contrario, en las mujeres la coactivación era simétrica («homóloga»), es decir, se registraba coactivación de los dos hemisferios opuestos.

¿Cuál podría ser el mecanismo de estos dos énfasis alternativos en la organización cortical funcional masculina y femenina? Esta pregunta puede tratarse mejor si en lugar de la *diferenciación* funcional consideramos la *integración* funcional. El grado de integración funcional en oposición a la diferenciación entre estructuras cerebrales depende, a su vez, del grado de interacción entre ellas. Cuanto mayor es la interacción entre dos estructuras cerebrales, mayor es su integración funcional. Cuanto más limitada es la interacción entre dichas estructuras, mayor es su diferenciación funcional.

Con este razonamiento en mente, consideremos lo que se conoce sobre las conexiones principales dentro del cerebro. El cuerpo calloso es la estructura que, junto con las comisuras anterior y posterior, conecta los dos hemisferios corticales. Ciertos aspectos del cuerpo calloso son más gruesos en las mujeres que en los hombres.[19] En la medida en que creamos que hay una relación más o menos directa entre estructura y función (una proposición tentadora, aunque precaria), esto puede explicar la mayor interacción funcional, y con ello la mayor integración funcional y menor diferenciación funcional, entre los hemisferios corticales en mujeres.

Consideremos a continuación las principales estructuras que conectan los aspectos frontal (anterior) y trasero (posterior) del *mismo* hemisferio, los fascículos longitudinales y otras largas fibras de materia blanca que conectan regiones corticales distantes *dentro* de un hemisferio. Estudios recientes han mostrado que estas estructuras son algo mayores en hombres que en mujeres.[20] Siguiendo la lógica del análisis que adoptamos en esta sección, esto puede explicar mayor interacción funcional, y por ello una mayor integración funcional y menor diferenciación funcional entre las regiones frontal y posterior de un hemisferio en los varones.

Así emerge una imagen bastante elegante y equitativa de los dos énfasis en la conexión neuroanatómica complementaria en hombres y mujeres que puede explicar algunas de las diferencias cognitivas fundamentales entre los dos sexos. ¿Cómo afectan exactamente a la cognición estos dos patrones de conectividad? ¿Qué patrón de conectividad es «mejor» para qué tarea cognitiva? ¿Qué valor adaptativo tiene el hecho de que estas dos pautas complementarias de organización neural estén representadas dentro de la especie en proporciones aproximadamente iguales (una pregunta teleológica que sigo planteando a riesgo de desatar la ira de Stephen Jay Gould)?

Todas éstas son preguntas fascinantes y fundamentales. Al tratar de responderlas, resulta tentador centrarse en la forma relativamente simple en que las diferencias de género neuroanatómicas aquí descritas se prestan a formalización en un modelo computacional. La mejor forma de responder a estas preguntas es, en mi opinión, mediante experimentación con modelos computacionales, quizá redes neuronales formales, que comparan las propiedades emergentes de las conexiones reforzadas *dentro de* las capas con las propiedades emergentes de conexiones reforzadas *entre* capas en un modelo bicameral. Entre los muchos desafíos de la neurociencia cognitiva, aquellos que permiten modelos teóricos naturales (frente a los artificiosos) son particularmente atractivos, puesto que sacan el campo de la neuropsicología del dominio puramente empírico para llevarlo al dominio de las disciplinas teóricas desarrolladas. Quizá pueda probarse que el enigma de las diferencias cognitivas entre los sexos es uno de estos desafíos.

Rebeldes en pequeña proporción: lateralidad manual y búsqueda de novedad

Podría parecer que la búsqueda de novedad debería ser el atributo cardinal de nuestra especie inquieta, pero no es así. Los humanos tienden a ser conservadores y se mueven hacia lo familiar. Durante mis presentaciones para el gran público siempre me divierte ver cómo la gente quiere oír lo que ya conoce y no lo que es verdaderamente nuevo. Los periodistas, incluyendo los que de vez en cuando me preguntan sobre el cerebro para diversos artículos en la prensa no especializada, tienen la misma inclinación.

De hecho, puede argumentarse que los monos tienden a ser atraídos por la novedad mucho más que los humanos. En un experimento que llevaron a cabo Mortimer Mishkin y Karl Pribram en los años 50, un mono tenía que escoger entre un objeto idéntico a uno previamente mostrado y un objeto diferente.[21] El mono veía un objeto. Luego el mono veía otro objeto, que era o bien idéntico al objeto cebo o diferente de él. Se comparaban dos situaciones: cuando se reforzaba el objeto (familiar) idéntico y cuando se reforzaba el objeto (nuevo) diferente. En general, los monos aprendían a responder a los nuevos estímulos con más rapidez que a los familiares, lo que sugiere que tienden a ser más atraídos hacia lo nuevo que hacia lo familiar.

En una situación comparable los humanos actúan de un modo muy diferente. Las preferencias mostradas por nuestros sujetos en el Cognitive Bias Task (cuando se les pedía que mirasen al blanco e hiciesen aquélla de las dos elecciones que «más les gustara») eran muy diferentes de las de los monos. Los humanos escogían casi invariablemente los ítems más parecidos al blanco antes que los más diferentes. Esto era cierto tanto para los sujetos sanos diestros como para los pacientes con daño cerebral.

Semejante énfasis en lo familiar es comprensible, porque los humanos, al menos los humanos adultos, se guían por el conocimiento previamente acumulado en mucha mayor medida que cualquier otra especie. Para decirlo de otra forma, la razón entre el descubrimiento *de novo* y el cuerpo de conocimiento previamente acumulado es relativamente baja en los humanos adultos si se compara con otras especies. Esto se debe a que ninguna otra especie tiene los mecanismos para almacenar y transmitir el conocimiento colectivo acumulado durante muchas generaciones en dispositivos culturales externos: libros, películas y similares. Por consiguiente, nuestro sesgo hacia lo familiar tiene una función adaptativa. Por el contrario, la asimilación de conocimiento previamente acumulado en un mono está limitada a la imitación del comportamiento de otros monos. En general, un animal joven está embarcado en un viaje cognitivo, y descubre su mundo por sí mismo.

La predisposición humana hacia la familiaridad puede cambiar a medida que se acumula nuevo conocimiento a un ritmo exponencial. Quizá algún día un sociólogo de la ciencia dé con una fórmula que relacione la cantidad de conocimiento adquirido dentro de una generación con la cantidad de conocimiento heredado de generaciones anteriores. La paradoja es que esta razón cambia de una forma no monótona. La razón es alta en primates no-humanos y probablemente durante las etapas prehistóricas de la civilización humana; es baja a lo largo de la historia antigua y la edad media; y se acelera a lo largo de la historia reciente, alcanzando un crecimiento exponencial en los tiempos modernos. El primer máximo de esta razón refleja una ausencia de aparatos culturales efectivos para almacenamiento y transmisión de información. Por el contrario, el segundo máximo refleja la potencia de tales aparatos, que permite una acumulación de información cada vez más rápida. En las sociedades humanas encontramos una baja razón de conocimiento adquirido/heredado en las culturas tradicionales, que está asociada al culto a los ancianos como los depositarios de la sabiduría acumulada. Por el contrario, la alta razón de conocimiento adquirido/heredado que se encuentra en las sociedades modernas está asociada con el culto a los jóvenes como vehículo de descubrimiento y progreso.

Pero una sociedad no puede florecer sólo en el conservadurismo. Para que haya progreso debe existir un mecanismo que equilibre conservadurismo e innovación. Una sociedad excesivamente conservadora quedará estancada. Una sociedad demasiado dispuesta a abandonar principios y conceptos establecidos, y lanzarse de cabeza hacia principios nuevos y no verificados, será peligrosamente frágil e inestable. Este equilibrio delicado se mantiene en cualquier sociedad mediante convenciones tácitas y reglas explícitas que determinan la altura del obstáculo que debe superar una nueva idea para tener aceptación. Sociedades diferentes fijan estos obstáculos a diferentes niveles para diferentes situaciones. En la ciencia, por ejemplo, cuanto más radical es una idea nueva, mayor es el umbral de aceptación. Un ritmo de conocimiento cada vez más rápido a lo largo de la historia está acompañado por la creciente disposición de la sociedad a revisar las hipótesis dominantes establecidas. Pero puede argumentarse que incluso las sociedades modernas dan un premio a la conservación por encima de la modificación.

¿Hay un mecanismo que opere a nivel biológico, posiblemente genético, y que regule el equilibrio entre conservadurismo e innovación en la población humana? La mera formulación de una pregunta en estos términos tiene un sonido provocativo y extravagante. Pero nuestro trabajo no sólo me ha llevado a sospechar que existe tal mecanismo, sino que incluso sugiere cuál puede ser.

Mencioné antes que la aplastante mayoría de nuestros sujetos mostraban preferencia por la similitud en el Cognitive Bias Task—siempre que fueran diestros.[22] Entre los zurdos la pauta de respuesta era característicamente diferente y muchos de ellos mostraban una preferencia por la elección que *difería* del blanco antes que por la que se le parecía. Esto era particularmente cierto para los varones zurdos. En la medida en que nuestro experimento provoca la preferencia hacia lo familiar versus lo nuevo, parece que los zurdos, especialmente los varones zurdos, son los buscadores de la novedad.

Durante muchos años se han venido haciendo afirmaciones folclóricas sobre la alta predominancia de la zurdera en los individuos creativos. Las he oído repetidas en diferentes culturas a ambos lados del Atlántico y siempre las he descartado como gratuitas... hasta que hicimos nuestros propios hallazgos. Ahora no puedo dejar de sostener la intrigante posibilidad de que *diferentes tipos de lateralidad manual pueden estar asociados con los diferentes sesgos hacia la rutina versus la novedad.*

La lateralidad manual no es exclusiva de los seres humanos. En muchas especies simiescas, tanto simios como monos, una mano juega el papel destacado y la otra mano juega un papel subordinado sistemáticamente a lo largo de la vida del animal.[23] La diferencia entre nosotros y ellos es que en los simios no se manifiesta ninguna preferencia sistemática *dentro de la población* y la mano dominante se distribuye aproximadamente por igual entre los miembros de la especie. En los seres humanos, por el contrario, aproximadamente el 90% de la población es diestra en grados diversos, y sólo un 10% aproximadamente se inclina hacia la zurdera.[24] Entre todas las especies que muestran lateralidad *individual*, los humanos son la especie que muestra la tendencia de *población* más fuerte y consistente hacia una mano.

Numerosos intentos anteriores por encontrar correspondientes cognitivos de la lateralidad manual fracasaron básicamente.[25] Lo que separa nuestro estudio de la mayoría de las investigaciones anteriores es nuestro énfasis en aspectos de la toma de decisiones centrada en el actor, antes que en la verídica. Estamos considerando *estilos* cognitivos antes que *capacidades* cognitivas. Una vez que la cuestión se plantea de esta manera, emerge una posibilidad intrigante: los zurdos no son iguales a los diestros ni son los inversos neuropsicológicos de los diestros, sino que representan un estilo cognitivo característicamente diferente.

Si la lateralidad manual está correlacionada con la familiaridad en oposición al sesgo por la novedad, entonces la razón aproximadamente 9:1 de diestros a zurdos en la población humana merece más examen. ¿Podría ser que esta razón refleje equilibrio adaptativo entre tendencias de conservación e innovación en la población, y que el sesgo de lateralidad manual sirva como mecanismo para controlar este equilibrio? Entonces los zurdos son los buscadores de innovación, los rebeldes culturales cuya presencia es necesaria para el fermento social; pero cuanto más baja relativamente se mantiene su proporción, menos pierde la sociedad sus amplias amarras culturales.

Para que sea viable, un mecanismo semejante tendría que permitir cierta variación para regular la razón conservación/innovación de una manera adaptativa. No sabemos cuán variable es la «verdadera» razón de lateralidad manual biológica en diferentes culturas en etapas históricas diferentes. Sí sabemos, sin embargo, que los factores antropológico-culturales afectan a esta razón en muchas sociedades. En conjunto parece que las sociedades tradicionales, comprometidas en la preservación de la tradición más que en la innovación, tienden a expulsar la zurdera y reforzar la destreza. Las doctrinas educativas basadas en esta tradición, que hoy se perciben equivocadas por parte de la moderna sociedad occidental, persistieron en la mayoría de las sociedades europeas y asiáticas hasta bien entrada la segunda mitad del siglo xx, y siguen persistiendo en muchas culturas incluso ahora. Nacido y escolarizado en la Europa Oriental, yo mismo soy un producto de este atavismo educativo y un zurdo converso. Por el contrario, la más dinámica sociedad norteamericana—menos afectada por el «equipaje» cultural—ha estado menos inclinada hacia políticas de lateralidad manual, permitiendo así una mayor proporción de zurdos. Aunque es muy poco probable que el cambio forzado de zurdera a destreza cambie la neurobiología subyacente y los estilos cognitivos en algún sentido real, quizá la política de lateralidad haya sido la reacción ingenua de las sociedades tradicionales ante las observaciones de que el comportamiento iconoclasta suele estar asociado con la zurdera.

Puede plantearse una pregunta incluso más amplia. ¿Es posible que en otros primates no-humanos la lateralidad manual sirva como un mecanismo para regular el equilibrio conservación *versus* innovación en la población? Volvamos al experimento de Mishkin. ¿Podría ser que en su muestra los monos buscadores de familiaridad fueran diestros, y los monos buscadores de novedad fueran zurdos? Desgraciadamente no se dispone de datos sobre la lateralidad manual.[26]

¿Cuáles son los mecanismos que relacionan la lateralidad manual con el sesgo conservación-innovación? En nuestra discusión anterior ligábamos el hemisferio izquierdo con las rutinas cognitivas y el hemisferio derecho con la novedad cognitiva. Entonces, en virtud de la contralateralidad del control motor, la destreza tiende a comprometer preferentemente al hemisferio izquierdo y la zurdera tiende a comprometer preferentemente al hemisferio derecho. Este razonamiento implica que los papeles de los dos hemisferios con respecto a la distinción novedad-rutina no están alterados en diestros y zurdos. Sin embargo, nuestra propia investigación utilizando tareas cognitivas centradas en el actor ha demostrado que los papeles funcionales de los dos lóbulos frontales están invertidos en los zurdos con relación a los diestros.[27] Esto pone más de relieve la compleja relación entre lateralidad manual y especialización hemisférica. Podría ser, por ejemplo, que ciertos aspectos de la especialización hemisférica estén invertidos en los zurdos, mientras que otros permanecen invariables.

Otra posibilidad la ofrecen los estudios que relacionan rasgos de personalidad con la bioquímica cerebral. Las personas famosas por su predilección por correr riesgos parecen tener una representación excepcionalmente alta de cierto tipo de receptores de dopamina.[28] La dopamina, por supuesto, es un neurotransmisor íntimamente ligado de forma especial a los lóbulos frontales. ¿Es posible que este tipo particular de receptor, un alelo de receptores D4, sea especialmente abundante entre los zurdos? ¿Es especialmente abundante entre las personas que exhiben búsqueda de novedad en tareas cognitivas tales como el Cognitive Bias Task?

Hasta que estas preguntas sean respondidas de forma rigurosa, la tesis desarrollada en este capítulo seguirá siendo especulativa. Además, existe la intrigante posibilidad de que los zurdos representen el fermento inquieto, creativo y buscador de la novedad en la historia: un catalizador indispensable para el progreso, pero que, cuanto más controlado esté, menos trastornará nuestros planes.

Cualquiera que sea la neurobiología subyacente, sabemos a un nivel fenomenológico que algunas personas son mejores en la innovación y otras lo son en seguir la rutina. De hecho, estos diferentes dones son a menudo incompatibles. Los visionarios que abren nuevos caminos en la ciencia, la cultura o los negocios suelen fracasar en poner en práctica sus propias ideas de una forma sostenida y sistemática; y para llevar a cabo estas cosas hace falta que tomen el mando otras personas, que son incapaces de abrir nuevos caminos pero necesarias para sostenerlos. ¿Significa esto que los visionarios pioneros tienen un hemisferio derecho particularmente bien desarrollado y que los tipos convencionales y prudentes tienen un hemisferio izquierdo más desarrollado? Ésta es una propuesta fascinante para la neuropsicología de las diferencias individuales.

Como sucede con la creatividad, la enfermedad mental y los trastornos del neurodesarrollo también han estado ligados a la zurdera. Esquizofrenia, autismo, dislexia, trastorno de déficit de atención... todos han estado caracterizados por una proporción inusualmente alta de zurdos. Aunque muchos casos de zurdera son «patológicos» (adquirida debido a un daño cerebral temprano),[29] muchos otros son hereditarios, genéticamente determinados. Los paralelismos en creatividad y locura han fascinado tanto a científicos como a poetas. Particularmente interesantes son los casos de fronteras fluidas, de genios que se vuelven locos, como Van Gogh y Nijinsky. Tanto genio como locura son desviaciones de la norma estadística. La visión romántica sostiene que las ideas creativas demasiado adelantadas a su tiempo suelen ser denunciadas como locura por los contemporáneos. La visión cínica sugiere que algunas de las creencias culturales más duraderas son un resultado de la psicosis. Aunque la relación entre creatividad y enfermedad mental está fuera del alcance de este libro, su relación compartida con la zurdera es muy provocativa.

Talentos ejecutivos: el Factor I y la Teoría de la Mente

Los cerebros humanos son tan variables en sus rasgos individuales como cualquier otra parte del cuerpo. El peso, los tamaños relativos de los diferentes lóbulos, la articulación de circunvoluciones y surcos, etc... todos son altamente variables. Aunque aún está por constituirse la neurociencia cognitiva de las diferencias individuales, intuitivamente tiene sentido que los rasgos cognitivos y los talentos individuales tienen algo que ver con la variación individual en la organización cerebral. Resulta notable que la variación individual de la morfología del cerebro humano es especialmente pronunciada en los lóbulos frontales.[30]

Tendemos a definir a las personas por sus talentos y carencias. Alguien está dotado para la música pero no tiene sentido espacial; a otro se le dan bien las palabras pero es duro de oído. Tales descripciones capturan los rasgos especiales de la persona pero no la esencia de la persona. Pero cuando calificamos a alguien de «inteligente» o «astuto» y a algún otro de «estúpido» u «obtuso» ya no estamos hablando de rasgos especiales restringidos. Estamos aludiendo a algo que es a la vez más escurridizo y más profundo. Nos acercamos mucho más a definir la esencia de la persona, a definir a la propia persona, más que los atributos de la persona. Ser «inteligente» (o «estúpido») no es un atributo de usted; *es* usted. De forma peculiar, existe cierto grado de independencia entre esta dimensión global de la mente humana y los rasgos especiales más restringidos. Un individuo puede estar privado de cualquier talento especial, musical, literario o atlético, pero ser considerado muy «inteligente» por los demás. También es posible lo contrario, cuando un individuo excepcionalmente dotado es, no obstante, percibido como «estúpido». A riesgo de cometer un sacrilegio cultural, y basado en informes biográficos, sugeriré que Mozart era probablemente un genio algo «estúpido». Probablemente también podría imputarse falta de sabiduría cotidiana en el caso de uno de mis héroes intelectuales, Alan Turing. Por supuesto, los ejemplos de lo contrario, el «inteligente ordinario», son numerosos y, por definición, anónimos. Muchos lectores de este libro entrarían probablemente en esta categoría.

Pero ¿qué entendemos por los términos «astuto» y «obtuso»? ¿Y cuáles son las estructuras cerebrales cuyas variaciones individuales determinan estos rasgos globales? Esta pregunta está directamente relacionada con la búsqueda de la inteligencia general —el «factor G»— y con las medidas de la misma, que están fuera del alcance de este libro. La cuestión sigue siendo un tema de debate científico acalorado. Las últimas dos décadas han sido testigo de un alejamiento de la noción de un único factor G en favor de «inteligencias múltiples». Introducidas por Gardner[31] y Goleman,[32] estas «inteligencias» específicas de dominio corresponden en general a las variables cognitivas estudiadas sistemáticamente por los neurocientíficos cognitivos y puestas a prueba por los neuropsicólogos clínicos, y que se saben disociables tanto en situaciones de salud neurológica como en situaciones de enfermedad neurológica.

Independientemente de cómo se defina el constructo cognitivo de la inteligencia general, yo no sé de la existencia de ninguna única y típica característica cerebral que pueda dar cuenta de tal factor *G*. Los pocos estudios disponibles de los cerebros de genios no han podido ofrecer hallazgos convincentes, y algunos de ellos son enormemente contraintuitivos (lo que muestra cuán erróneas son nuestras intuiciones sobre el tema). Por ejemplo, el cerebro del autor Anatole France era famoso por su pequeño tamaño.[33] El cerebro de Einstein revela una peculiar falta de diferenciación entre los lóbulos temporal y parietal, como si el lóbulo parietal se hubiera «apropiado» de una porción del lóbulo temporal.[34] Esto puede explicar posiblemente su autoconfesada preferencia por la visualización frente a los formalismos para el desarrollo de sus ideas (así como su documentada dislexia). Pero a menos que creamos que un *homunculus* habita en la región general del giro angular/supramarginal, el hallazgo es demasiado local, demasiado regional para explicar un *G* global. Esto nos lleva a la conclusión de que muchas formas de «genio» reflejan propiedades locales de la mente (y, por implicación, del cerebro) y quizá tienen poco que ver con nuestro sentido intuitivo de «ser inteligente» como un atributo global y central definitorio de la personalidad. La naturaleza local del genio está sugerida por las narraciones biográficas de Mozart y Turing. Por lo que sabemos sobre sus vidas, ninguno de los dos hubiera sido considerado «inteligente» por la mayoría de la gente.

Pero ¿qué pasa con el factor *I* (*I* de «inteligente»)? Creo que, a diferencia del factor *G*, el factor *I* sí existe. En esto disfruto del apoyo tácito de montones de personas normales totalmente indiferentes a *G* pero muy sensibles a *I*. Las personas normales, que no están obstaculizadas por ninguna idea psicológica preconcebida, sino dotadas de sentido común, son sorprendentemente confiadas, y juzgan sin esfuerzo y sistemáticamente quién es inteligente y quién no lo es. ¿A qué están respondiendo en los seres humanos afines? ¿Cuál es la base de su intuición? Siempre he pensado que esta cuestión era digna de plantearse pero he sido incapaz de encontrar una respuesta en la literatura. Los soportes de la percepción cotidiana de la inteligencia son un sujeto fascinante en la interfaz entre neuropsicología y psicología social.

El estudio en el que pienso debería ser lo más naturalista posible. Supongamos que usted reúne un panel de «jueces» legos que no están entorpecidos por ninguna idea psicológica preconcebida y están libres de instrucciones excesivas por parte del investigador. Supongamos además que usted recluta una muestra de sujetos igualmente legos. Los jueces tienen que clasificar a los sujetos en una escala de «inteligencia» de uno a diez, basada en una muestra de interacciones cara a cara e informales de una hora de duración o (menos deseable) en una cinta pregrabada de los sujetos que interaccionan con algún otro o consigo mismos. La situación (en vivo o grabada) debería ser lo más natural y menos limitada posible. Después del experimento todos los sujetos pasan una extensa batería de tests neuropsicológicos. ¿Cuáles son sus predicciones? ¿Espera usted que las clasificaciones *I* sean dependientes de la cultura o invariantes frente a la cultura?

Yo predigo que las calificaciones de los jueces, o al menos sus clasificaciones de los sujetos, serán altamente consistentes. Aunque los factores culturales y profesionales juegan sin duda un papel al juzgar la «inteligencia», creo que existen invariantes culturales fundamentales de la «inteligencia» que se perciben de forma análoga en todas las sociedades, igual que se ha sugerido que existen para el caso de la belleza física. Predigo también que entre todos los tests neuropsicológicos, las clasificaciones por «inteligencia» estarían mejor correlacionadas con los tests de funciones ejecutivas. En el esquema de cosas de «inteligencia múltiple», es la inteligencia ejecutiva lo que intuitivamente reconocemos como «ser inteligente», el factor *I*. Y de todos los aspectos de la inteligencia, el factor *I* —el «talento ejecutivo» — configura nuestra percepción de alguien como una persona, y no sólo como un portador de cierto rasgo cognitivo.

Pero toda escala tiene su intervalo definido por dos extremos. Por consiguiente, calificar a la gente por el factor *I* equivale a calificarla por un factor *E* (*E* de «estúpido»). Esto convierte al experimento propuesto en una empresa altamente explosiva, que quizá nunca vea la luz del día en nuestra cultura preocupada por la corrección. Eso sería una pena.

En gran medida, el rasgo en cuestión se refiere a nuestra capacidad para formarnos una idea de otras personas y anticipar sus comportamientos, motivos e intenciones. Dada la naturaleza comunal de nuestras vidas, esta capacidad es de transcendental importancia para nuestro éxito en el sentido más amplio posible. Ya quiera usted cooperar con las intenciones de alguien o frustrarlas (y especialmente en el último caso), usted debe primero entender y anticipar las intenciones de la otra persona.

En las descripciones anteriores de las funciones ejecutivas esenciales hice énfasis en su aspecto secuencial, de planificación y ordenación temporal. Imaginemos ahora que usted tiene un plan y organiza secuencialmente *sus* acciones en coordinación con otros individuos e instituciones comprometidas en la planificación y organización secuencial de *sus* propias acciones. Su relación con estos otros individuos e instituciones puede ser cooperativa, adversaria o ambas. Además, la naturaleza de esta relación puede cambiar en el curso del tiempo. Para tener éxito en esta interacción, usted no sólo debe ser capaz de tener un plan de acción propio, sino que también debe tener una idea de la naturaleza del plan de los otros colegas. No sólo debe ser capaz de prever las consecuencias de sus propias acciones, sino que también debe prever las consecuencias de las acciones de los vecinos. Para hacerlo, debe tener la capacidad de formarse una representación interna de la vida mental de la otra persona o, utilizando el lenguaje elevado de la neuropsicología cognitiva, formar la «teoría de la mente» de la otra persona. Usted decidirá entonces sus propias acciones bajo la influencia de su teoría de la mente del vecino formulada en su propia mente. Y el vecino tendrá presumiblemente formulada en *su* cabeza una teoría de la mente *de usted*. El éxito relativo de cada uno de ustedes dependerá básicamente de la exactitud y grado de precisión de sus capacidades respectivas para formar la representación interna del otro. Esto hace que el proceso ejecutivo requerido para el éxito en un entorno social e interactivo sea mucho más complejo que los procesos ejecutivos que se requieren en una situación solitaria, tal como resolver un rompecabezas. Esto es cierto para las situaciones competitivas, cooperativas o con interacción mixta.

El ajedrez o las damas representan un ejemplo formalizado y altamente depurado de tales funciones ejecutivas «sociales». Las actividades de los líderes de los negocios, la política o el ejército están también basadas fundamentalmente en sus capacidades para formar la «teoría de la mente» de su contrario, o muy a menudo de sus contrarios. En todos estos ambientes las preguntas esenciales son «¿Qué hará él a continuación?» y «¿Qué debería hacer yo si él hace eso?». En mi propia experiencia, la partida que tuve que jugar contra las instituciones del Estado para salir de la Unión Soviética fue el ejemplo más extremo y exigente de un juego de ajedrez de la vida real y con alta apuesta a que me haya enfrentado nunca. Mi capacidad de intuición y anticipación de los movimientos e intenciones de la otra parte hacían toda la diferencia entre éxito y fracaso de mi audaz empresa.

La capacidad de intuir los estados mentales de otras personas es fundamental para las interacciones sociales. Encuentra muy pocos prototipos en el mundo animal, si es que hay alguno. Una de las formas más refinadas que puede tomar esta capacidad es el engaño, puesto que el engaño requiere manipular al adversario para que adquiera ciertos estados mentales que el que engaña puede entonces explotar. Frith y Frith afirman que incluso los monos carecen de esta capacidad en cualquier grado apreciable y que es un atributo específicamente humano.[35] El corolario irónico de esta conclusión es que, en la medida en que tales interacciones sociales desarrolladas son específicamente humanas, también lo es la sociopatía.

Alguien con una intuición de la mente de otras personas es percibido intuitivamente como «inteligente» o «astuto», y alguien sin esta capacidad lo es como «estúpido» u «obtuso». Usamos estas descripciones para recoger la esencia cognitiva del individuo en oposición a sus rasgos cognitivos estrechos. Aunque quizá sea posible respetar un don especial de una persona «estúpida», encontramos muy difícil respetar a la persona como individuo. Y basado en todo lo que sabemos sobre el cerebro, esta capacidad evasiva pero fundamental reside en los lóbulos frontales. En varios estudios se les pidió a sujetos normales que imaginaran los estados mentales de otras personas mientras sus cerebros estaban siendo explorados con PET o fIRM. Invariablemente se encontró activación particular en la corteza prefrontal inferior media y lateral.[36]

Encontramos una capacidad ampliada para intuir los mundos internos de otras personas en los líderes ejecutivos, políticos y militares de éxito. Pero tan a menudo, o más, encontramos esta capacidad disminuida. Una pobre capacidad para formar la teoría de la mente puede ser una expresión de la variabilidad normal en la función del lóbulo frontal sin que implique necesariamente una patología del lóbulo frontal, de la misma forma que la mayoría de los ejemplos cotidianos de lenguaje inarticulado no implican un daño severo en el lóbulo temporal.

Yo, como clínico, me encuentro con mucha frecuencia con esta disminución no patológica «benigna» de la capacidad de formar una teoría de la mente y presumiblemente una sutil debilidad funcional de los lóbulos frontales. Solía encontrarla aburrida pero he llegado a disfrutar de ella como un *voyeur* cognitivo y un estudiante casual de la variación individual de la función del lóbulo frontal en la vida cotidiana.

Un paciente entra en mi despacho y yo empiezo a indagar sobre las circunstancias de su accidente de automóvil. La respuesta es aproximadamente como sigue. «Anoche abrí la nevera y vi que nos estábamos quedando sin leche. Mi esposa siempre desayuna con cereales y ¡cómo iba a hacerlo sin leche! Así que a la mañana siguiente tuve que ir a la tienda a comprar leche. Tenemos tres tiendas de ultramarinos en la vecindad pero siempre compro en Joe porque es un buen tipo e hicimos juntos el servicio militar en la Marina. Así que entro en mi furgoneta verde, pero entonces se me ocurre que tengo que ir primero al banco...» y así sucesivamente, hasta que, con suerte, llegamos al cruce de calles donde tuvo lugar la colisión.

Mi buen paciente fallaba claramente en formarse una teoría aproximada de mi mente, o de lo contrario me hubiera ahorrado a mí (y a él mismo) todos los detalles que no tienen ninguna relevancia para lo que yo, como neuropsicólogo, necesito saber sobre su problema. ¿Es esto una expresión del daño en el lóbulo frontal que el buen hombre sufrió en el accidente? Lo dudo. Lo más probable es que él haya sido siempre así: un poco, bueno ... «estúpido». Puede permitírselo: nosotros reconocemos diferencias individuales en cualquier cosa y respecto a la curva normal. Aparte de ello, resulta que mi paciente es un excelente músico *amateur* y yo no —de nuevo diferencias individuales.

Pero he aquí un caso de una incapacidad mucho más extrema para formar la teoría de mi mente, que me obliga a concluir la presencia de una abierta patología del lóbulo frontal. Un hombre de cuarenta y pocos años fue enviado para una evaluación neuropsicológica. Padecía una misteriosa enfermedad neurodegenerativa, probablemente hereditaria, anónima y maligna. Entró vigorosamente en mi despacho, bien vestido y presentado, sin ningún estigma discernible de un paciente neurológico. Yo le hice mi entrevista normal para la historia clínica: edad, educación, estado civil, lateralidad manual. Sus respuestas eran oportunas, en un lenguaje bien expresado.

Luego le pregunté sobre sus pasatiempos favoritos. «¡El cine!» —la respuesta llegó con la excitación de un adolescente que revive su primer viaje a Disneylandia. Y antes de que yo pudiera decir una palabra o hacer mi siguiente pregunta, soltó una retahíla de todas las películas vistas recientemente, una tras otra tras otra, con detalles pintorescos, todo ello expuesto en un lenguaje excitado y atropellado por decirlo todo a la vez. Mi primer impulso fue pasar a otra cosa, pero entonces decidí dejar que las cosas siguiesen su curso y ver qué sucedía. La exposición de las películas seguía adelante de forma exuberante e incesante, docenas de ellas una detrás de otra. El hombre *estaba* dentro de las películas y las había visto *todas* —y ahora yo, su doctor, ¡estaba teniendo conocimiento de su inolvidable y gozosa experiencia personal! Los argumentos de las películas siguieron brotando durante unos cuarenta minutos y hubieran continuado brotando si no hubiera interrumpido a mi paciente y pasado a otra cosa.

El «hombre de las películas» está grabado en mi memoria como un caso de un paciente sin la menor idea sobre la información necesaria para su doctor. Éste era un caso de déficit de la capacidad del paciente para formar la teoría de mi mente de un orden de magnitud más profundo que el caso anterior de la víctima del accidente de automóvil cuando iba a buscar leche, y sospeché fuertemente la presencia de daño en el lóbulo frontal. De hecho, los resultados de los tests neuropsicológicos posteriores sugerían una disfunción del lóbulo frontal especialmente severa. La incapacidad de mi paciente para controlar su propia expresión es común en la enfermedad del lóbulo frontal y a menudo se considera como una de sus características centrales. Como veremos en los casos del estudiante dañado Vladimir y la víctima de accidente de equitación Kevin, puede tomar muchas formas. Esta consecuencia de la disfunción del lóbulo frontal es particularmente dañina para las interacciones sociales del individuo tanto en las formas abiertamente clínicas como en las formas cotidianas más sutiles y relativamente benignas.

Evidentemente, la capacidad de formar una representación interna de la mente de una persona diferente está ligada a otra capacidad cognitiva fundamental: el concepto de *yo mental y diferenciación yo-no yo mental*. El sentido del yo es fundamental para nuestra vida mental y parecería que sin él no puede existir ninguna cognición compleja. Pese a todo, la evidencia científica sugiere que el sentido del yo emerge tardíamente en la evolución y está ligado al desarrollo de los lóbulos frontales.

Los estudios experimentales de la evolución del concepto del «yo» utilizan el método de la diferenciación yo-no yo (o yo-otro).[37] Supongamos que usted coloca un animal delante del espejo. ¿Relacionará su propia imagen consigo mismo o con un animal diferente? Los perros se relacionan con su propia imagen como si fuera un animal diferente. Ladran, gruñen y se enzarzan en juegos de dominación. Sólo los grandes simios, y en menor medida los monos, relacionan su imagen especular con su propio yo.[38] Utilizan el espejo como una oportunidad para observar partes de su cuerpo difíciles de alcanzar y para borrar marcas pintadas en la frente por los experimentadores.

A partir de estos humildes inicios evolutivos, los seres humanos hemos desarrollado una elaborada maquinaria mental para representar nuestros propios estados internos. Y una vez más, en ella está involucrada la corteza prefrontal. Cuando a los sujetos se les pide que se centren en sus propios estados mentales, frente a la realidad externa, se ilumina la corteza prefrontal media.[39] Tanto la representación interna de los propios estados mentales de uno como las representaciones internas de los estados mentales de los otros se basan en los lóbulos frontales. Y así las computaciones neurales coordinadas y complejas integran y entretejen las representaciones mentales del «yo» y los «otros». Verdaderamente, la corteza prefrontal es lo más próximo que existe al substrato neural del ser social.

El que la capacidad para la diferenciación yo-no yo dependiera de los lóbulos frontales no es una sorpresa. Como hemos establecido antes, la corteza prefrontal es la única parte del cerebro, y por supuesto del neocórtex, en donde la información sobre el medio interno del organismo converge con la información sobre el mundo exterior. La corteza prefrontal es la única parte del cerebro con la maquinaria neural capaz de integrar las dos fuentes de datos.

Pero ¿hasta qué punto es capaz? ¿Con qué precisión van paralelos la emergencia de esta capacidad y el desarrollo de los lóbulos frontales? ¿Hasta qué punto sigue estrechamente el desarrollo de esta capacidad cognitiva a la emergencia de su supuesto substrato neural? ¿Es el desarrollo de una diferenciación yo-no yo solamente una función de la emergencia del lóbulo frontal en la evolución, o también requirió la emergencia de ciertas estructuras conceptuales cada vez más externalizadas en la cultura? En *Los Orígenes de la consciencia y la ruptura del cerebro bicameral* Julian Jaynes propuso que la autoconciencia emergió bastante tarde en la evolución cultural humana, posiblemente tan tarde como en el segundo milenio antes de Cristo.[40]

Sospecho también que muchas creencias culturales persistentes (que yo, como científico, tiendo a considerar «sobrenaturales»), incluyendo las creencias religiosas, son vestigios de la incapacidad de los humanos primitivos para reconocer sus propias representaciones internas de otras personas como parte del «yo» antes que del «no yo». Ricas imágenes sensoriales de otras personas, incluso los propios procesos mentales de uno, serían interpretadas como «espíritus». Un rico recuerdo sensorial de un miembro de la tribu muerto sería interpretado como el «fantasma» del hombre de la tribu o como evidencia de «vida después de la muerte» del hombre de la tribu. Según este escenario, algunas de las creencias religiosas y mágicas más literales, que persistieron durante milenios, son vestigios de la incapacidad de los humanos primitivos para distinguir entre los propios recuerdos que tiene uno de otras personas (representaciones internas, partes del «yo») y las propias personas reales («no yos», otros). Quizá haya sido exactamente a esto a lo que refiere Jaynes[41] como «las experiencias alucinatorias» de los antiguos humanos. Una cuidadosa investigación transcultural de la diferenciación cognitiva yo-no yo que abarque a las pocas culturas relativamente «primitivas» (e.g., tribus indias del Amazonas y habitantes de Papua-Nueva Guinea e Irian Jaya) podría ser especialmente iluminadora a este respecto.

Según Jaynes, la confusión yo-no yo no se limitó a los tiempos prehistóricos. Se extendió hasta bien entrada la primitiva historia poblada por individuos que suponemos que son neurobiológicamente «modernos». Si esto es así, entonces hay que considerar una entre dos posibilidades (o una combinación de ambas). Primero, la evolución biológica de los lóbulos frontales no es por sí misma suficiente para la compleción de la diferenciación yo-no yo cognitiva y se requiere cierto efecto adicional y cultural acumulativo, como sugiere Jaynes. O segundo, la evolución biológica de los lóbulos frontales se extendió hasta una etapa más tardía en la historia de lo que nuestras hipótesis evolutivas establecidas hubieran pensado. Quizá la humanización del gran simio haya durado más tiempo incluso de lo que pensábamos.

Cuando el líder está herido

Los frágiles lóbulos frontales

La definición de enfermedad cambia con el tiempo. La neuropsicología clásica se interesaba en los efectos de las lesiones cerebrales (heridas de bala, derrames cerebrales y tumores) sobre la cognición. Ésta era la base de conocimiento sobre la que se construyó nuestra comprensión de la función cerebral. Poco a poco se amplió el alcance de la neuropsicología, y hoy hay más neuropsicólogos empleados en establecimientos psiquiátricos y geriátricos que en los servicios de neurología tradicionales.

La expansión de la neuropsicología refleja la expansión de la definición de la enfermedad cerebral. Ésta, a su vez, es una consecuencia de que nuestra sociedad se hace cada vez más ilustrada, más acomodada y, pese a nuestros recelos ocasionales, más humana en conjunto. Antiguamente se consideraba normal que a cierta edad las personas empezaran a «chiflarse». Hoy sabemos que esto no es parte del envejecimiento normal, sino que más bien es una consecuencia de distintos trastornos cerebrales, tales como la enfermedad de Alzheimer. Antiguamente un mal estudiante era reprendido por sus padres y un alumno indisciplinado era azotado. Hoy sabemos de la existencia de las discapacidades del aprendizaje y el trastorno de déficit de atención.

Recuerdo mi primer puesto universitario en los Estados Unidos a finales de los años 70 en uno de los más prestigiosos departamentos de psicología de la Ivy League.* Las congresos clínicos abundaban en debates interminables sobre si un paciente concreto era «esquizofrénico» u «orgánico», donde orgánico significaba que sufría una disfunción del cerebro. La vieja distinción cartesiana en-

---

* La Ivy League (Liga de la Hiedra) agrupa a ocho de las más antiguas y prestigiosas universidades del Este de los EE.UU. [N. del T.]

tre el cuerpo y el alma, que había engañado al gran público durante tantos años, había calado también en la psiquiatría.

Hoy sabemos que la esquizofrenia es orgánica, puesto que en los cerebros de los pacientes se han descubierto anormalidades tanto bioquímicas como estructurales. Esto también es cierto de la depresión, el trastorno obsesivo-compulsivo, el trastorno de déficit de atención, el síndrome de Tourette y otras situaciones. La distinción entre las «enfermedades del cerebro» y «enfermedades del alma» se hace cada vez más escurridiza. Las dolencias del «alma» se entienden cada vez más como enfermedades del cerebro. El «error de Descartes», por utilizar la elegante expresión de Antonio Damasio,[1] se está corrigiendo finalmente.

Conforme seguimos descubriendo las bases neurales de las enfermedades que previamente se creían que estaban en el departamento del alma, se hace cada vez más evidente el grado extremo de implicación del lóbulo frontal en prácticamente todas estas situaciones. Esto revela una particular vulnerabilidad biológica de los lóbulos frontales. De hecho, la disfunción del lóbulo frontal suele reflejar algo más que daño directo en los lóbulos frontales.[2]

Los lóbulos frontales parecen ser el cuello de botella, el punto de convergencia de los efectos del daño en prácticamente cualquier lugar del cerebro.[3] Considerando la analogía militar, esto no debería ser una sorpresa. Una lesión del líder perturbará las actividades de muchas unidades en el campo de batalla, produciendo efectos remotos. De la misma forma, las funciones de liderazgo se verán perturbadas si se cortan las líneas de comunicación entre el frente y el líder.

El daño en los lóbulos frontales produce amplios efectos que se extienden por todo el cerebro. Al mismo tiempo, el daño en cualquier parte del cerebro desencadena efectos que se extienden e interfieren con la función del lóbulo frontal. Esta característica singular refleja el papel de los lóbulos frontales como «centro» del sistema nervioso con un conjunto singularmente rico de conexiones de ida y vuelta con otras estructuras cerebrales.

La sensibilidad única de los lóbulos frontales a la enfermedad cerebral puede demostrarse de varias formas. Los neurocientíficos suecos Asa Lilja y Jarl Risberg estudiaron las pautas de alteración del flujo sanguíneo cerebral por regiones (rCBF) debidas a tumores cerebrales.[4] Para su sorpresa, encontraron que el flujo sanguíneo estaba particularmente afectado en los lóbulos frontales independientemente de la localización del tumor. Esto era cierto incluso si el propio tumor estaba tan alejado de los lóbulos frontales como pudiera estarlo sin salirse del cráneo, por así decir.

Científicos del Instituto Psiquiátrico del Estado de Nueva York estudiaron pautas de flujo sanguíneo regular en pacientes con depresión.[5] La alteración del flujo sanguíneo era más pronunciada en los lóbulos frontales, pese al hecho de que la serotonina (un neurotransmisor cuya deficiencia se supone responsable de la depresión) es ubicua en el cerebro, sin mostrar ninguna preponderancia especial en el lóbulo frontal. En Suecia, Risberg estudió los efectos transitorios de la terapia electroconvulsiva (ECT) sobre el flujo sanguíneo cerebral por regiones.[6] Una vez más, la mayor alteración se encontró en los lóbulos frontales incluso si los electrodos por los que se llevaba la corriente al cerebro se aplicaban en los lóbulos temporales.

En otro estudio llevado a cabo en el Instituto Psiquiátrico del Estado de Nueva York se administró a voluntarios sanos escopolamina, una sustancia química que interfiere con la acción de la acetilcolina, uno de los principales neurotransmisores en el cerebro.[7] La escopolamina se administraba para crear una simulación experimental de trastornos de memoria en la enfermedad de Alzheimer. (La lógica del experimento se basaba en la hipótesis de que la transmisión colinérgica se ve especialmente afectada en la enfermedad de Alzheimer.) Una vez más, la mayor alteración del flujo sanguíneo cerebral por regiones se observó en los lóbulos frontales—pese al hecho de que, a diferencia de algunos otros neurotransmisores, la acetilcolina no es excepcionalmente dominante en los lóbulos frontales.

En un trabajo realizado en el Centro de Demencia y Envejecimiento de la Universidad de Nueva York, mis colegas y yo hemos demostrado que los lóbulos frontales se hacen disfuncionales en una fase muy temprana de la demencia de tipo Alzheimer.[8] Esto se expresa como una incapacidad de tomar decisiones en situaciones ambiguas. Dada la naturaleza ambigua de la mayoría de las situaciones de la vida real, la pérdida de esta capacidad está impregnada de consecuencias particularmente devastadoras.

Pero también se producen cambios cognitivos en el envejecimiento normal. No es infrecuente que personas sexagenarias o septuagenarias adviertan que su memoria ya no es tan aguda como solía ser. Lo que la mayoría de la gente no advierte es que los denominados cambios normales relacionados con la edad afectan a las funciones de los lóbulos frontales tanto como afectan a la memoria.

Para concluir, los lóbulos frontales son más vulnerables y se ven afectados en un abanico más amplio de trastornos cerebrales, trastornos del neurodesarrollo, neuropsiquiátricos, neurogeriátricos, etc., que cualquier otra parte del cerebro. Los lóbulos frontales tienen un «umbral de colapso funcional» excepcionalmente bajo. Esto me llevó hace muchos años a concluir que la disfunción del lóbulo frontal es a la enfermedad cerebral lo que la fiebre es a la enfermedad bacteriana. Es a la vez altamente predecible y a menudo no-específica.[9] Hughlings Jackson entendió esto muy bien cuando introdujo su ley de «evolución y disolución».[10] Según esta ley, las estructuras cerebrales filogenética-

mente más jóvenes son las primeras en sucumbir a la enfermedad cerebral.
Pero yo creo que la vulnerabilidad específica de los lóbulos frontales es el precio que tienen que pagar por la riqueza excepcional de sus conexiones. El
efecto de «suma de ruido», la agregación de señales defectuosas que probablemente tiene lugar en la corteza prefrontal tras un daño cerebral difuso, puede demostrarse computacionalmente. De hecho, yo diseñé una demostración
matemática de este efecto en colaboración con Yelena Artemyeva en la Universidad de Moscú a finales de los años 60, utilizando como modelo el autó-
mata paralelo de baja fiabilidad de John von Neumann. El corolario clínico de
esta conclusión es que la disfunción del lóbulo frontal no siempre indica una
lesión del lóbulo frontal. De hecho, en la mayoría de los casos probablemente
no lo hace. En su lugar, es un efecto remoto de una lesión distante, distribuida
y difusa.

Síndromes del lóbulo frontal

Consideremos la secuencia de sucesos que se requiere para todo comportamiento con un propósito. En primer lugar, debe iniciarse el comportamiento. En
segundo, debe identificarse el objetivo y formularse el fin de la acción. Tercero,
debe forjarse un plan de acción de acuerdo con el fin. Cuarto, deben seleccio-
narse los medios mediante los que puede lograrse el plan en una secuencia temporal apropiada. Quinto, deben ejecutarse los diversos pasos del plan en un orden apropiado con una transición suave de un paso a otro. Finalmente, hay que
hacer una comparación entre el objetivo y el resultado de la acción: ¿corresponde el resultado final al objetivo? ¿es una «misión cumplida» o una «misión
fallida? Si es «fallida», entonces ¿en cuánto y en qué aspecto de la tarea? En pocas palabras, éstas son las funciones del ejecutivo que está a cargo del funcionamiento de una organización. Éstas son también las funciones de los lóbulos
frontales. Por esto es por lo que las funciones de los lóbulos frontales se denominan a veces «funciones ejecutivas».

La importancia de las funciones ejecutivas puede apreciarse mejor a través
del análisis de su desintegración tras un daño cerebral. Un paciente con los lóbulos frontales dañados retiene, al menos hasta cierto grado, la capacidad de
ejercitar la mayoría de las habilidades cognitivas por separado.[11] Las capacidades básicas, tales como lectura, escritura, cálculos sencillos, expresión verbal y
movimientos permanecen básicamente intactas. Engañosamente, el paciente
ejecutará bien los tests psicológicos que miden estas funciones por separado.
Sin embargo, cualquier actividad sintética que requiera la coordinación de mu-

chas habilidades cognitivas en un proceso coherente y orientado hacia objetivos se verá gravemente deteriorada.

Pero incluso una rápida revisión de la neuroanatomía del lóbulo frontal sugiere su tremenda complejidad. Ésta, a su vez, sugiere una diversidad funcional de cada parte definida. Y de hecho, el daño en partes diferentes de los lóbulos frontales produce síndromes distintos y clínicamente bastante diferentes. Los más comunes entre ellos son los síndromes *dorsolateral* y *orbitofrontal*.[12]

En la primitiva literatura neurológica el síndrome dorsolateral se conocía como «pseudodepresión». El nombre alude a la similitud de algunos pacientes del lóbulo frontal con los pacientes deprimidos. En ambas situaciones está presente una inercia extrema y una incapacidad para iniciar un comportamiento, a veces en un alto grado. Un paciente con síndrome dorsolateral severo se quedará pasivamente en la cama, sin comer, beber o atender a cualquier otra necesidad. Dejará de responder rápidamente a cualquier intento por comprometerle en cualquier actividad. Se parecerá algo a un paciente con depresión severa. Pero la similitud termina aquí. Un paciente deprimido tiene un estado de ánimo triste y una sensación de miseria total, pero un paciente frontal dorsolateral tiene un afecto plano y una sensación de indiferencia. El paciente con lesión frontal dorsolateral no está ni triste ni feliz; en cierto sentido no tiene ningún estado de ánimo. No importa lo que le suceda al paciente, cosas buenas o cosas malas, este estado de indiferencia persistirá.

La indiferencia de los pacientes frontales dorsolaterales es a veces tan extrema que reduce su respuesta al dolor. La mayoría de la gente ha oído hablar de la lobotomía frontal, un procedimiento de neurocirugía que secciona las conexiones entre los lóbulos frontales y el resto del cerebro.[13] Introducida en 1935 por un médico portugués, Egas Moniz,[14] la lobotomía frontal tuvo su auge en los Estados Unidos en los años 40 y 50 y desde entonces ha quedado desacreditada y básicamente abandonada. Para mejor o para peor, se utilizó muy a menudo para tratar la psicosis. También se utilizó, sin embargo, para tratar un dolor incurable, una extraña situación de sufrimiento extremo sin respuesta a la medicación.

La lobotomía frontal, o un procedimiento relacionado llamado «cingulotomía», «curaba» a estos pacientes, permanente o temporalmente, de la sensación subjetiva de sufrimiento, pero no de la sensación física de dolor.[15] Extrañamente, ellos seguían informando de su sensación en términos prácticamente idénticos a los utilizados antes de la cirugía. Pero lo que antes era fuente de un sufrimiento insoportable, ahora se afrontaba con completa indiferencia. Los pacientes ya no estaban molestos por el dolor, pese a su presencia persistente.

Robert Iacono, un neurocirujano del sur de California, llamó mi atención sobre el caso de una paciente que sufría de un dolor rectal atroz y debilitador, con depresión, perturbaciones del sueño y adicción a la morfina. Tras la cingulotomía, la paciente ya no emitía quejas de dolor, aunque sí seguía quejándose del dolor cuando se le preguntaba. Por primera vez en muchos meses aparecía relajada. La familia estaba sorprendida con su cambio de personalidad, desde una extremadamente exigente a otra fantásticamente sumisa. Durante las pocas semanas siguientes el sueño de la paciente mejoró notablemente y expresó muchas menos quejas espontáneas. También se hizo altamente sugestionable.[16]

La observación es extraordinariamente interesante, puesto que nos informa tanto sobre los lóbulos frontales como sobre los mecanismos del dolor. La experiencia sensorial por sí sola no es suficiente para producir la sensación subjetiva del sufrimiento. Se requiere un proceso interpretativo de un orden superior que parece estar ligado de algún modo a los lóbulos frontales. Estudios de neuroimagen funcional recientes han demostrado, por ejemplo, que la expectativa de dolor activa las regiones del lóbulo frontal medio.[17] Cuando la señal de la experiencia sensorial aversiva no llega a alcanzar los lóbulos frontales, la experiencia deja de causar el sentido subjetivo y afectivo de sufrimiento. La lobotomía frontal «curaba» al producir en el paciente el síndrome del lóbulo frontal dorsolateral. Como quedará claro en la siguiente discusión, el precio de una cura semejante es muy alto.

Impulso y cuerpos newtonianos: un estudio de caso dorsolateral

Vladimir era un prometedor estudiante de ingeniería en Moscú, entonces veinteañero. Estaba en el andén del metro de Moscú, el famoso y rimbombantemente imponente «metro», la gran pirámide de Stalin construida con el trabajo de los esclavos del Gulag. Cuando el balón de fútbol con el que Vladimir estaba jugando cayó a la vía, él saltó para recogerlo. Fue golpeado por un tren que llegaba, sufrió una grave lesión en la cabeza y fue enviado rápidamente al Instituto Bourdenko de Neurocirugía, donde yo desarrollaba mi investigación en esa época bajo la supervisión de Luria. Encontré por primera vez a Vladimir dos o tres meses después de su lesión. En aquella época Vladimir estaba médicamente estable y su vida ya no corría peligro.

Vladimir era particularmente interesante porque, como resultado de su lesión, tuvo que sufrir una amputación quirúrgica en ambos lóbulos frontales. Luria se estaba interesando cada vez más en los lóbulos frontales y yo, el más joven de su entorno inmediato, no estaba por entonces ligado a ningún proyecto concreto. Así que los lóbulos frontales se convirtieron en mi proyecto y Vladimir se convirtió en «mi» paciente. Yo era uno de los pocos varones en el grupo básicamente femenino de Luria, y por ello podía ser una persona fiable para trabajar con las payasadas clínicas de Vladimir.

La carrera de todo clínico está puntuada por unos pocos casos formativos. Vladimir fue mi primer caso formativo. Con su tragedia, él me introdujo involuntariamente en los ricos fenómenos de la enfermedad del lóbulo frontal, despertó mi interés por los lóbulos frontales y con ello ayudó a conformar mi carrera. Éramos aproximadamente de la misma edad, veinteañeros, aunque él era unos pocos años mayor.

Vladimir se pasaba la mayor parte del tiempo en la cama con la mirada perdida en el vacío. Ignoraba la mayoría de los intentos por comprometerle en cualquier tipo de actividad. Los intentos persistentes podían provocar un montón de blasfemias, y un intruso particularmente enérgico corría el riesgo de ser golpeado con un orinal. Cuando ocasionalmente era atraído por algo de su entorno, Vladimir intentaba salir de la cama, pero la cama estaba rodeada de una red protectora.

Las enfermeras me llamaban para que les ayudara a convencer a Vladimir y sacarle de la cama para llevarle a algún examen médico o para ponerle una inyección (la forma más segura de encontrarse con el orinal de Vladimir). Yo discutía con Vladimir en un estilo informal y barriobajero y eso tenía normalmente un efecto tranquilizador. Así se desarrolló una especie de amistad entre un estudiante con el cerebro dañado y un estudiante del daño cerebral. Como resultado, fui capaz de comprometer a Vladimir en todo tipo de pequeños experimentos con relativa facilidad, pese a su inercia general. Él seguía mis instrucciones de una forma desapegada como si fuera un *zombie*, con cara pétrea.

Para la mayoría de nosotros la palabra «impulso» implica un cierto rasgo de personalidad, particularmente valorado en nuestra sociedad orientada al éxito. Asociamos el impulso con la consecución, la competición, el éxito y el espíritu ganador. Una persona sin impulso es vista como un perdedor indigno de respeto, casi una anomalía en nuestra cultura competitiva. Para muchas personas, el impulso es un rasgo social altamente deseable, casi un *sine qua non*.

Como la mayoría de los rasgos humanos, el impulso tiene una base biológica. Los lóbulos frontales son fundamentales para el mantenimiento del impulso. Me gusta comparar a los pacientes con enfermedad del lóbulo frontal dorsolateral con los cuerpos en la física newtoniana. En mecánica clásica newtoniana, para poner en movimiento un cuerpo se requiere la aplicación de una fuerza externa. Análogamente, se requiere una fuerza externa para terminar el movimiento o darle un nuevo curso. De una forma extraña, los pacientes con daño frontal dorsolateral se comportan como objetos newtonianos. La característica más notable de su comportamiento es una incapacidad para iniciar cualquier comportamiento. Una vez comprometido en un comportamiento, sin embargo, el paciente es igualmente incapaz de concluirlo o cambiarlo por sí mismo.

La inercia de Vladimir, tan sorprendente en su comportamiento cotidiano (o carencia del mismo), también podía mostrarse experimentalmente. Si se le pedía que dibujara una cruz, él ignoraba primero la instrucción. Yo tenía que levantar su mano con la mía, colocarla sobre la página y darle un ligero empujón, y sólo entonces empezaba a dibujar. Pero una vez que había empezado, podría no detenerse y seguir dibujando pequeñas cruces hasta que yo cogía su mano y la levantaba de la página (Fig. 8.1). Semejante inercia combinada de iniciación y terminación se ve en varios trastornos que afectan a los lóbulos frontales, incluyendo la esquizofrenia crónica.

Cuando la tarea consistía en escuchar una historia y luego recordarla, Vladimir empezaba lentamente y luego seguía con una voz monótona. Continuaba sin parar y cuando se le pedía que terminase decía «Todavía no». El inacabable monólogo era una expresión de «inercia invertida», una incapacidad para terminar la actividad.

Pedí a Vladimir que oyera una sencilla historia para niños, «El león y el ratón», y luego la recordara. La historia es la siguiente:

> Un león estaba dormido y un ratón corría a su alrededor haciendo ruido. El león se despertó, atrapó al ratón e iba a comérselo, pero entonces decidió mostrarse magnánimo y dejó que el ratón se fuera. Algunos días más tarde los cazadores atraparon al león y lo ataron a un árbol con cuerdas. El ratón se enteró, corrió, mordió las cuerdas y liberó al león.

Así es cómo Vladimir recordaba la historia:

> Así que el león se hizo amigo del ratón. El ratón fue atrapado por el león. Él quería estrangularlo pero luego lo dejó marchar. El ratón empezó a bailar alrededor de él, cantando canciones, y fue liberado. Después de eso el ratón fue aceptado en

«dibuja una cruz»   «dibuja un círculo»

Figura 8.1 Un paciente de lóbulo frontal como cuerpo newtoniano. A un paciente se le pide que dibuje una cruz. Se necesita mucho tiempo para convencerle de que lo haga, pero luego es incapaz de terminar el proceso y sigue dibujando cruces. Algún tiempo más tarde se le pide que dibuje un círculo y tiene lugar el mismo ciclo. [Adaptado de Goldberg y Costa (1985). Reimpreso con permiso.]

su casa por... leones, animales diversos. Después de eso fue liberado, por así decir, no había sido capturado, seguía estando libre. Pero después de eso fue completamente liberado y caminaba libre...

en este momento le pregunté: «¿Has acabado?» Pero Vladimir dijo: «Todavía no» y continuó:

Así que él fue liberado completamente por el león, después de que el león le escuchase, y quedó libre para ir en cualquier dirección. No se escapó y siguió viviendo en su cueva. Entonces el león le atrapó de nuevo, algún tiempo más tarde ... No lo recuerdo exactamente. Así que le atrapó y le volvió a liberar. Ahora el ratón salió de allí y fue a sus pagos, a su casa. El ratón sigue y sigue y habla sobre su casa. Y hay otro ratón allí. De modo que el ratón abre la puerta a este... ¿cómo le llamarías? ¡Hi! ¡Hi! ¿Qué tal estás? OK, más o menos. Estoy listo. Me alegro de verte. Tengo un apartamento... y una casa... y una habitación. El ratón grande pregunta al pequeño: ¿Qué tal estás? ¿Cómo va todo?

Yo digo: «Mejor termina». Pero Vladimir dice otra vez: «Todavía no» y continúa:

Así que todo estaba bien. Yo tenía un montón de amigos. A menudo se reunían... pero la amistad se rompió, así que le dije que echaba de menos estas breves reuniones...

Vladimir continuó su monólogo hasta que yo apagué la grabadora y me marché.

La inercia de Vladimir, tanto la inercia de iniciación como la inercia de terminación, era dominante. Era evidente tanto en sus dibujos como en su expresión verbal. La naturaleza dominante de la inercia es típica en el síndrome del lóbulo frontal dorsolateral.

El de Vladimir era un caso extremo. Pero tras un trauma de cabeza, incluso suave, es habitual que el paciente se haga indiferente y carente de iniciativa e impulso. El cambio puede ser sutil, y no siempre es aparente para los miembros de la familia, o incluso para los doctores, que el cambio es de naturaleza neurológica, que es una forma suave del síndrome del lóbulo frontal. Estos síntomas se denominan a menudo «cambio de personalidad», pero «personalidad» no es un atributo extracraneal de una persona, algo que llevamos sobre nuestra piel. Nuestra personalidad está determinada en gran medida por nuestra neurobiología, y los trastornos de personalidad, a diferencia de la enfermedad de la piel, son causados por daños en el cerebro. Los lóbulos frontales tienen más que ver con nuestras «personalidades» que cualquier otra parte del cerebro, y el daño en el lóbulo frontal produce un cambio de personalidad profundo.

Una disminución sutil del impulso, la iniciativa y el interés por el mundo que nos rodea es también un signo temprano habitual de la demencia. En el folclore popular los signos tempranos de demencia están asociados principalmente con pérdida de memoria. En realidad, sin embargo, la disfunción sutil del lóbulo frontal es igual de común.

Hasta qué punto es evasivo el síntoma del lóbulo frontal para un ojo no iniciado queda claro en el ejemplo de Jane, una mujer al final de su cincuentena que me fue enviada en busca de una segunda opinión. Algunos años antes Jane había desarrollado temblores y fue enviada inmediatamente a una de las mejores clínicas de trastornos motrices de la ciudad. Pronto se le diagnosticó la enfermedad de Parkinson y se le recetó Sinemet, un medicamento reforzante de la dopamina utilizado normalmente en estas circunstancias. Pero poco a poco se hizo apreciable un deterioro cognitivo que afectaba a su memoria, atención y juicio. Cuando los miembros de su familia llamaron la atención de los doctores sobre esto, éstos no se preocuparon especialmente y cambiaron la dosis de Sinemet. Pero contrariamente a sus expectativas, la cognición de Jane no mejoró. Muy al contrario, siguió deteriorándose. Entonces ella entró en un episodio psicótico, corriendo desnuda alrededor de la casa y gritando que sus vecinos estaban prendiendo fuego al edificio. Siguieron otros episodios psicóticos, la mayoría de ellos con matices paranoides. Hubo también alguna sugestión de alucinaciones.

En este punto, los temblores de Jane eran la menor de las preocupaciones de la familia y siguieron rogando a los doctores para que hicieran algo sobre el deterioro cognitivo y la psicosis. Pero los doctores siguieron simplemente ajustando las dosis de Sinemet. Obviamente suponían que la psicosis y la pérdida de memoria eran efectos colaterales de la medicación. Pero no había mejoría y las cosas siguieron descontrolándose. Finalmente, los familiares exasperados decidieron buscar otra opinión y vinieron a mí.

La historia de la enfermedad de Jane me fue contada por su marido, un hombre lúcido, educado y cariñoso de poco más de sesenta años, un ejecutivo veterano. La historia tenía el sonido revelador de la enfermedad de los cuerpos de Lewy, una demencia menos conocida con un curso clínico a menudo más maligno realmente que la enfermedad de Alzheimer. A Jane se le cortó el Sinemet y se le recetó Cognex, un reforzante colinérgico, y se notó una ligera mejora.

Cada vez más convencido de que Jane sufría la enfermedad de cuerpos de Lewy, yo decidí sondear a su marido un poco más sobre la etapa muy temprana de la enfermedad. Como resultado, surgió una imagen clínica sorprendentemente diferente. Resulta que el marido de Jane había omitido una característica muy significativa de la enfermedad de Jane. Al menos un año antes de la primera aparición de los temblores, y posiblemente incluso antes, se había hecho cada vez más evidente un sutil cambio en la personalidad de Jane. Siempre vivaz y sociable, una gran animadora que ponía mucha energía y gusto en su vida social, Jane empezó a encerrarse.

Cosa rara en ella, empezó a negarse a salir y prefería quedarse en casa. Dejó de invitar a gente, diciendo que no tenía energía ni interés. El marido de Jane había notado el cambio y respondió con una mezcla de preocupación y fastidio. Pero simplemente no se le ocurrió a este hombre muy inteligente y dedicado que los cambios de personalidad en su esposa señalaban un trastorno clínico. Si esto hubiera pasado por su mente, el proceso global del tratamiento de Jane hubiera tomado un curso diferente desde el principio. Tal como estaba, era obvio para mí que el «cambio de personalidad» de Jane reflejaba la implicación de sus lóbulos frontales en la etapa más primitiva de la enfermedad, mucho antes de los temblores o cualquier otra cosa.

Planes y «Recuerdos del futuro»

En 1985 David Ingvar, un psiquiatra y neurocientífico sueco, acuñó la expresión a la vez poética y contradictoria: «Recuerdo del futuro».[18] ¿Qué es un recuerdo del futuro? Se supone que los recuerdos son del pasado.

La confusión se resuelve cuando consideramos una de las funciones más importantes de los organismos avanzados: hacer planes y luego seguir los planes para guiar el comportamiento. A diferencia de los organismos primitivos, los humanos son seres activos más que reactivos. La transición del comportamiento básicamente reactivo al comportamiento básicamente proactivo es probablemente el tema central de la evolución del sistema nervioso. Somos capaces de fijar objetivos, nuestras visiones del futuro. Luego actuamos de acuerdo con nuestros objetivos. Pero para guiar nuestro comportamiento de una forma sostenida, estas imágenes mentales del futuro deben convertirse en el contenido de nuestra memoria; así se forman los recuerdos del futuro.

Anticipamos el futuro basados en nuestras experiencias pasadas y actuamos de acuerdo con nuestras previsiones. La capacidad de organizar el comportamiento a tiempo y extrapolar en el tiempo es también la responsabilidad de los lóbulos frontales. El que tenga usted una buena previsión y capacidad de hacer planes o vaya a la buena de Dios depende de lo bien que funcionen sus lóbulos frontales. Los pacientes con daño en el lóbulo frontal son tristemente famosos por su incapacidad para hacer planes y anticipar las consecuencias de sus acciones. El daño en otras partes del cerebro no parece afectar a estas capacidades.

Uno de los primeros signos de demencia, un deterioro sutil de la planificación y la previsión, está también presente en otras situaciones que normalmente reflejan disfunción del lóbulo frontal.

Un simple experimento ilustra la capacidad seriamente deteriorada de Vladimir para seguir planes. Pedí a Vladimir que escuchase una historia. «La gallina de los huevos de oro», y que luego la repitiese de memoria. La historia es la siguiente:

> Un hombre tenía una gallina que ponía huevos de oro. El hombre era codicioso y quería obtener más oro inmediatamente. Mató la gallina y la abrió esperando encontrar dentro un montón de oro, pero no había nada.

Vladimir repitió la historia de esta forma:

> Un hombre vivía con una gallina ... o mejor el hombre era el dueño de la gallina. Producía oro ... El hombre ... el dueño quería más oro inmediatamente ... así que cortó la gallina en trozos pero no había oro ... Nada de oro ... corta más la gallina ... no hay oro ... la gallina sigue vacía ... Así que busca una y otra vez ... No hay oro ... busca por todas partes en todos los sitios ... La búsqueda sigue con una grabadora ... están mirando aquí y allí, no hay nada nuevo. Dejan en marcha la grabadora, algo está girando allí ... qué demonios están grabando allí ... algunos dígitos ... 0, 2, 3, 0 ... de modo que están grabando todos estos dígitos ... no muchos de ellos ... por esto es por lo que se grababan todos los demás dígitos ... resultó que no había muchos de ellos ... así que, todo fue grabado ... [continúa el monólogo].[19]

La enorme longitud del monólogo de Vladimir es totalmente desproporcionada con respecto a la historia original. Ésta es su incapacidad para terminar una actividad: la inercia invertida que ya hemos discutido. Él también persevera, mientras continúa haciendo un refrito de las frases y temas de la historia. Pero en cierto momento se introduce un nuevo contenido, una grabadora que gira. De repente, la historia de Vladimir es un completo *non sequitur*: ya no trata de los huevos de oro, sino de una grabadora.

La explicación para este extraño comportamiento está en el ambiente. Yo estoy sentado frente a Vladimir con una grabadora portátil, grabando el propio monólogo que estamos discutiendo aquí. La tarea de Vladimir consiste en recordar la historia. La grabadora es completamente circunstancial para esta tarea. Pero su mera presencia en la mente es suficiente para desbaratar la capacidad de Vladimir de seguir la tarea en cuestión. En lugar de estar guiado por el plan de acción, Vladimir meramente recita lo que ve delante de él: el giro y el parpadeo de la grabadora. Su tren de pensamiento se ha perdido sin esperanza y ya no guarda ninguna relación con la tarea en cuestión. Es incapaz de reanudar el tren de pensamiento perdido y continúa enzarzado en su digresión «dependiente del campo».

Estar a merced de distracciones accidentales y mostrar una incapacidad para seguir planes son características comunes en la enfermedad del lóbulo frontal. Esto se conoce como *comportamiento dependiente del campo*. Un paciente del lóbulo frontal beberá de una copa vacía, se pondrá una chaqueta que pertenece a otra persona o garabateará con un lápiz en la superficie de una mesa, simplemente porque la copa, la chaqueta y el lápiz están allí, incluso si estas acciones no tienen sentido. Este fenómeno fue estudiado cuidadosamente por el neurólogo francés François Lhermitte, quien lo llamó «comportamiento de utilización».[20]

Recuerdo la indignación de las enfermeras del servicio de neurología del hospital universitario donde yo solía pasar consulta hace muchos años. Algunos pacientes de la unidad se colaban invariablemente dentro de las habitaciones de los otros pacientes, provocando la ira de las enfermeras que acusaban a los pacientes de todos los intentos maliciosos concebibles. La realidad era mucho más sencilla y más triste. Los pacientes errantes entraban por las puertas sólo porque las puertas estaban allí. Eran pacientes con daño en el lóbulo frontal que sufrían de comportamiento dependiente del campo.

En los casos más extremos, el comportamiento dependiente de campo toma la forma de imitación directa, llamada «ecolalia» (imitación del habla) o «ecopraxia» (imitación de la acción). En lugar de responder a una pregunta (un acto que requiere la formación de un plan interno) el paciente meramente repite la pregunta o incorpora la pregunta en la respuesta. Cuando se le preguntara «¿Cómo te llamas?» Vladimir diría a veces: «¿Cómo me llamo Vladimir?». Otros pacientes imitan las acciones del doctor. Si yo tomo una pluma para escribir una nota, el paciente tomará otra pluma y empezará a garabatear. Como sucede con otros síntomas, el comportamiento de eco puede tomar formas sutiles en ambientes naturales. En numerosas ocasiones me sorprendía a mí mismo, en medio de una entrevista con un paciente, haciendo algo completa mente ajeno: rascándome la nariz o ajustándome las gafas. Lo siguiente que yo notaba es que el paciente hacía el mismo acto ajeno.

El comportamiento dependiente del campo es un fenómeno complejo que puede tomar muchas formas. A veces el comportamiento dependiente del campo está impulsado por estímulos externos en el mundo exterior, y a veces está impulsado por asociaciones internas fuera de contexto. A medida que seguimos la narración de Vladimir, ésta toma un giro que no encuentra fácil explicación en el ambiente externo. Tras la mención de la grabadora y del número 5 «que gira allí», Vladimir empieza a describir la ruta del autobús número 5 del centro de Moscú. Éste es también un comportamiento dependiente del campo, pero ahora lo que distrae no se encuentra en el mundo exterior, sino en las asociaciones internas de la propia memoria de Vladimir. Así pues, la capacidad de un paciente del lóbulo frontal para seguir su curso mentalmente puede verse interrumpida por elementos de distracción tanto externos como internos.

Vladimir habla y habla con un tono monocorde y neutro. Su historia se desarrolla por sí misma, sin ningún esfuerzo mental aparente ni contribución intencional por su parte: una asociación o estímulo externo lleva a otro. Finalmente yo apago la grabadora y me dispongo a salir. Vladimir sigue yéndose por las ramas durante algunos minutos más y finalmente se para.

Como se señaló antes, la capacidad de Vladimir para actuar de acuerdo con un plan interno está seriamente deteriorada. Pero en muchos casos este déficit toma formas muy sutiles, que no son aparentes para la simple observación y requieren tests especiales para detectarlas. Uno de estos tests se conoce como el Test de Stroop, por el nombre de su inventor.[21] Aquí se le pide al sujeto que mire una lista de nombres de colores impresa sobre colores que no corresponden a ellos (e.g., la palabra «rojo» impresa en azul o al revés), y que nombre los colores en lugar de leer las palabras.

¿Qué hace tan interesante al Test de Stroop? Requiere que uno contravenga su impulso inmediato. El impulso es leer las palabras; ésta es la tendencia natural de cualquier persona ilustrada al ver material escrito. Pero la tarea consiste en nombrar los colores. Para completar la tarea con éxito, hay que seguir el plan interno, la tarea, *contra la tendencia natural y arraigada.*

La mayoría de nosotros podemos ejercer la capacidad de guiar el comportamiento por representación interna de forma tan fluida que lo damos por hecho. Bombardeados por una miríada de estímulos externos accidentales y asociaciones internas inconexas, seguimos de todas formas el «curso mental» con facilidad, hasta que la tarea se lleva a una conclusión acertada. Pero por trivial que pueda parecer, esta capacidad surge relativamente tarde en la evolución.

La capacidad para responder a estímulos externos es el primer atributo de un cerebro primitivo. En un ambiente rico en sucesos, sin embargo, tal cerebro primitivo quedará inmediatamente abrumado por una plétora de distracciones aleatorias. En un cerebro más complejo, esto quedará equilibrado por un mecanismo que protege al organismo del caos de la aleatoriedad y le permite seguir su camino en búsqueda de un comportamiento particular. La evolución del cerebro se caracteriza por la transición lenta y laboriosa desde un cerebro que simplemente reacciona hasta un cerebro capaz de sostener una acción deliberada y sostenida.

Decir que la vida está llena de distracciones es tan obvio que es casi un cliché. Sin embargo, la capacidad de seguir un curso dirigido por un plan interno, una «memoria del futuro», surge bastante tarde en la evolución, como lo hace la capacidad de atención sostenida. Su llegada es paralela al desarrollo de los lóbulos frontales.

La mayoría de nosotros ha tenido encuentros con un canino, o simplemente un perro. Supongamos que un perro está explorando un objeto y un ruido le distrae. Esto hace que el perro retire la vista del objeto y vuelva la cabeza hacia la fuente del ruido. A menos que el objeto sea comida, las probabilidades de que el perro vuelva a la tarea de explorar el mismo objeto después de la interrupción son casi inexistentes. Esto no significa que el perro no pueda formarse una representación interna del objeto, puesto que en encuentros posteriores mostrará familiaridad con él. Lo que sí significa, sin embargo, es que la representación mental no ejerce un control efectivo sobre el comportamiento del canino. Una de las estudiosas más destacadas de los lóbulos frontales, Patricia Goldman-Rakic, de la Universidad de Yale, resume este comportamiento «afrontal» como «fuera de la vista, fuera de la mente».[22]

Cuando yo era pequeño siempre había perros en casa, y generalmente puedo prever y «entender» su comportamiento en la medida en que puede hacerlo un intelectual de Manhattan de mediana edad. Pero nada en mis encuentros caninos me preparó para mi primera experiencia verdaderamente interactiva con un simio, aunque un simio «menor». Como veremos, el comportamiento de mi simio es sorprendentemente diferente del de un canino en respuesta a algo que le distrae.

Hace veinte años, mientras estaba de vacaciones en Phuket, una isla próxima a la costa del sur de Tailandia, me hice amigo y fui correspondido por un joven gibón macho de Laos, mascota de los propietarios de un restaurante cercano a mi hotel. Durante aproximadamente una semana, pasé algunas horas con él todos los días. Cada mañana el gibón empezaba a agitar las manos. Todo brazos y un cuerpo pequeño, iniciaba entonces una breve danza como si fuera una araña, lo que yo, con cierto orgullo, interpretaba como una expresión de alegría por verme. Pero entonces, pese a su proclividad a jugar sin descanso, se paraba cerca de mí y con extrema concentración estudiaba los más mínimos detalles de mis ropas: una correa de reloj, un botón, un zapato, mis gafas (que, en uno de mis momentos de descuido, arrancó de mi cara y trató de comerse). Observaba fijamente las cosas y sistemáticamente desplazaba la vista de un detalle a otro. Cuando un día apareció una venda alrededor de mi dedo índice, el joven gibón la examinó estudiosamente. A pesar de su estatus como un simio menor (en comparación con los bonobos, chimpancés, gorilas y orangutanes, que se conocen como los simios mayores), el gibón era capaz de mantener una atención sostenida.

Lo más sorprendente era que el gibón volvía invariablemente al objeto de su curiosidad tras una distracción repentina: por ejemplo, un ruido callejero. Reanudaba su exploración precisamente donde había quedado interrumpida, incluso cuando la interrupción duraba más de una fracción de segundo. Las acciones del gibón estaban guiadas por una representación interna, que «puenteaba» su comportamiento entre antes y después de la distracción. ¡«Fuera de la vista» ya no era «fuera de la mente»! Dejando aparte mis prejuicios neurocientíficos, y como profundo amante de los perros y propietario anterior de varios de ellos, puedo confesar que este comportamiento era enteramente no canino. No es sorprendente que los lóbulos frontales caninos den cuenta aproximadamente del 7% de la corteza total, mientras que en el gibón es de un 11,5%.[23]

La interacción con el gibón era tan sorprendentemente rica, y tan cualitativamente diferente de cualquier cosa que yo hubiera experimentado con perros, que por un momento tuve la idea de comprar el gibón y llevármelo a Nueva York para que me sirviera de mascota y compañía. Los dueños del restaurante entraron en el juego y empezamos a discutir el precio. Pero al final dominó la cordura y volví solo a mi apartamento en un piso cincuenta en el centro de Manhattan.

En los seres humanos la capacidad de «no descarrilar» adquiere una dimensión incluso más compleja. No sólo no descarrilamos mientras nos ocupamos de objetos *externos*, sino que también podemos seguir sin perder la vía con respecto a nuestros propios pensamientos, sin permitir que asociaciones aleatorias desbaraten nuestros procesos mentales. Los caninos, los simios menores y los humanos (*Homosapiens sapiens sapiens*) no representan etapas sucesivas de la misma rama del árbol evolutivo, pero pueden utilizarse como ejemplos de diferentes niveles de desarrollo de los lóbulos frontales y de la correlación entre el desarrollo del lóbulo frontal y la capacidad de guiar el comportamiento por representaciones internas, los «recuerdos del futuro».

Cuando la enfermedad neurológica afecta a los lóbulos frontales, la capacidad de no descarrilar se pierde, y el paciente está completamente a merced de estímulos ambientales accidentales y asociaciones internas tangenciales. No se necesita mucha imaginación para ver cuán perturbadora puede ser esta discapacidad. La distracción fácil es una característica de muchos trastornos neurológicos y psiquiátricos, y normalmente está asociada con una disfunción del lóbulo frontal. Como veremos más adelante, el trastorno de déficit de atención con hiperactividad (ADHD), con su distracción extrema, está unido normalmente a una disfunción del lóbulo frontal.[24]

En psiquiatría, la susceptibilidad de los procesos mentales a asociaciones irrelevantes ha sido denominada desde hace tiempo «tangencialidad» y «asociación vaga». Estos fenómenos están entre los síntomas más espectaculares de la esquizofrenia. Como veremos más adelante, esto es más que una coincidencia. La esquizofrenia se considera hoy una forma de enfermedad del lóbulo frontal.

Y luego está la distracción cotidiana del proverbial «profesor distraído». ¿Nos estamos ocupando de forma categórica del daño al lóbulo frontal o de una variante de la cognición normal? En el segundo caso, ¿se corresponden las diferencias individuales relacionadas con el foco mental de uno con las diferencias individuales en la función «normal» de los lóbulos frontales?

Rigidez de mente

La capacidad de no perder la vía es una ventaja, pero estar «bloqueado en la vía» no lo es. Una puede deteriorarse y transformarse muy fácilmente en la otra si la capacidad para mantener la estabilidad mental no está equilibrada por la flexibilidad mental. Por muy centrados que estemos en una actividad o pensamiento, llega un momento en que la situación requiere hacer alguna otra cosa. Ser capaz de cambiar el modo de pensar es tan importante como seguir adelante sin perder la vía.

La capacidad de cambiar con facilidad de una actividad o idea a otra es tan natural y automática que la damos por supuesta. De hecho, requiere una maquinaria neural compleja, que también depende de los lóbulos frontales. La flexibilidad mental, la capacidad de ver las cosas con una nueva luz, la creatividad y la originalidad dependen de los lóbulos frontales. Cuando los lóbulos frontales sufren daño, surge una cierta «dureza de la mente», y esto también puede ser una manifestación muy temprana de demencia.

Todos nosotros nos encontramos de vez en cuando con personas especialmente inflexibles. Las llamamos «rígidas» y, sobre la base de lo que ya hemos aprendido, su rigidez puede ser una variante individual «normal» de las funciones del lóbulo frontal. Formas más profundas de rigidez mental producen trastorno obsesivo-compulsivo (OCD), en el que ha estado implicada la disfunción de los núcleos caudados estrechamente ligados a los lóbulos frontales.[25] Pero el daño absoluto en el lóbulo frontal produce rigidez mental extrema, que puede paralizar por completo la cognición del paciente. Esto se hace sorprendentemente claro cuando uno observa a Vladimir haciendo dibujos sencillos. Con una voz tranquila yo dicto a Vladimir los nombres de la figuras que debe dibujar: «una cruz, un círculo, un cuadrado» y él los dibuja uno por uno siguiendo mis instrucciones.

Recapitulemos y pensemos lo que implica esta tarea. En primer lugar, Vladimir tiene que decidir si la tarea requiere *dibujar* las formas o *escribir* sus nombres. Basados en nuestro conocimiento actual del cerebro, esta tarea compete a las áreas del lenguaje implicadas en la comprensión del significado verbal, que se encuentran inmediatamente delante del área de Broca. Segundo, el significado del nombre de la forma tiene que interpretarse. Esto se consigue en el lóbulo temporal izquierdo. Tercero, hay que acceder a la imagen de la forma en la memoria a largo plazo. Tales imágenes están probablemente almacenadas en las regiones temporal y parietal del hemisferio izquierdo. Cuarto, esta imagen debe traducirse en una secuencia de actos motores. Esto implica probablemente a la corteza premotora. Quinto, hay que ejecutar cada acto motor. Esto se consigue mediante la corteza motora. Sexto, el resultado final de la acción debe ser evaluado frente al objetivo y debe tomarse la decisión de si el objetivo ha sido o no logrado con éxito. Finalmente, debe hacerse una suave transición a la siguiente tarea y debe repetirse el ciclo. Las dos últimas tareas, evaluación y transición, se logran mediante la propia corteza prefrontal.[26] El esbozo de las regiones corticales implicadas en la tarea se muestra en la Figura 8.2.

Para continuar nuestra analogía con la orquesta, incluso la tarea aparentemente simple de dibujar al dictado implica el esfuerzo concertado de varias regiones cerebrales (los «intérpretes»), dirigidos y supervisados por los lóbulos frontales (el «director»). Los comportamientos más complejos requieren la acción combinada de «conjuntos» mucho mayores —también bajo la dirección de los lóbulos frontales.

Una mirada más cercana a la competencia del paciente frontal clarifica la relación entre el director y la orquesta. La transición completa de una tarea a otra es imposible y fragmentos de una tarea previa se unen a la nueva, dando como resultado dibujos extraños e híbridos. Este fenómeno se denomina perseveración. En la Figura 8.3 se muestran diferentes tipos de *perseveración*.

En el cerebro de Vladimir sólo el director, los lóbulos frontales, está dañado. Todos los intérpretes (la corteza motora, la corteza premotora y las áreas del lenguaje en los lóbulos parietal y temporal izquierdo) están intactos. Pese a todo, la ejecución de cada intérprete sufre como resultado del daño en el lóbulo frontal. Esto queda ilustrado por la variedad de formas que puede tomar la perseveración. Cada una de ellas refleja el fracaso de los lóbulos frontales en guiar el comportamiento de un intérprete concreto. En otras palabras, cada tipo de perseveración en la Figura 8.3 está provocado por la ruptura del control ejecutivo ejercido por los lóbulos frontales sobre una parte distinta y muy alejada de la corteza.

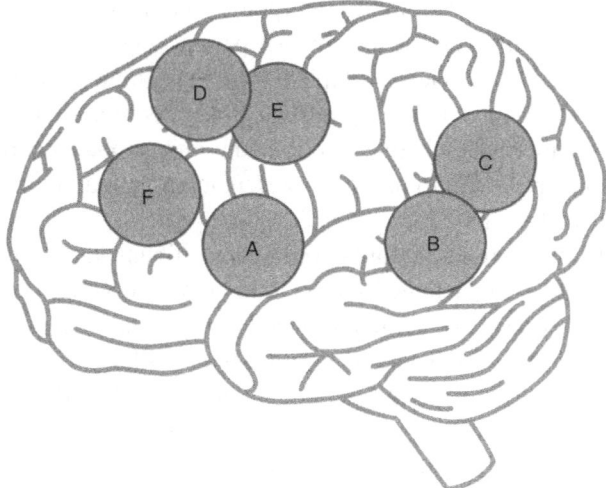

Figura 8.2 Áreas corticales implicadas en el dibujo al dictado. (A) Se toma la decisión de si la tarea requiere dibujar las formas o escribir sus nombres. Esta tarea compromete al área del lóbulo frontal izquierdo que se encuentra inmediatamente delante del área de Broca. (B) Hay que interpretar el significado del nombre de la forma. Esto se consigue en el lóbulo temporal izquierdo. (C) Hay que acceder a la imagen de la forma adecuada en la memoria a largo plazo. Estas imágenes están almacenadas en las regiones temporal y parietal del hemisferio izquierdo. (D) La imagen recuperada debe traducirse en una secuencia de actos motores. Esto implica a la corteza premotora. (E) Hay que ejecutar cada acto motor. Esto se consigue por la corteza motora. (F) Hay que evaluar el resultado de la acción frente al objetivo y hay que tomar la decisión acerca de si se ha alcanzado satisfactoriamente el objetivo. Finalmente, hay que hacer una transición suave a la siguiente tarea y se repite el ciclo. Las dos últimas tareas, evaluación y transición, se consiguen por la corteza prefrontal dorsolateral.

Cuando se le pide que dibuje un círculo (un lazo que requiere un movimiento sencillo), un paciente frontal sigue repitiendo el lazo (Fig. 8.3A). Esta perseveración refleja el fracaso de los lóbulos frontales en guiar a la corteza motora.

Cuando se le pide que dibuje una cruz, un círculo y un cuadrado en una secuencia, el paciente dibuja una cruz y luego, en lugar de «dejarla», la añade al círculo y al cuadrado (Fig. 8.3B). Aquí persevera una secuencia completa de movimientos, más que un solo movimiento. La perseveración refleja el fracaso de los lóbulos frontales en guiar a la corteza premotora.

En una ocasión diferente, la tarea consiste en dibujar una forma, una segunda forma, y luego dibujar otra vez la primera forma. En la Figura 8.3C, la primera cruz y el primer círculo están dibujados correctamente, pero la segunda cruz adquiere la propiedad del círculo interpuesto: un área. En la Figura 8.3D, el primer círculo está dibujado correctamente, pero el segundo círculo adquiere la propiedad de la cruz interpuesta: «duplicidad». Estos híbridos extraños reflejan el fracaso de los lóbulos frontales en seleccionar las representaciones mentales de formas geométricas sencillas almacenadas en los lóbulos parietal y temporal y en completar el cambio de una representación mental a la siguiente de acuerdo con mis instrucciones.

En una ocasión diferente, la tarea consistía en dibujar un círculo, un cuadrado y un triángulo, y el paciente lo hacía todo bien. Luego se le pedía que escribiese su nombre y su edad. También lo hacía. Entonces se le pedía de nuevo que dibujase un círculo, un cuadrado y un triángulo. El resultado era una secuencia de figuras híbridas: mitad figuras y mitad letras (Fig. 8.3E). La yuxtaposición de figuras y letras no era aleatoria. Unida a cada figura estaba la letra final de su nombre ruso. En esta tarea, la secuencia de actividades requerida era dibujar-escribir-dibujar. Puesto que los lóbulos frontales fracasaban en guiar este proceso, esta transición aparentemente trivial ya no podía ser ejecutada suavemente y la escritura interpuesta incidía en el dibujo posterior, conduciendo a una ejecución híbrida. Estos híbridos reflejan el fracaso de los lóbulos frontales en guiar la interpretación de la instrucción verbal dada al paciente.[27]

A lo largo del proceso, Vladimir era completamente inconsciente de su extraña actuación y no estaba afectado por su inconsistencia. Esto se producía a pesar del hecho de que él recordaba la tarea y podía dibujar cada una de las formas por separado. Pero era incapaz de comparar el resultado de su labor con su objetivo.

La inflexibilidad extrema de las operaciones mentales, evidente en la ejecución de Vladimir y la de otros pacientes, está entre las consecuencias más devastadoras en la enfermedad del lóbulo frontal. En casos graves es generalizada e interrumpe el trabajo de prácticamente cualquier otro sistema en el cerebro. La rigidez mental de Vladimir era extrema; pero en formas más sutiles impregna los procesos mentales de los pacientes incluso con trauma de cabeza «ligero», demencia temprana y otras condiciones. En esos casos, la base neurológica de los síntomas no es siempre evidente. El cambio sutil en los procesos mentales del paciente se suele atribuir a «personalidad» o «depresión», cuando de hecho hay presente un daño sutil en los lóbulos frontales.

El deterioro de Vladimir ejemplifica muy bien los efectos del daño en lóbulo frontal. Él no podía iniciar actividades. Una vez que las había empezado, no podía terminarlas. No podía hacerse un plan; no podía seguir un plan. Su comportamiento estaba a merced de distracciones accidentales, tanto externas como internas. No podía cambiar de una actividad o una idea a la siguiente, y su men-

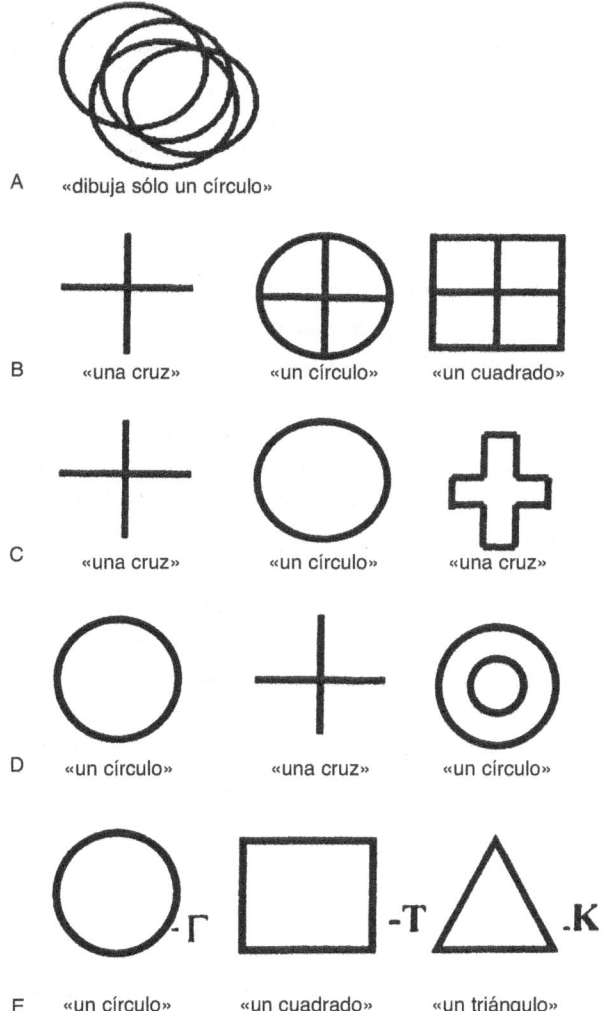

A   «dibuja sólo un círculo»

B   «una cruz»   «un círculo»   «un cuadrado»

C   «una cruz»   «un círculo»   «una cruz»

D   «un círculo»   «una cruz»   «un círculo»

E   «un círculo»   «un cuadrado»   «un triángulo»

Figura 8.3 (A) La perseveración hipercinética refleja el fracaso de la corteza prefrontal para controlar el output motor. (B) La perseveración de elementos refleja el fracaso de la corteza prefrontal para controlar el output de la corteza premotora. (C,D) La perseveración de características refleja el fracaso de la corteza prefrontal para controlar el output de la corteza temporoparietal posterior izquierda. (E) La perseveración de actividades refleja el colapso de la propia corteza prefrontal. [Para una descripción más detallada véase Goldberg y Tucker (1979). Reimpreso con permiso de Swets y Zeitlinger.]

te se atascaba. Cuando, como resultado de todas estas dificultades, su comportamiento se desintegraba totalmente, Vladimir carecía de cualquier conciencia de su deterioro.

Al mismo tiempo, el lenguaje de Vladimir era gramaticalmente correcto, como lo eran su articulación y elección de palabras. Podía leer, escribir y dibujar. Podía embarcarse en cálculos sencillos. Sus movimientos no se habían deteriorado. Su memoria básica estaba intacta. Los músicos estaban dispuestos, el director había desaparecido.

Por supuesto, Vladimir mostraba un grado extremo de rigidez mental. En cualquier caso, su ejemplo recoge el mecanismo de un trastorno que, incluso en formas mucho más sutiles, puede privar a los procesos mentales de su dinamismo y agilidad. La pérdida de flexibilidad mental está entre las manifestaciones de demencia más tempranas y difíciles de reconocer.

Un test aparentemente simple resultó ser muy sensible al deterioro sutil de la flexibilidad mental. El test, conocido como el Wisconsin Card Sorting Test,[28] requiere que el sujeto clasifique cartas con formas geométricas sencillas en tres categorías de acuerdo con un principio simple. El principio de clasificación no se revela por adelantado y el sujeto debe establecerlo mediante ensayo y error. Pero cuando el principio ha llegado a ser dominado, se cambia abruptamente, sin que lo sepa el sujeto. Una vez que el sujeto da con el nuevo principio, el principio es cambiado sin previo aviso una y otra vez, y otra vez, y otra vez. La tarea requiere planificación, guía por representación interna, flexibilidad mental y memoria activa: en resumen, todos los aspectos de la función del lóbulo frontal que discutimos antes.

Punto ciego mental: anosognosia

Nuestro éxito en la vida depende críticamente de dos capacidades: la capacidad para intuir nuestro propio mundo mental y el de otras personas. Estas capacidades están estrechamente interrelacionadas y ambas están bajo el control del lóbulo frontal. Ambas capacidades sufren tras un daño o un pobre desarrollo del lóbulo frontal, y esto lleva a síndromes clínicos peculiares. Ya discutimos el papel de los lóbulos frontales en la capacidad de formar intuiciones de las mentes de otras personas, y de cómo esta capacidad sufre tras un daño en los lóbulos frontales. Es ahora el momento de considerar el papel de los lóbulos frontales en la formación de la intuición del mundo cognitivo propio.

Una vez más, el caso de Vladimir es muy instructivo. El aspecto más chocante de la situación de Vladimir era su completa inconsciencia de su trastorno y de la alteración drástica de sus circunstancias vitales. Vladimir padecía de *anosognosia*, una condición devastadora que priva al paciente de la capacidad de intuir su propia enfermedad.[29] Un paciente con anosognosia puede estar severamente discapacitado, pero no intuirá nada y seguirá diciendo que todo está bien. Esto es diferente de estar «reacio», cuando se supone que el paciente tiene la capacidad de comprender su propio déficit pero «elige» mirar para otro lado. Tras un daño en el lóbulo frontal, la capacidad cognitiva para intuir la propia condición está genuinamente perdida.

La anosognosia puede tomar muchas formas. Por alguna razón, no completamente entendida, la anosognosia es más habitual tras un daño en el hemisferio derecho que en el hemisferio izquierdo. Algunos científicos creen que esto se debe a que sólo la cognición mediada por el lenguaje es accesible mediante la introspección, o porque la propia introspección es un proceso basado en el lenguaje. Por consiguiente, según esta creencia, cualquier alteración de los procesos cognitivos mediados por el lenguaje debida a un daño cerebral sería accesible mediante la introspección, y cualquier alteración de la cognición no verbal debida a daño cerebral no lo sería. Esto limitaría el alcance de la introspección a los procesos mentales mediados por el hemisferio izquierdo.

Sin embargo, yo siempre he tenido la sensación de que la conexión de la anosognosia con lesiones en el hemisferio derecho pero no en el izquierdo refleja una distinción más amplia entre las funciones de los dos hemisferios.[30] Los procesos cognitivos del hemisferio derecho son menos rutinarios, menos dependientes de códigos estables, e implican más cálculos de novo. Esto es lo que hace que su contenido operacional sea menos accesible para la introspección, más «borrosos», incluso en individuos sanos. Puesto que la consciencia individual de las operaciones cognitivas del hemisferio derecho es «borrosa» de entrada, sus cambios tras el daño cerebral son también menos aparentes.

Cualquiera que sea la explicación, yo tuve un paciente, un empresario internacional de éxito, que sufrió un derrame cerebral masivo en el hemisferio derecho, algo difícilmente olvidable. Su competencia en tareas lingüísticas estaba perfectamente intacta, indicando el buen estado del hemisferio izquierdo. Su competencia en tareas visuales-espaciales, que requieren dibujar o manipular formas visuales sin ningún significado, quedó destruida, lo que indica daño grave en el hemisferio derecho. Su desorientación espacial llegaba a tal extremo que era completamente incapaz de aprenderse la planta de mi consulta de tamaño modesto y seguía perdido entre la habitación de examen, el área de recepción y el cuarto de baño. Pese a todo, él insistía en que se había recuperado por completo, que no pasaba nada con él y que tenía que volar inmediatamente a El Cairo para terminar una operación comercial. No existía la más mínima probabilidad de que hubiera llegado a ningún lugar próximo a El Cairo. Se hubiera perdido por completo y sin remedio tan pronto como hubiera salido del taxi en el Aeropuerto Internacional Kennedy. Su mujer y su hija entendían esto muy bien y, dicho a su favor, dispusieron su admisión involuntaria en el hospital pese a sus furiosas protestas.

Pero incluso este grado de anosognosia palidece en comparación con la imagen clínica común en el daño grave en el lóbulo frontal. Al menos, el empresario viajero reconocía que había estado enfermo. Por el contrario, Vladimir no tenía la más mínima noción de que su vida había cambiado de forma catastrófica e irreversible por la enfermedad. Ninguna forma de anosognosia es más completa e impermeable que la provocada por un daño grave en el lóbulo frontal.[31]

Los mecanismos de la anosognosia del lóbulo frontal son muy poco conocidos. En un sentido amplio, tienen que ver probablemente con la función editorial deteriorada de los lóbulos frontales: comparar el resultado final de las acciones propias con las intenciones propias. O quizá reflejen un aspecto aún más profundo de la enfermedad del lóbulo frontal: la pérdida fundamental de intencionalidad inherente a ello. Un organismo sin deseos, sin objetivos, no experimentará por definición ningún sentido de fracaso. La consciencia del déficit es el prerrequisito básico de cualquier esfuerzo en favor del paciente para mejorar su condición. Un paciente con anosognosia no experimenta ninguna sensación de pérdida o deficiencia; y, por esta razón, tampoco siente ninguna urgencia de esforzarse en corregirlo. Puesto que la cooperación del paciente es fundamental para el éxito de cualquier esfuerzo terapéutico, la anosognosia convierte el proceso del tratamiento en una batalla cuesta arriba, lo que hace particularmente devastadoras las consecuencias de la enfermedad del lóbulo frontal.

Madurez social, moralidad, ley y lóbulos frontales

El Síndrome «Pseudopsicopático» Orbitofrontal y la pérdida del autocontrol

Como una entre la miríada de cualidades antropomórficas que se atribuyen a los lóbulos frontales, éstos han sido proclamados la sede definitiva de la moralidad. ¿Significa esto que el subdesarrollo de, o el daño en, los lóbulos frontales dará como resultado inmoralidad? Probablemente no, pero ¿que hay de la amoralidad?

Aquí hace su entrada el síndrome orbitofrontal. El síndrome orbitofrontal es en muchos aspectos lo contrario del síndrome dorsolateral. Los pacientes están emocionalmente desinhibidos. Su tono afectivo raramente es neutro, y oscila constantemente entre la euforia y la rabia, con un control del impulso que va desde pequeño a inexistente. Su capacidad para inhibir la urgencia de gratificación instantánea está seriamente deteriorada. Hacen lo que les apetece hacer cuando les apetece hacerlo, sin ninguna preocupación por tabúes sociales o prohibiciones legales. No tienen previsión de las consecuencias de sus acciones.

Un paciente afectado de síndrome orbitofrontal (debido a una lesión en la cabeza, una enfermedad cerebrovascular o una demencia) incurrirá en robos en tiendas, comportamiento sexualmente agresivo, conducción temeraria, u otras acciones que normalmente se consideran antisociales. Estos pacientes son conocidos por ser egoístas, fanfarrones, pueriles, obscenos y sexualmente explícitos. Su humor es subido de tono y su verborrea, conocida como *Witzelsucht*, se parece a la de un adolescente borracho.[1] Si los pacientes dorsolaterales están privados en cierto sentido de personalidad, entonces los pacientes orbitofrontales son famosos por su personalidad «inmadura». No es sorprendente que la ciencia neurológica europea calificara alrededor de 1900 al síndrome orbitofrontal como el síndrome «pseudopsicopático». Pero en este caso los rasgos adversos están provocados por el daño en las regiones orbitofrontales del cerebro y no están bajo el control del paciente.

El término negativo «pseudopsicopático» ya no se utiliza. Aunque algunos pacientes con el síndrome orbitofrontal incurren en comportamientos criminalmente antisociales, la mayoría de ellos se hacen notar por una carencia de inhibiciones; son «laxos» pero inofensivos. Muy a menudo su desinhibición bordea lo cómico. Un paciente anciano entró hace muchos años en mi despacho y con una sonrisa burlona dijo a modo de saludo: «¡Doctor, es usted un hombre espantoso!» Aparte de no ser esto cierto (¡espero!), ésta no es obviamente forma de saludar a un extraño, que resulta que también es su nuevo doctor. Mi diagnóstico inmediato basado en mi presentimiento fue posteriormente confirmado. El buen hombre sufría de una fase temprana de demencia que afectaba especialmente a los lóbulos frontales.

En otro caso, una mujer trajo a mi consulta a su marido, un anciano acaudalado que había comprado cien caballos «en un arrebato». También a él se le diagnosticó demencia, de un tipo relativamente avanzado. Cuando pregunté a la esposa por qué no le había llevado antes al doctor, ella admitió que él actuaba «tontamente» durante los últimos años, pero lo había atribuido simplemente a que estaba «como una cuba» por beber muchos martinis. Ambos casos recogen la forma más benigna de «desinhibición orbitofrontal» (y la dificultad que tienen los profanos, incluso los miembros de la familia, en reconocerla como un trastorno clínico).

La sociedad mantiene que un individuo es responsable de ciertas acciones pero no de otras. El alcance de nuestras responsabilidades está definido por el alcance de nuestro control volitivo. El que un borracho vomite en público será castigado, pero vomitar tras un golpe de calor será excusable. Un accidente de tráfico debido a una velocidad excesiva será castigado, pero un accidente causado por un ataque cardiaco de un conductor será excusado. Las expresiones sucias lanzadas en público con rabia serán castigadas, pero las mismas suciedades pronunciadas involuntariamente por un paciente de Tourette coprolálico podrían excusarse. El daño corporal infligido en un asalto será castigado, pero el daño corporal infligido por un paciente en crisis que ataca a un niño será excusado.

La sociedad traza una distinción legal y moral entre las consecuencias de acciones que se presumen bajo el control volitivo del individuo y las que se presumen fuera de dicho control. Normalmente se supone que la embriaguez, velocidad, rudeza y agresión están bajo el control volitivo, y por consiguiente son evitables y punibles. Por el contrario, se reconoce que los efectos de las crisis, tics, alucinaciones y ataques al corazón no pueden ser controlados por el paciente en el momento en que suceden, y por consiguiente no serán punibles por la ley.

El control volitivo implica más que el conocimiento consciente. Implica la capacidad de anticipar las consecuencias de una acción propia, la capacidad de decidir si debería o no llevarse a cabo la acción y la capacidad de elegir entre acción e inacción. Un paciente de Tourette y una desgraciada víctima de un ataque al corazón pueden ser completamente conscientes de lo que les está sucediendo, pero no pueden controlarlo.

Parece que en un nivel cognitivo la capacidad de comportamiento volitivo depende de la integridad funcional de los lóbulos frontales. La capacidad de contención depende en particular de la corteza orbitofrontal.

Madurez social y lóbulos frontales

Reconocemos que la capacidad para el control volitivo sobre las propias acciones no es innata, sino que se manifiesta poco a poco a lo largo del desarrollo. Una pataleta de un adulto desencadenará una reacción muy diferente de la de un niño. La capacidad de control volitivo sobre las propias acciones es un ingrediente importante, quizá fundamental, de la madurez social.

Allan Schore, un psiquiatra del Sur de California, ha propuesto una hipótesis provocativa.[2] Cree que la temprana interacción madre-niño es importante para el desarrollo normal de la corteza orbitofrontal durante los primeros meses de vida. Por otra parte, las experiencias estresantes en el inicio de la vida pueden dañar de forma permanente a la corteza orbitofrontal, predisponiendo al individuo a enfermedades psiquiátricas en su vida posterior.

Si es cierto, ésta es una propuesta alucinante, porque implica que las interacciones sociales tempranas ayudan a conformar el cerebro. Los científicos han sabido desde hace años que la estimulación sensorial temprana promueve el desarrollo de la corteza visual en los lóbulos occipitales, y la privación sensorial en el comienzo de la vida retarda su desarrollo. ¿Es posible que la estimulación social sea al desarrollo de la corteza frontal lo que la estimulación visual es al desarrollo de la corteza occipital? Una respuesta rigurosa a esta pregunta puede ser difícil de obtener en el caso de los seres humanos, pero se presta a un modelo animal muy sencillo. Aparte del papel de la interacción social temprana, me gustaría ver abordada otra cuestión: ¿existe una relación entre el orden ambiental (opuesto al ambiente caótico) y la maduración de los lóbulos frontales? Dado el papel de los lóbulos frontales en la organización temporal de la cognición, una exposición temprana a ambientes temporalmente ordenados puede mostrarse crucial para que se desarrolle este papel.

Puede plantearse una pregunta aún más audaz: ¿es posible que el desarrollo moral implique a la corteza frontal, igual que el desarrollo visual implica a la corteza occipital y el desarrollo del lenguaje implica a la corteza temporal? Un código moral puede considerarse como una taxonomía de acciones y comportamientos sancionables. La corteza prefrontal es la corteza de asociación de los lóbulos frontales, los «lóbulos de acción». Recordemos que la corteza de asociación posterior codifica la información genérica sobre el mundo externo. Contiene la taxonomía de las diversas cosas que se sabe que existen y ayuda a reconocer un ejemplar concreto como miembro de una categoría conocida. ¿Podría ser entonces que, por analogía, la corteza prefrontal contenga la taxonomía de todas *las acciones morales y los comportamientos sancionables*? ¿Y podría ser que, igual que el daño o el mal desarrollo de la corteza de asociación posterior produce *agnosias de objetos*, así el daño o mal desarrollo de la corteza prefrontal produzca, en cierto sentido, *agnosia moral*?

Estas posibilidades de gran alcance esperan más exploración, pero un informe de Antonio Damasio les presta cierto apoyo. Damasio estudió a dos adultos jóvenes, un hombre y una mujer, que sufrieron daño en los lóbulos frontales en una etapa muy temprana en su vida. Ambos se embarcaron en comportamientos antisociales: mentiras, pequeños robos, absentismo escolar. Damasio afirma que no sólo estos pacientes no actuaban de acuerdo con los preceptos morales adecuados y socialmente sancionados, sino que ni siquiera reconocían que sus acciones fueran moralmente erróneas.[3]

La corteza orbitofrontal no es la única parte de los lóbulos frontales ligada al comportamiento socialmente maduro. La corteza cingulada anterior ocupa una posición mesofrontal y está íntimamente ligada a la corteza prefrontal. Junto con el neocórtex prefrontal y los ganglios basales, la corteza cingulada anterior es parte de lo que a mí me gusta llamar los «lóbulos frontales metropolitanos». La corteza cingulada anterior ha sido asociada tradicionalmente a la emoción. Según Michael Posner, el decano de la psicología cognitiva norteamericana, también juega un papel en el desarrollo social regulando la angustia.[4]

La capacidad de inhibir la angustia es fundamental para las interacciones sociales. Los objetivos y necesidades de diferentes miembros de un grupo social nunca están en perfecto acuerdo, y la capacidad para el compromiso es un mecanismo crítico de armonía y equilibrio social. Esta capacidad depende de nuestra capacidad para dominar la angustia, la emoción negativa que proviene de una incapacidad de encontrar gratificación inmediata. Las emociones negativas implican a la amígdala, localizada profundamente dentro del lóbulo temporal. Según Posner, la corteza cingulada anterior refrena la amígdala, y al ejercer este control modera la expresión de angustia. Una sociedad de individuos en los que la amígdala activa no estuviera controlada por la corteza cingulada anterior estaría peleándose constantemente. Según este punto de vista, la corteza cingulada anterior hace posible el discurso civilizado y la resolución de conflictos.

Maduración biológica y madurez social: un enigma histórico

La definición implícita de madurez social cambia a lo largo de la historia de la sociedad, y así lo hace el momento de la «mayoría de edad». En diversas culturas el momento en el que un muchacho se convierte en un hombre se ha codificado a través de rituales, y el cambio de este momento en la historia es muy revelador.

En la tradición judía la edad de los trece años se celebra por la *bar mitzvah*. En los tiempos modernos es una ritual gozoso lleno de simbolismo. Sin embargo, cuando la celebración ha terminado, el muchacho sigue siendo un muchacho. El ritual de la *bar mitzvah* refleja probablemente la realidad de hace tres milenios, cuando los trece años eran la edad de la transición de la niñez a la edad adulta con todas sus profundas connotaciones.

Los ritos de iniciación que simbolizan el paso a la edad adulta se encuentran también en otras culturas. En la isla indonesia de Bali yo presencié la ceremonia de *mepanes* (limar los dientes). La mepanes tiene lugar al final de la adolescencia, alrededor de los dieciséis años, y es el prerrequisito para entrar en cualquier institución adulta, tal como el matrimonio. Rodeado de un ritual lleno de colores y ensalzado por el sonido de los gamelans ceremoniales, los dientes del joven o la joven son limados por un *sangging* (un joven sacerdote hindú). El simbolismo del ritual es revelador.

Ida Bagus Madhe Adnyana, un joven brahmín a quien se le habían limado ritualmente los dientes algunos años antes, explica así el significado de la ceremonia. Al adquirir dientes lisos y uniformes el quinceañero se separa de los animales, cuyos dientes son afilados y desiguales. Alisar los dientes simboliza la unión al mundo civilizado. Se liman seis dientes superiores delanteros, correspondientes a seis vicios: *kama* (lujuria), *krodha* (ira), *lobha* (avaricia), *moha* (ebriedad), *mada* (arrogancia) y *matsuya* (celos). Alisar los dientes simboliza templar estos impulsos y ponerlos bajo el control de la razón. Ya sabemos que muchos de estos aspectos socialmente indeseables son moderados por los lóbulos frontales y se hacen intratables en el caso de lesión orbitofrontal.

A medida que la sociedad se hacía más compleja y cada vez más gobernada por el cerebro antes que por el músculo, y a medida que aumentaba la esperanza de vida, la edad de la madurez se fue desplazando. En las sociedades occidentales modernas los dieciocho años de edad (más o menos) han quedado codificados en la ley como la edad de la madurez social. Ésta es la edad en que una persona puede votar y se considera responsable de sus actos como adulto.

Los dieciocho años es también la edad en que la maduración de los lóbulos frontales está relativamente completa. Pueden utilizarse varias estimaciones para medir el curso de la maduración de diversas estructuras cerebrales. Entre las medidas más utilizadas está la mielinización de caminos.[5] Los largos caminos que conectan diferentes partes del cerebro están cubiertos con un tejido graso y blanco llamado mielina.

La mielina aísla el camino y acelera la transmisión de señales neurales a lo largo del mismo. La presencia de la mielina hace más rápida y más fiable la comunicación entre diferentes partes del cerebro. Obviamente, la comunicación a larga distancia es particularmente importante para los lóbulos frontales, los CEOs del cerebro, puesto que su papel es el de coordinar las actividades de sus muchas partes. Los lóbulos frontales no pueden asumir completamente su papel de liderazgo hasta que se hayan mielinizado por completo los caminos que conectan los lóbulos frontales con las estructuras distantes del cerebro.

El acuerdo entre la edad de la maduración relativamente completa de los lóbulos frontales y la edad de la madurez social es probablemente más que una coincidencia. Sin apoyarse explícitamente en la neurociencia, sino a través del sentido común cotidiano acumulativo, la sociedad reconoce que un individuo asume un control adecuado sobre sus impulsos, instintos y deseos sólo a cierta edad. Hasta dicha edad, un individuo no puede ser completamente responsable de sus actos en un sentido moral o legal. Esta capacidad parece depender críticamente de la madurez e integridad funcional de los lóbulos frontales.

La relación entre la edad de la madurez social y la maduración de los lóbulos frontales a lo largo de la historia plantea preguntas interesantes. En las sociedades antigua y medieval la madurez social se alcanzaba a una edad muy anterior a la actual. A menudo los reinos eran gobernados, y los ejércitos llevados a la batalla, por quinceañeros. El faraón Ramsés el Grande de Egipto, el bíblico Rey David y Alejandro Magno de Macedonia se embarcaron en sus campañas militares importantes con poco más de veinte años. De hecho, Alejandro apenas tenía veinte años cuando cruzó el Bósforo, invadió Persia y con ello inició la fusión de Oriente y Occidente; murió a los treinta y dos años, tras haber creado uno de los mayores imperios de la Tierra, desde la actual Libia hasta la India. Pedro el Grande de Rusia se propuso recomponer y transformar su país cuando todavía no había cumplido veinte años. Según todos los informes disponibles, ninguna de estas figuras históricas fue un muñeco de nadie, no estuvo en manos más «maduras». Cada uno de ellos fue un líder visionario y decisivo para su pueblo a muy temprana edad, y cada uno de ellos dejó una traza indeleble en la civilización. Pero, actualmente, en la mayoría de los países desarrollados las personas que tienen su edad no pueden ocupar altos cargos por ley, sobre la base de su «inmadurez». Según la ley, un presidente de los Estados Unidos debe tener al menos treinta y cinco años, lo que habría descalificado a muchas grandes figuras políticas para ocupar una posición de liderazgo en nuestra sociedad.

¿Significa esto que algunas de las decisiones más importantes en la historia fueron tomadas por cerebros biológicamente inmaduros? Para ir un paso más allá, ¿podría ser que gran parte de la historia humana fuera el equivalente neurológico de una actividad de bandas juveniles, y que los conflictos más fatídicos en la historia antigua y medieval están muy bien modelados por *El señor de las moscas* de William Golding?[6] El papel de los ancianos como árbitros, moderadores y, en general, «hombres sabios» fue fundamental en las sociedades antiguas. ¿Se debe esto a que los ancianos eran los portadores de la madurez neurológica, y no sólo social?

¿O es posible que el ritmo biológico de la maduración del lóbulo frontal esté al menos parcialmente controlado por factores ambientales (y culturales en el caso humano), tales como una temprana presión para asumir papeles «adultos» y comprometerse en la toma de decisiones complejas (una hipótesis propuesta por mi estudiante John Solerno)? La cuestión naturaleza-cultura del lóbulo frontal es interesante tanto por razones teóricas como prácticas en esta era de rápido cambio social. Obviamente, no tenemos datos de imagen cerebral procedente de tiempos antiguos. Tampoco parece muy factible la idea de hacer imágenes de los cerebros de los jóvenes jefes tribales en las pocas sociedades primitivas que quedan en la jungla amazónica o en las tierras altas de Papúa-Nueva Guinea. Pero la experimentación con primates quizá ayude a dar una respuesta a la pregunta.

Daño en el lóbulo frontal y comportamiento criminal

Todos nos comportamos a veces de forma impulsiva e irresponsable, pero la mayoría de nosotros tenemos la capacidad de mantenernos alejados de la criminalidad rotunda. Por el contrario, es mucho más probable que el comportamiento privado de inhibiciones sociales por razones neurológicas pueda traspasar el límite. Las violaciones extremas de las normas humanas de comportamiento nos chocan intuitivamente como algo anormal; que son «anormales» por definición es una tautología. No es una coincidencia que utilicemos la palabra «enfermo» para describir tales comportamientos. Instintivamente nos negamos a aceptarlos como parte del comportamiento «normal» y tratamos de entenderlos en términos «clínicos». Se leen especulaciones sobre la sífilis de Lenin e Idi Amin, la paranoia de Stalin, la encefalitis de Von Economo, de Hitler, y así sucesivamente. Pero al ampliar el concepto de enajenación mental criminal, devaluamos conceptos legales y éticos fundamentales. Hay que andar con mucho cuidado al trazar la línea divisoria entre criminalidad y enfermedad mental, entre moralidad y biología.

La relación entre daño en el lóbulo frontal y criminalidad es particularmente intrigante y compleja. Ya sabemos que el daño a los lóbulos frontales provoca el deterioro de la intuición, del control del impulso y de la previsión, que a menudo conducen a comportamiento socialmente inaceptable. Esto es particularmente cierto cuando el daño afecta a la superficie orbital de los lóbulos frontales. Los pacientes que sufren de este síndrome «pseudopsicopático» son tristemente famosos por su demanda de gratificación instantánea, y no se ven limitados por costumbres sociales o miedo al castigo. Sería lógico sospechar que algunos de estos pacientes están especialmente predispuestos al comportamiento criminal. Pero ¿hay alguna evidencia? Más importante, ¿hay alguna evidencia de que algunos de los individuos procesados, convictos o sentenciados por comportamiento criminal sean, de hecho, casos no reconocidos de daño en el lóbulo frontal?

Varios grupos marginales en la sociedad muestran el rasgo peculiar de delegar sus funciones ejecutivas en instituciones externas, donde sus opciones están limitadas al máximo y el poder de toma de decisiones sobre ellos es ejercido por otras personas. Algunos pacientes psiquiátricos crónicos se sienten incómodos fuera de las instituciones mentales y buscan su readmisión; algunos criminales se sienten incómodos en el mundo exterior y buscan la forma de ser encarcelados de nuevo. Esto podría imaginarse como una forma peculiar de automedicación, como un intento de compensar un déficit ejecutivo que les hace incapaces de tomar sus propias decisiones.

Se ha sugerido, sobre la base de varios estudios publicados, que la predominancia de la lesión de cabeza es mucho más alta entre criminales que en la población en general, y en criminales violentos que en criminales no violentos.[7] Por razones de anatomía del cerebro y del cráneo, es particularmente probable que una lesión cerrada de cabeza afecte directamente a los lóbulos frontales, especialmente a la corteza orbitofrontal. Pero más adelante argumentaré que el daño directo a los lóbulos frontales no es siquiera necesario para producir una disfunción significativa en el lóbulo frontal. Es probable que el daño al tallo cerebral superior produzca un efecto similar al interrumpir las proyecciones críticas en los lóbulos frontales. El daño en el tallo cerebral superior es muy común en lesiones cerradas de cabeza, incluso en casos aparentemente «leves», y es probable que produzca disfunción del lóbulo frontal incluso en ausencia de daño directo a los lóbulos frontales. Hace muchos años yo describí esta situación con el nombre de «síndrome de desconexión reticulofrontal».[8]

La investigación contemporánea confirma la designación de ciertos síndromes del lóbulo frontal como «pseudopsicopáticos». Adrian Raine y sus colegas estudiaron los cerebros de asesinos convictos mediante tomografía de emisión de positrones (PET) y encontraron anormalidades en la corteza prefrontal.[9] Raine y colegas estudiaron también los cerebros de hombres con trastorno antisocial de personalidad y encontraron un reducción del 11% en la materia gris de sus lóbulos frontales.[10] La causa de esta reducción es incierta, pero Raine cree que esta reducción es al menos en parte congénita, antes que ser debida a factores ambientales tales como abuso o malos tratos de los padres.

Si esta afirmación es cierta, entonces parece que las personas con ciertas formas congénitas de disfunción cerebral podrían estar particularmente predispuestas a comportamiento antisocial. En este sentido, esta afirmación no es implausible. Hace tiempo que hemos reconocido la existencia de predisposición congénita a la disfunción cerebral debida a pautas aberrantes de migración de células neurales y otras causas. Pero lo más lógico es suponer que tal predisposición «genotípica» pueda ser muy amplia y estar privada de especificidad neuroanatómica, y que sus expresiones «fenotípicas» individuales sean altamente variables y puedan afectar a diferentes partes del cerebro en diferentes individuos. Así como en ciertos casos esta predisposición puede afectar al lóbulo temporal y conducir a una discapacidad de aprendizaje basado en el lenguaje, en otros casos puede afectar a la corteza prefrontal y producir una «discapacidad de aprendizaje social».

La conexión entre disfunción del lóbulo frontal y comportamiento asocial plantea una importante cuestión legal. Supongamos que en una imagen por resonancia magnética (IRM) o una exploración mediante tomografía axial computerizada (TAC) se encuentra que un criminal presenta evidencia estructural de daño en el lóbulo frontal; o supongamos que se encuentra evidencia fisiológica de disfunción del lóbulo frontal en PET, tomografía computerizada de emisión de fotón único (SPECT) o electroencefalografía (EEG). Todos éstos son aparatos disponibles y muy comúnmente utilizados para diagnóstico por neuroimagen. O supongamos que se encuentra que un criminal obtiene resultados particularmente pobres en los tests neuropsicológicos sensibles a la función de los lóbulos frontales.

Supongamos, además, que la naturaleza del crimen sugiere impulsividad transitoria y falta de premeditación. (Obviamente, la existencia de premeditación y planificación compleja sería un fuerte argumento en contra de la disfunción grave del lóbulo frontal.) En un sentido legal, un paciente «frontal» puede estar capacitado para someterse a juicio, puesto que puede entender los procedimientos judiciales. De forma retórica también puede distinguir lo correcto de lo erróneo, y respondería correctamente a las preguntas sobre qué acciones son socialmente aceptables y cuáles no lo son. Con toda probabilidad, el paciente habría dispuesto de este conocimiento en una forma simbólica incluso en el momento del crimen. Por consiguiente, una defensa alegando enajenación mental no sería aplicable desde un punto de vista convencional. Pero el daño frontal habría interferido con su capacidad para traducir este conocimiento en una acción socialmente aceptable. Aunque se conozca la diferencia entre lo correcto y lo erróneo, este conocimiento no puede traducirse en inhibiciones efectivas.

La discrepancia entre conocimiento retórico y la capacidad de utilizar este conocimiento para guiar el comportamiento es notable en los pacientes del lóbulo frontal. Esto puede demostrarse de forma muy espectacular con un simple test clínico introducido por Alexandr Luria.[11] A un paciente que está sentado frente al examinador se le pide que haga lo contrario de lo que hace el examinador: «Cuando yo levante el dedo, usted levanta el puño. Cuando yo levante el puño, usted levanta el dedo». Esta tarea es particularmente difícil para los pacientes del lóbulo frontal. En lugar de hacer lo «contrario», tienden a incurrir en imitación directa. Para ayudar a que el paciente cumpla la tarea se le puede animar a que diga en voz alta lo que tiene que hacer. En este punto la disparidad entre conocimiento retórico y la capacidad de guiar el comportamiento con este conocimiento se hace sorprendentemente obvia. El paciente dirá lo correcto, pero al mismo tiempo hará el movimiento equivocado. Con mis colegas y antiguos estudiantes Bob Bilder, Judy Jaeger y Ken Podell, yo desarrollé la Executive Control Battery (Batería de Control Ejecutivo), una colección de tests para provocar precisamente tales fenómenos.[12]

Un paciente orbitofrontal puede distinguir lo correcto de lo erróneo y pese a todo ser incapaz de utilizar este conocimiento para regular su comportamiento. Análogamente, un paciente mesiofrontal con daño en la corteza cingulada anterior conocerá las reglas de comportamiento civilizado pero será incapaz de *seguirlas*. Las potenciales implicaciones legales de esta situación son enormes, y el reconocimiento de esta posibilidad representa una nueva frontera legal.

¿Cuál es la probabilidad de que un individuo asocial padezca alguna forma de disfunción orbitofrontal o mesiofrontal? ¿Bajo qué condiciones debería establecerse directamente esta posibilidad por medios neuropsicológicos y de neuroimagen? ¿Cuál es la trascendencia legal de tal evidencia? ¿Cuándo anula la responsabilidad criminal? Dos decisiones legales descansan en la evidencia cognitiva: (1) ¿Es el acusado apto para ser sometido a juicio?, y (2) ¿está el acusado suficientemente cuerdo para ser considerado criminalmente responsable de sus actos? Sobre la base de los criterios estándar utilizados en los tribunales en tales decisiones, un paciente del lóbulo frontal puede ser declarado a la vez legalmente apto y legalmente cuerdo. Pero es discutible si estos constructos legales cubren o no el potencial peculiar de comportamiento asocial relacionado con el daño en el lóbulo frontal. El tercer concepto legal relevante es la «capacidad disminuida». Este amplio concepto puede ser aplicable en virtud de su vaguedad, pero por la misma razón impide criterios nítidos para guiar la toma de decisiones legales.

En el momento en que escribo esto está teniendo lugar en Nueva York un extraño proceso criminal. Un ginecólogo había grabado sus iniciales en el vientre de una mujer después de practicarle una cesárea. Según los informes de prensa, cuando fue interrogado el doctor dijo con tono desenfadado que pensaba que su operación había sido una obra maestra tan grande que tenía que firmarla; luego se fue de vacaciones a París. Tan pronto como leí sobre este incidente en el *New York Times* me dije a mí mismo que era demasiado extraño, demasiado «morboso» para ser «meramente» criminal. Y lo cierto es que los abogados del doctor alegaron, en su defensa, que sufría daño en el lóbulo frontal debido a la enfermedad de Pick.

Curiosamente, la mujer mutilada —también profesional de la medicina— se oponía a la acción judicial contra el ginecólogo, reconociendo evidentemente que su comportamiento había sido más trágico que criminal. El doctor se hubiera enfrentado a 25 años en prisión si hubiera sido declarado culpable del cargo más grave propuesto por el fiscal, agresión en primer grado. En su lugar, fue sentenciado a cinco años de libertad condicional y apartado de ejercer la medicina durante cinco años. Es poco probable que intente ejercer la medicina otra vez.

Un nuevo constructo legal de «incapacidad para guiar el comportamiento propio pese a la disponibilidad del conocimiento requerido» puede ser necesario para recoger la relación peculiar entre la disfunción del lóbulo frontal y la potencialidad para comportamiento criminal. Los estudios de trastornos del lóbulo frontal reúnen bajo el mismo foco la neuropsicología, la ética y la ley. A medida que la profesión legal se ilustre más sobre el funcionamiento del cerebro, la «defensa basada en el lóbulo frontal» puede surgir como una estrategia legal junto a la «defensa por enajenación mental».

Los límites exactos de una defensa semejante tienen que ser aún puestos a prueba y hay que establecer sus fronteras legítimas. Es casi inevitable que se hagan intentos por extenderla más allá de sus fronteras legítimas. Por otra parte, se fomentará un constructivo debate pluridisciplinar. ¿Es posible que ciertos tipos de disfunción sutil del lóbulo frontal puedan volver a un individuo amoral aun manteniendo su capacidad de planificación y organización temporal (lo que ciertamente es una conjetura extravagante pero interesante)? En tal caso, ¿es un mecanismo probable de sociopatía («ceguera moral»)? ¿Es posible que el comportamiento sociopático pueda ser causado por un trastorno en el desarrollo neurológico de los lóbulos frontales, igual que la dislexia puede ser causada por un trastorno en el desarrollo neurológico del lóbulo temporal? ¿Estamos trivializando y rebajando la noción de moralidad al establecer este camino, o meramente estamos apuntando a sus «bases biológicas»? ¿Estamos diluyendo más la noción de responsabilidad personal? ¿O estamos reconociendo finalmente que mientras que los códigos morales y criminales son extracraneales, la cognición y los comportamientos morales y criminales no lo son? Son productos de nuestra maquinaria cerebral, intacta o anormal, tanto como son producto de nuestras instituciones sociales.

El ladrón desdichado

Charlie era un tipo desenfadado y amigo de todos, brillante y agradable, que abandonó la escuela, consiguió un trabajo y obtuvo su diploma de grado escolar. Sus padres, gente honrada de la Pennsylvania rural, le animaron a alistarse en los marines para mantenerle «en el camino recto». Charlie se alistó, sirvió, fue licenciado, volvió a Pensilvania y obtuvo un trabajo como viajante.

Luego, a los veinticinco años, su vida perfectamente normal quedó completamente destrozada en un instante. Una noche, cuando Charlie y un amigo volvían de una fiesta, su vehículo descapotable chocó contra el soporte de metal de un pequeño puente. El amigo de Charlie, que conducía, murió instantáneamente y Charlie fue encontrado inconsciente en la cuneta en un charco de sangre.

Charlie no volvió a recuperar la consciencia hasta dos meses y medio más tarde. Entonces empezó un tratamiento de varios meses de terapia cognitiva y física en un hospital de rehabilitación. Varias exploraciones TAC realizadas inmediatamente después del accidente mostraron signos de daño en el lóbulo temporal derecho y en el tallo cerebral, encharcamiento general (edema) del cerebro, y sangre en los ventrículos laterales. Había también múltiples fracturas de cráneo, incluyendo una fractura de cráneo basal. Una exploración TAC repetida seis años más tarde mostró una recuperación sustancial pero incompleta. Había probablemente daño en el tallo cerebral superior, con el consiguiente síndrome de desconexión reticulofrontal, el responsable básico de todas los problemas de Charlie que siguieron a continuación. La presencia de la fractura de cráneo basal planteaba también la posibilidad de daño directo en las regiones cerebrales orbitofrontales, incluso si no se veía en los exploraciones TAC.

Dado de alta en el hospital, Charlie volvió a casa de su madre (sus padres se habían divorciado hacía algún tiempo) y se embarcó en una existencia ociosa y vacua. Pasaba los días viendo la televisión, bebiendo cerveza y tomando drogas. Finalmente, su madre, en un estado de total exasperación, le echó de casa. El padre de Charlie le acogió pero no por mucho tiempo. Un día Charlie trajo a casa a una mujer con síndrome de Tourette y los dos se acostaron en la cama de su abuela. Los tics ruidosos de la mujer delataron a los amantes, y Charlie fue expulsado de nuevo.

Charlie se casó con la mujer con síndrome de Tourette y se embarcó en una existencia caótica. En ocasiones vivía en la casa de la mujer. En otras ocasiones Charlie se echaba a la carretera, vagando por el país, borracho y drogado gran parte del tiempo, implicándose ocasionalmente en pequeños robos. Charlie había recuperado sus facultades físicas y, para un observador superficial, también sus facultades mentales. Se expresaba razonablemente y no tenía ningún estigma obvio de un paciente neurológicamente impedido. Pese a sus modales salvajes, en general era un hombre de buen carácter. Sin embargo, tenía poco aguante y fácilmente entraba en discusiones. Charlie encontró ocasionalmente trabajos menores, pero nunca pudo mantener uno durante largo tiempo y terminaba de nuevo en la carretera.

Charlie iba tirando como podía hasta que un día se quedó sin dinero y decidió atracar un supermercado. Para esta empresa Charlie reclutó la ayuda de un compañero, también con daño cerebral, a quien había conocido antes en el hospital de rehabilitación. Empuñando un encendedor Bic dentro del bolsillo de sus pantalones para simular una pistola, Charlie pudo hacerse con 200 dólares en metálico. Mientras él cometía el atraco, su socio en el crimen estaba esperando pacientemente en el vehículo de escape frente al supermercado, con la matrícula claramente expuesta. Se les siguió la pista y Charlie fue localizado y detenido antes de que hubiesen pasado dos horas del robo, cuando se disponía a disfrutar de la bebida y las drogas adquiridas con el dinero robado.

La desventura de Charlie es un ejemplo excelente de «crimen de lóbulo frontal», precisamente a causa de su completa ineptitud. La característica más notable de todo el episodio es una falta total de precisión, previsión o planificación de contingencias. El crimen era una pifia tan patética que despertó más piedad que escándalo.

El tribunal no conocía el daño cerebral de Charlie y lo envió a la cárcel. Aunque los funcionarios de la prisión tampoco conocían la condición neurológica de Charlie, vieron en él algo «singular» y pasó la mayor parte del tiempo en la enfermería de la prisión hasta que se le concedió la libertad condicional. Esta vez su anciana madre vio la conexión entre el comportamiento de Charlie y su viejo daño cerebral. Charlie fue ingresado en un centro de rehabilitación a largo plazo dirigido por mi antigua estudiante la Dra. Judith Carman. Ahí es donde yo le conocí.

Aseado e impecablemente vestido, Charlie no portaba el estigma de un paciente neurológico. Entró en el despacho de la Dra. Carman con un paso atlético y una sonrisa amistosa, sin que nada en sus modales revelase la historia del daño cerebral o la historia del crimen. Superficialmente sociable y con buenas maneras, no ofrecía ningún indicio obvio de déficit cognitivo. Parecía ser autoconsciente de su apariencia, e inmediatamente me desafió a que adivinara su edad (tenía cuarenta y dos años pero parecía más joven), y me preguntó si me gustaba o no su perilla.

Charlie sabía que yo era el antiguo profesor de la directora del programa, que estaba escribiendo un libro y que quería incluir en él la historia de Charlie. Había estado esperando nuestro encuentro durante algún tiempo y estaba decidido a poner lo mejor de sí. Estaba muy excitado por figurar en mi libro, y se disgustó al descubrir que me llevaría algún tiempo acabarlo. Continuamente me pinchaba: «Venga, continúe con él, doctor». Charlie hizo una alegre narración de la historia de su vida, deteniéndose en los detalles más delincuentes con particular fruición y salpicando su narración con obscenidades espontáneas. Esto dejaba la extraña impresión de un quinceañero achispado en el cuerpo de un hombre de mediana edad, el famoso *Witzelsucht* orbitofrontal.

> «¿Le gusta estar aquí en este programa?» pregunté
>
> «No».
>
> «¿Por qué no?»
>
> «Porque estoy cachondo, doctor, y esta bruja [apunta a la Dra. Carman con una socarrona sonrisa que sugiere que su elección de la palabra es una concesión a mi presencia] no es de mucha ayuda ... ¿Tiene usted alguna hija para mí, doctor?» [me da palmadas en la rodilla, guiña el ojo y se ríe amistosamente] ... «¿No le importa mi libertad de pensamiento, verdad?»

Charlie es conocido en el centro por su carácter mujeriego y fantasea con la idea de casarse con una de las residentes del centro (hace algún tiempo que se ha divorciado de su mujer tourettica), porque «una vez que caes del caballo rápidamente vuelves a montarte». La tensión sexual de Charlie tomaba diversas formas. En una ocasión se hizo con un pirulí con la forma de un pene y fue ofreciéndoselo a las empleadas del centro. Charlie contaba el episodio ingenuamente y con muchos adornos, riéndose al recordar a las mujeres escandalizadas, y refiriéndose a los pirulíes como «caramelos polla», sin inhibirse lo más mínimo por la presencia de la Dra. Carman.

En el curso de la conversación Charlie puso accidentalmente su mano en el trasero de la Dra. Carman. Cuando se le pidió que respondiera por su comportamiento, la respuesta de Charlie era que «ella [su mano] estaba casualmente en movimiento». Aunque esta explicación hubiera sonado gratuita viniendo de un individuo neurológicamente intacto, Charlie había captado sin darse cuenta la esencia de su condición. En Charlie, *ella*, o diríamos el *id*, ya no estaba bajo un control neural efectivo de los lóbulos frontales.

Pero su honesta formación anterior al accidente se manifestaba de formas incongruentes. Cuando uno de los terapeutas le sugirió que podría considerar hacer lo que los hombres han hecho desde el comienzo de los tiempos cuando carecen de compañía femenina, Charlie quedó consternado por la idea, puesto que era contraria a su educación cristiana. Me han dicho que desde entonces ha adoptado una visión más secular de sus opciones, y su vida en el centro de rehabilitación ha estado más controlada.

Por mucho que Charlie quisiera hablar de sexo, yo cambié de tema, preguntando «¿Tiene la sensación de que se ha recuperado de su accidente?».

«Nadie se recupera de un accidente al 100%, pero digamos que lo estoy al 99,9», dijo él.

Pero luego llegó una revelación increíblemente elocuente, que demostraba más intuición sobre sus circunstancias que la que sugerían las bravuconadas de Charlie:

«Una herida en la cabeza es como una fuente de eterna juventud. Detiene tu crecimiento. Me sucedió a los 25 años y me sigo sintiendo como si tuviera 25 años... Una persona de 42 años debería tener más sentido común...»

Pero Charlie parece disfrutar de su «fuente de eterna juventud» y la intuición se muestra superficial: «El accidente de automóvil fue una bendición...»

Cuando esta conversación surrealista llegaba a su fin, Charlie me llevó a visitar su habitación, con fotografías de miembros de su familia y dos peceras con peces exóticos. Yo seguía pensando que era una persona cálida y amable sin ningún asomo de malicia o engaño, un quinceañero en el cuerpo de un hombre maduro, que a pesar de su lenguaje crudo tenía un cierto encanto e inocencia, y que me caía bien. Nos estrechamos la mano y me dio palmadas en la espalda, recordándome que le enviase una copia del libro.

En el momento de escribir esto, Charlie sigue viviendo en el centro de rehabilitación y trabaja en la comunidad. Se encuentran trabajos para él mediante un programa de colocación que lleva a cabo el centro. La mayoría del tiempo Charlie es un trabajador concienzudo y hace un buen trabajo limpiando y arreglando objetos. Sin embargo, tiende a meterse en problemas con sus empleadores debido a sus malas pulgas y lengua suelta. Su comportamiento desinhibido hizo que le despidieran de su trabajo anterior y ahora es portero en unos grandes almacenes. De vez en cuando Charlie comete alguna transgresión, como cuando robó el coche del centro y se fue a dar una vuelta (su carnet de conducir no es válido).

La mayor parte del tiempo Charlie es un tipo amigable y no tiene intención de molestar a nadie. Generalmente es divertido y sociable. Pero como corresponde a su síndrome orbitofrontal, Charlie tiene un humor voluble, que tiende a llevarle precipitadamente de un extremo a otro. Si alguien se cruza en su camino es probable que se revuelva y le dé un puñetazo a esa persona sin advertencia ni deliberación. Y puesto que Charlie se ha recuperado físicamente de su lesión y ahora levanta pesos por diversión, es capaz de hacer verdadero daño. No hace falta mucha provocación para hacer que Charlie salte. Cuando otro residente del centro se apropió de su helado por error, los puños de Charlie se dispararon en un temible arrebato de ira y se necesitaron cuatro personas para reducirle.

En estas circunstancias, la recuperación de Charlie era muy notable. Es atlético y se expresa bien, y no muestra ningún deterioro de memoria obvio. Hoy día, la mayoría de la gente pensaría que Charlie es «raro», «inmaduro», «bala perdida», «repugnante», o «vulgar», pero muy pocas personas se darían cuenta de que Charlie tiene el cerebro dañado. Sospecho que muchos psicólogos y médicos también lo pasarían por alto. Las evaluaciones neuropsicológicas a las que fue sometido repetidamente varios años después del accidente sugerían una inteligencia media (valores próximos a 90 en el Wechsler Adult Intelligence Scale-Revised IQ) y baja memoria media (valores próximos a 80 en la Wechsler Memory Scale-Revised).[13] La puntuación de Charlie en tests de lenguaje estaba también dentro de un intervalo normal. Los resultados de todos los tests eran probablemente más bajos de los que hubieran sido sin el accidente, aunque nada en ellos revelaba el alcance de las lesiones de Charlie. Pero el núcleo de Charlie había desaparecido y así lo hizo también su amarradero. El caso de Charlie capta la esencia del síndrome del lóbulo frontal: habilidades específicas intactas pero desaparición de guía interior.

Daño en el lóbulo frontal y el punto ciego público

La historia de Charlie es instructiva en más de un aspecto. Durante años Charlie se movió entre trabajos menores, vivió intermitentemente con varias personas y nadie sospechó que las singularidades de Charlie tenían una causa neurológica. Todo esto pese al hecho de que muchas personas de su entorno conocían el accidente de Charlie.

Esto plantea la cuestión general de la conciencia pública del deterioro cognitivo. Aunque retóricamente el público educado entiende hoy que la cognición es una función del cerebro, esta abstracción no suele traducirse en las situaciones concretas de la vida real. Como resultado, el dualismo cartesiano está vivo y coleando cuando se trata de las tomas de contacto cotidianas con personas con daño cerebral. Este ingenuo dualismo es evidente incluso en el nivel de la formulación de la política sanitaria y de cobertura de la salud, cuando la salud física se trata seriamente mientras que la salud «mental» se desestima de plano.

Las actitudes públicas cotidianas revelan una abrupta división entre síntomas «físicos» y «no físicos» y entre órganos corporales «físicos» y «no físicos». Los problemas de visión o audición, cojera o debilidad en un lado del cuerpo se percibirán infaliblemente como físicos y generarán compasión y disposición a ayudar. La naturaleza corpórea de estos síntomas será captada inmediatamente pero, curiosamente, la mayoría de los legos tardarán mucho en atribuirlos al cerebro.

Por el contrario, a los pacientes con deterioros cognitivos de orden superior se les suele negar la compasión que se les concede a personas con enfermedades físicas, y en su lugar son tratados en términos moralistas, casi puritanos. Olvidemos al desdichado criminal Charlie. Consideremos la situación habitual de una persona con demencia senil cuya vida entera ha sido un ejemplo de responsabilidad cívica y rectitud moral. Ahora es anciana y muy olvidadiza. Se le ha diagnosticado demencia precoz y yo estoy tratando de explicar las implicaciones de mis hallazgos a los impacientes miembros de la familia. Les digo que su madre sufre de amnesia, que sus olvidos son debidos a atrofia cerebral, que no puede evitarlo, que es probable que vaya a peor y que tienen que ser pacientes con su ser querido. Los miembros de la familia escuchan atentamente. Mueven la cabeza. Parece que lo comprenden, y entonces llega un comentario airado: «¡Pero cómo es posible que acabe de darle de desayunar y ella venga a pedirme su desayuno de nuevo!» Cuando encuentro esta falta de comprensión me siento inclinando el sombrero (no es que yo lleve uno) ante mi amigo Oliver Sacks, quien ha hecho más que cualquier otro por ilustrar al público general acerca de los efectos de la lesión neurológica sobre la cognición. Recomiendo vivamente a la gente que lea *El hombre que confundió a su mujer con un sombrero*.[14]

Pero si la naturaleza neurológica de la memoria, la percepción o el lenguaje deteriorados puede ser captada normalmente por el público general, el déficit ejecutivo causado por lesión en el lóbulo frontal casi nunca es captado. Señalemos la impulsividad del paciente, lo imprevisible que es su comportamiento, su indiferencia, su falta de iniciativa, y la respuesta común será «¡Eso no es su cerebro, eso es su personalidad!» Esto supone un retroceso de tres siglos y medio al dualismo cartesiano, como si la «personalidad» fuera un fenómeno completamente extracraneal. Y la noción de «personalidad», por supuesto, es algo que, como las cosas bien arraigadas, conlleva connotaciones moralistas y juicios de valor. Si usted hubiera nacido en una familia honesta y hubiera ido a una buena escuela, entonces ¡cómo se atrevería a no tener una personalidad honrada!

Mi esperanza es que este libro ayude a situar la «personalidad» y las expresiones relacionadas de la mente donde corresponde, dentro del cerebro, por así decir, a los ojos del gran público. Ayudando a conseguir esto, el libro ayudará a corregir la insensibilidad no deliberada y la, a veces, extrema crueldad de la gente hacia la más devastadora de todas las formas de daño cerebral, el daño en los lóbulos frontales.

Desconexiones fatídicas

El jinete caído: un estudio de casos

Cuando mi amigo neurocirujano Jim Hugues llamó entrada la noche, como era su costumbre, yo no tenía idea de que las consecuencias de esta llamada iban a afectar profundamente a mi carrera. Jim quería consultarme sobre su paciente, un hombre próximo a los cuarenta años que estaba recuperandose de una lesión de cabeza. Sonaba como un caso clínico completamente rutinario y yo accedí a ver al paciente.

Kevin (el nombre es ficticio) era un empresario y ejecutivo del espectáculo con éxito fabuloso, un marido feliz y padre de tres hijos. Atleta completo, era un consumado jinete, pero ese día estaba montando un caballo poco familiar en el Central Park de Nueva York y salió despedido al tropezar en una dura roca de basalto, golpeándose la cabeza contra un árbol. Fue llevado rápidamente al hospital más próximo, donde el Dr. Hugues le practicó una cirugía de emergencia. Kevin había estado en coma durante dos días y se estaba recuperando lentamente.

Vi por primera vez a Kevin brevemente unos dos meses después de su accidente. Estaba desorientado, confundido y abrumado por lo que le rodeaba. Su conducta general era presa del pánico, y si alguna vez hubo una encarnación de la expresión «afectado de neurosis de guerra», ésa era Kevin. Estaba seriamente afásico y respondía a cualquier pregunta que se le plantease diciendo «gracias .... gracias .... gracias...». Ésa era su única exclamación. Había algo extraordinariamente infantil y suplicante en su conducta y su «gracias»; era un hombre que había perdido su núcleo, indefenso como un niño. Me asaltó la idea de que en cierto sentido metafórico él estaba en una posición fetal. Caminaba sin rumbo por la sala atravesando cualquier puerta abierta... simplemente porque la puerta estaba allí. Estaba muy delgado, casi esquelético, y su cabello apenas empezaba a crecer después de la neurocirugía. Nada en este frágil rostro evocaba la persona sumamente confiada, boyante y físicamente imponente que se supone que había sido el antiguo Kevin.

Kevin fue dado de alta del hospital, y tres meses más tarde se me pidió que le viese otra vez. Era una persona diferente, su pelo ondulado había vuelto a crecer, había recuperado su peso, tenía una amplia sonrisa en su rostro y habían vuelto las maneras sociales. Su lenguaje era fluido y su carácter relajado. Vestido con uno de sus trajes caros, con su cabello rubio y seco, Kevin parecía el resumen de un triunfador del Upper East Side de Nueva York. A primera vista parecía haber recuperado su conducta de hombre con el control de su entorno, y se podía imaginar al antiguo Kevin: un neoyorkino de clase alta, autoconfiado, carismático y dicharachero.

En realidad, Kevin no estaba recuperado ni mucho menos. Aún tenía un deterioro importante de memoria que afectaba tanto a su capacidad de aprender nueva información (amnesia anterógrada) como a su capacidad de recordar información aprendida mucho antes de su accidente (amnesia retrógrada). Su lenguaje, aunque generalmente fluido e incluso bien articulado, revelaba ligeras dificultades para encontrar palabras; dificultades que quizá no fuesen advertidas por los no iniciados pero que ciertamente eran evidentes para mí.

A medida que seguí observando a Kevin, me chocó especialmente la gravedad de su «síndrome del lóbulo frontal». Kevin era perseverante; es decir, su comportamiento caía invariablemente en estereotipos repetitivos. Todas las tardes preparaba su ropa para el día siguiente y la ropa era siempre la misma. Pasado el invierno y la primavera, y bien entrado el verano, Kevin seguía preparando su zamarra de piel de borrego para el día siguiente y podía encontrársele paseando por Upper East Side de Manhattan envuelto en ella en un tórrido día de julio. Se necesitaba mucha persuasión para hacer que se pusiese otra cosa. A pesar de su talento aparente, cualquier conversación con Kevin se degradaba rápidamente en una actividad más bien vacía como podía ser un sencillo juego de cartas. Tenía un pequeño repertorio de temas y la conversación se dirigía previsible y rápidamente hacia uno de ellos, por ejemplo, la discusión de algunos de sus amigos. Habiendo agotado su repertorio de media docena de temas, Kevin empezaba desde el principio, repitiendo todo casi palabra por palabra una y otra vez.

Kevin no sólo era perseverante, sino que también era dependiente del campo. Acompañado por algún miembro de la familia o un asistente, Kevin se aventuraba ocasionalmente en un restaurante vecino para comer. En el restaurante tendía a pedir todos los platos del menú, diez o veinte platos en total. No lo hacía porque tuviese hambre, sino porque los platos estaban allí. Pasaba la mayor parte de su tiempo, no obstante, languideciendo en su apartamento, pidiendo de vez en cuando a la gente que jugase con él al backgammon o a juegos de cartas sencillos. Su comportamiento durante los juegos era infantil. Daba palmas con alegría después de ganar y tenía rabietas airadas cuando perdía. A veces hacía trampas.

El humor de Kevin estaba oscilando continuamente entre la euforia y la ira superficial. Estos cambios de humor eran abruptos, extremos y podían ser desencadenados por los sucesos más triviales, como cuando una camarera en un restaurante le preguntó si quería más café.

Su personalidad tomaba rasgos infantiles en prácticamente cualquier aspecto. Se relacionaba con su esposa como un niño de doce años y competía con sus hijos por la atención de ella. En muchos aspectos interaccionaba con sus hijos como un igual. Como un niño pequeño exigía gratificación instantánea, aunque sus necesidades no fueran las de un niño. En varias ocasiones se dirigía sus amistades femeninas con proposiciones bastante explícitas, una singular combinación del antiguo y encantador Kevin y el paciente frontal socialmente inoportuno.

Kevin no tenía la más mínima idea de su situación. Cuando se le preguntaba sobre los efectos del accidente, mencionaba sus lesiones físicas pero sostenía que su mente estaba bien. Estaba convencido de que estaba preparado para volver al trabajo. Cuando se le preguntaba por qué no lo había hecho, decía que no le apetecía, o que había estado ocupado haciendo otras cosas. Finalmente Kevin fue animado a pasar algunas horas al día en su antiguo despacho, ocupado en diversos ejercicios cognitivos diseñados para ayudar a su recuperación. Disfrutaba yendo a la oficina y charlando con sus antiguos colegas. Tenía la sensación de que había «vuelto al trabajo», pese al hecho de que la manera de pasar su tiempo en la oficina guardaba poca similitud con sus actividades antes del accidente.

La mente de Kevin era asombrosamente concreta. Cuando una vez le dije que era el momento de repetir la exploración CAT, esto fue recibido con auténtica intriga. ¿Por qué la exploración CAT, se maravillaba Kevin, si después de todo era un caballo el que le había lesionado, y no un gato?* En otra ocasión, alguien utilizó la metáfora «islas de comunicaciones crecientemente interconectadas» para referirse al papel creciente de las comunicaciones en Norteamérica. Esto desencadenó en Kevin un arrebato de ira, puesto que los Estados Unidos «nunca han consistido en un grupo de islas».

Cuanto más tiempo pasaba con Kevin, más me convencía de que su cognición era un ejemplo de libro de texto del «síndrome del lóbulo frontal». Lo enigmático era que ni uno solo de los varios exámenes TAC a que fue sometido Kevin pudo detectar una lesión del lóbulo frontal. Esto no quiere decir que el

---

* CAT son las siglas inglesas para tomografía axial computerizada, que coinciden con el término ingles para «gato». [N. del T.]

cerebro de Kevin fuera normal; lejos de ello, Kevin sufría un daño cerebral múltiple y severo.

El daño afectaba a las regiones temporo-parietales en ambos hemisferios. Los ventrículos (espacios dentro del cerebro que contienen el fluido cerebroespinal) estaban ensanchados. También tenía un puente colocado quirúrgicamente en su cerebro para ayudar al drenaje de fluido cerebroespinal. Pero los lóbulos frontales estaban limpios, un descubrimiento sorprendente en un paciente con una evidencia clínica tan fuerte de disfunción del lóbulo frontal.

La discrepancia entre la imagen clínica del comportamiento de Kevin y sus exploraciones TAC presentaba un desafío intelectual, y Kevin llegó a ser otro paciente importante que influyó en el curso de mi carrera e incluso determinó, su dirección. Con la ayuda de mis ayudantes de investigación Bob Bilder y Carl Sirio (ahora un prominente neuropsicólogo y un prominente médico, respectivamente), me embarqué en una especie de misión detectivesca, tratando de desvelar el misterio de la situación de Kevin. Puesto que nunca antes se había descrito una situación semejante, eso quedaba para nosotros.

Si los lóbulos frontales propiamente dichos estaban estructuralmente intactos, razonaba yo, ¿es posible que el problema resida en los caminos que los conectan con algunas otras estructuras? ¿Podría ser un síndrome de desconexión frontal? El concepto de un «síndrome de desconexión» fue introducido por Norman Gestwind,[1] uno de los más destacados neurólogos conductuales americanos, cuyos numerosos estudiantes siguen conformando el campo. La idea era que un déficit cognitivo severo podía ser causado no por el daño a una estructura cerebral per se, sino por el daño a largas fibras nerviosas que conectan dos estructuras cerebrales, lo que interrumpe el flujo de información entre ellas. Pero los síndromes de desconexión clásicos eran «horizontales», pues afectaban a las conexiones entre dos o más regiones corticales. Yo tenía la sospecha de que en el caso de Kevin nos encontrábamos con un síndrome de desconexión «vertical». ¿Podía ser que la situación de Kevin estuviera causada por un daño en los caminos masivos que se proyectan desde el tallo cerebral en los lóbulos frontales?

El tallo cerebral contiene los núcleos que se piensa que son responsables del impulso y la activación del resto del cerebro. Algunos de estos núcleos colectivamente se denominan la «formación reticular», un nombre erróneo y un anacronismo conceptual, puesto que el término implica una acción indiferenciada y difusa. Hoy sabemos que la formación reticular consta de distintas componentes, cada una de ellas con sus propias propiedades bioquímicas.

La compleja relación que existe entre los lóbulos frontales y los núcleos reticulares del tallo cerebral se describe mejor como un bucle. Por una parte, el impulso de los lóbulos frontales depende de los caminos ascendentes desde el tallo cerebral. Estos caminos son complejos, pero se piensa que una componente —el sistema dopamínico mesocortical— es especialmente importante para la función adecuada de los lóbulos frontales. Se origina en el área tegmental ventral (VTA) del tallo cerebral y se proyecta en los lóbulos frontales. Si los lóbulos frontales son el centro de toma de decisiones del cerebro, entonces el área tegmental ventral es su fuente de energía, la batería, y el camino dopamínico mesocortical ascendente es el cable de conexión.

Por otra parte, existen caminos que se proyectan desde los lóbulos frontales en los núcleos reticulares del tallo cerebral ventral. A través de estos caminos los lóbulos frontales ejercen su control sobre las diversas estructuras cerebrales modulando su nivel de impulso. Si los lóbulos frontales son el aparato de toma de decisiones, entonces la formación reticular es una amplificador que sirve para comunicar estas decisiones al resto del cerebro con una voz sonora y clara. Los caminos descendentes son los cables a través de los que fluyen las instrucciones de los lóbulos frontales a los núcleos críticos del tallo cerebral ventral.

Yo sospechaba que como resultado del accidente se produjo una pequeña lesión en algún lugar del cerebro de Kevin a lo largo de dichos caminos, probablemente en el tallo cerebral superior ventral, donde se originan los caminos críticos. Incluso una pequeña lesión en ese área podría producir un efecto devastador, aunque fácilmente podía pasar indetectada por los escáneres TAC de primera generación y relativamente toscos de los que disponíamos en esa época. Basados en esta corazonada, pedimos una nueva exploración TAC y pedimos a los radiólogos que examinaran el tallo cerebral con la máxima resolución posible. Y ahí estaba: una lesión situada exactamente en el área tegmental ventral y que en efecto la destruía (Fig. 10.1). Llamé a esta situación «síndrome de desconexión retículofrontal».[2]

Cuando escribo este libro veinte años después de mi encuentro con Kevin, creo que en el balance final él hizo más por nosotros, sus doctores, que lo que nosotros pudimos hacer por él. Nuestro tratamiento funcionó hasta cierto punto, y tuvo lugar una mejora ligera aunque cuantitativamente demostrable. Pero el antiguo Kevin había desparecido y no pudimos hacerle volver. Tratamos arduamente de ayudar a recuperar las funciones ejecutivas hechas añicos de Kevin, pero nuestro éxito fue, como mucho, modesto. Pero al darnos la oportunidad de observar y describir el síndrome de desconexión reticulofrontal, Kevin nos ayudó, con su catástrofe personal, a comprender mejor el funcionamiento de los lóbulos frontales. Esta comprensión, a su vez, arroja luz sobre muchos trastornos que afectan a los lóbulos frontales.

La situación de Kevin también era anormal, y muy informativa, en otro aspecto. El suyo fue el primer caso bien documentado de deterioro de memoria re-

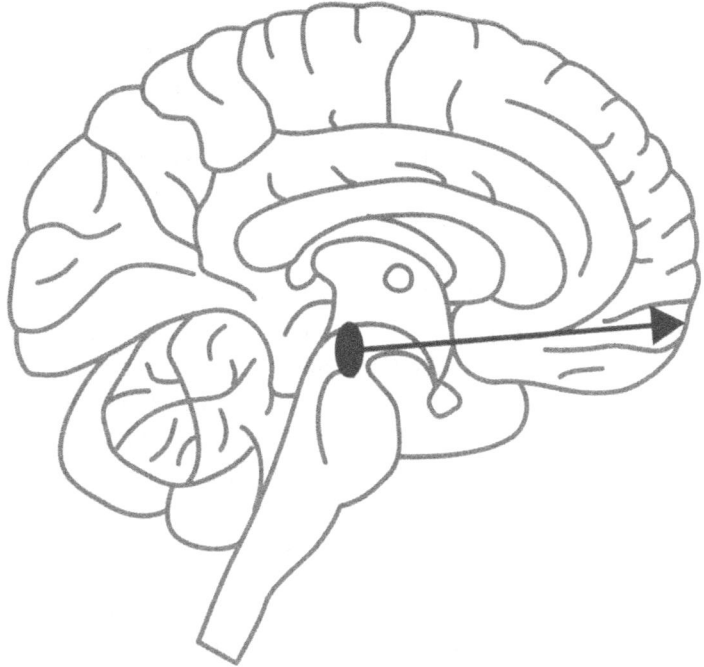

Figura 10.1 Dibujo esquemático del área tegmental ventral y el camino reticulofrontal dañado en el caso de Kevin.

mota sin un déficit comparablemente severo de nuevo aprendizaje (amnesia retrógrada sin amnesia anterógrada). En este aspecto también enriqueció nuestra comprensión de los mecanismos cerebrales de la memoria. Pero ésta es otra historia que ha sido contada en otro lugar.[3]

Esquizofrenia: una conexión que nunca se hizo

La esquizofrenia es un trastorno devastador de la mente que afecta aproximadamente al 1% de la población. Es, al menos en parte, un trastorno hereditario, pero los factores ambientales juegan un papel importante en su expresión y su curso clínico. La esquizofrenia parece ser más dominante, y tiene un inicio más temprano, en hombres que en mujeres. Las primeras manifestaciones abiertas de la esquizofrenia tienen lugar normalmente a finales de la segunda década de vida y principios de la tercera. Empiezan las alucinaciones (fundamentalmente auditivas, «oír voces») y los delirios. Normalmente son paranoides, de naturaleza amenazadora. Los episodios psicóticos son intermitentes, interrumpidos por períodos de relativa salud mental.[4]

Pero además de la psicosis, la esquizofrenia se caracteriza por un déficit cognitivo, que es permanente, presente incluso entre los episodios psicóticos, y es a menudo más debilitador incluso que la psicosis. Dos primeros estudiosos de la esquizofrenia, Emil Kraepelin y Eugene Bleuler, eran bien conscientes de ello, como se refleja en el término original para la esquizofrenia, *dementia praecox*, o «pérdida temprana de la mente». Las funciones de los lóbulos frontales están especialmente alteradas en la esquizofrenia. En su libro clásico, *Dementia Praecox and Pharafrenia*, Kraepelin escribió:

> Hay bases diversas para creer que la corteza frontal, que está especialmente bien desarrollada en el hombre, guarda una íntima relación con sus capacidades intelectuales superiores, y éstas son las facultades que en nuestros pacientes sufren pérdida profunda en contraste con la memoria y las capacidades adquiridas. El trastorno motor y volitivo múltiple ... nos hace pensar en trastornos más finos en la vecindad de la convolución precentral. Por otra parte, los peculiares trastornos del habla que se asemejan a la afasia sensorial y las alucinaciones auditivas ... apuntan probablemente a que está implicado el lóbulo temporal. Debemos imaginar que el trastorno del habla es más complicado y menos circunscrito que la afasia sensorial. Las alucinaciones auditivas, que muestran un contenido predominantemente hablado, deben interpretarse probablemente como fenómenos irritativos en el lóbulo temporal.[5]

Los actuales métodos neuropsicológicos y de neuroimagen iluminan la severidad de la disfunción del lóbulo frontal en la esquizofrenia. De todos los tests neuropsicológicos, la actuación esquizofrénica está especialmente deteriorada en el Wisconsin Card Sorting Test (WCST).[6] Puesto que los pacientes con daño en el lóbulo frontal encuentran el WCST especialmente irritante,[7] esto se toma como evidencia de disfunción del lóbulo frontal en la esquizofrenia.

Una evidencia incluso más directa de la disfunción del lóbulo frontal en la esquizofrenia ha sido aportada por los métodos de la neuroimagen funcional. En personas sanas, los lóbulos frontales son normalmente más fisiológicamente activos que el resto de la corteza.[8] Los neurocientíficos llaman a su pauta «hiperfrontalidad». La hiperfrontalidad en los individuos normales es un fenómeno robusto y altamente reproducible, que no depende del método de neuroimagen utilizado. Puede demostrarse con electroencefalografía (EEG), tomografía de emisión de positrones (PET), y tomografía computerizada de emisión de fotón único (SPECT).

En ciertos trastornos, no obstante, la pauta de hiperfrontalidad desaparece. Está reemplazada por «hipofrontalidad», lo que significa que la actividad del lóbulo frontal se deteriora con relación a otras partes de la corteza. La hipofrontalidad es una señal segura de disfunción severa del lóbulo frontal. Daniel Weinberger y sus colegas en el Instituto Nacional de Salud Mental utilizaron PET para estudiar pautas de activación cerebral en la esquizofrenia. Y por supuesto que se reveló hipofrontalidad severa.[9]

Las concepciones populares de la esquizofrenia ponen el acento en las alucinaciones y los delirios, los denominados síntomas positivos. Pero los profesionales de la salud mental advierten cada vez más que los síntomas «negativos» son mucho más debilitadores. Los síntomas negativos de la esquizofrenia son los síntomas reveladores de disfunción del lóbulo frontal. Incluyen la falta de iniciativa e impulso y la monotonía afectiva. Los pacientes esquizofrénicos tienden a perseverar, lo que hoy sabemos que es un síntoma frontal. Son tristemente famosos por «asociaciones tangenciales» y «sueltas», que son extraordinariamente similares al comportamiento dependiente del campo habitual en el daño en el lóbulo frontal. Pensemos simplemente en los monólogos de Vladimir.

La primera manifestación psicótica abierta de la esquizofrenia tiene lugar normalmente hacia los diecisiete o dieciocho años. Los dieciocho es también la edad de la maduración funcional de los lóbulos frontales. ¿Es esto una coincidencia? Probablemente no. Es posible que el organismo sea capaz de compensar hasta cierto punto un desarrollo defectuoso de los lóbulos frontales. Pero una vez que la disparidad entre la requerida función adaptativa del lóbulo frontal y su contribución real limitada y dificultada por la enfermedad alcanza un cierto punto, el sistema global se descompensa y se hace evidente el trastorno clínico.

¿Por qué están los lóbulos frontales especialmente afectados en la esquizofrenia? Esta pregunta conduce a una pregunta más amplia. ¿Cuál es la causa del trastorno esquizofrénico? El rompecabezas está lejos de resolverse, pero algunas de las piezas están ya en su lugar. Desde principios del siglo XX, varios tratamientos han tratado de curar la esquizofrenia sin mucho éxito. Vistos en retrospectiva, algunos de estos tratamientos eran absolutamente terroríficos: terapia compulsiva, transfusiones de sangre infectada de sífilis y sangre animal inductora de fiebre, y coma insulínico entre ellos.[10] Finalmente, en los años 60 se introdujo un tipo de medicamentos que parecía tener un genuino efecto terapéutico. Estos «neurolépticos» actuaban sobre la dopamina neurotransmisora (DA). Los neurolépticos tuvieron bastante éxito en reducir los denominados síntomas positivos de la esquizofrenia: alucinaciones y delirios.

El descubrimiento de los neurolépticos señaló un punto crítico no sólo en el tratamiento de la esquizofrenia sino también en la comprensión de sus mecanismos. El razonamiento seguía un silogismo simple. Los neurolépticos alivian los síntomas psicóticos en la esquizofrenia. Los neurolépticos actúan sobre el sistema dopamínico. Por lo tanto, la esquizofrenia es un trastorno del sistema dopamínico. La lógica que hay tras este argumento es patentemente errónea. Según esta lógica, una víctima de un accidente en una silla de ruedas habría perdido un par de ruedas, y no un par de piernas. La eficacia de las drogas no siempre significa que la droga actúe directamente sobre un ingrediente desordenado.

Pero a pesar del fallo lógico que hay tras su ascenso a una posición destacada, la teoría dopamínica de la esquizofrenia se ha mantenido y ha recibido apoyo de otras fuentes experimentales. Hoy es ampliamente aceptado que el sistema dopamínico está de algún modo deteriorado en la esquizofrenia, bien por sí mismo o como una consecuencia de un desajuste en la forma en que la dopamina interacciona con otros neurotransmisores, tales como el ácido γ-aminobutírico (GABA) y el glutamato.[11] Pero ¿qué es el sistema dopamínico? Se sabe que existen varios en el cerebro. De particular interés para nosotros son los sistemas dopamínicos nigroestriatal y mesolímbico-mesocortical.

Ambos sistemas se originan en el tallo cerebral, el sistema DA nigroestriatal en el núcleo denominado *substantia nigra* y el sistema DA mesolímbico-mesocortical en el *área tegmental ventral*.[12] El camino dopamínico nigroestriatal se proyecta en los ganglios basales, un grupo de núcleos que se encuentran bajo los lóbulos frontales y que son importantes para la regulación de los movimientos. Este camino no se ve afectado por la propia esquizofrenia pero puede verse afectado por las drogas utilizadas para tratar la esquizofrenia.

El pensamiento actual acerca de la esquizofrenia se centra en el sistema dopamínico mesolímbico-mesocortical. Como mencioné antes, se supone que el trastorno se origina dentro del sistema o se expresa a través del mismo como efecto remoto de un trastorno que afecta al glutamato, el GABA u otros neurotransmisores.[13] El sistema se separa en dos componentes: mesolímbica y mesocortical. El camino dopamínico mesolímbico se proyecta en el aspecto (mesial) profundo del lóbulo temporal. El sistema dopamínico mesocortical ya es familiar para nosotros. Es el camino que se interrumpe en el síndrome de desconexión retículofrontal y que presumiblemente estaba dañado en el jinete caído. La disfunción dentro de este camino explica también probablemente buena parte de la disfunción del lóbulo frontal en la esquizofrenia.[14]

Por supuesto, la analogía entre un paciente esquizofrénico y el jinete caído es limitada. En Kevin, el sistema dopamínico mesolímbico-mesocortical había funcionado adecuadamente hasta los treinta y seis años, cuando quedó destruido como consecuencia de una lesión de cabeza. El desarrollo cognitivo de Kevin había completado su curso normal antes de la lesión. Por el contrario, en un paciente esquizofrénico se supone que el déficit es de neurodesarrollo. El camino dopamínico mesocortical falla de entrada en seguir su desarrollo adecuado, debido a alguna combinación de factores genéticos y ambientales. Esto significa que es probable que el desarrollo cognitivo entero de los esquizofrénicos sea sutilmente diferente del de la gente sana. El desarrollo cognitivo es anormal desde el principio, mucho antes de que se reconozcan los primeros síntomas clínicos abiertos de esquizofrenia. En Kevin la lesión era estructural, causada por impacto mecánico en la cabeza. En la esquizofrenia el déficit es bioquímico.

Pero a pesar de las diferencias obvias entre las dos situaciones, la neuroanatomía del déficit es similar, pues en ambos casos afecta a las proyecciones desde el tallo cerebral tegmental ventral en los lóbulos frontales. La desconexión frontal parece ser fundamental para ambos trastornos, de neurodesarrollo en un caso y adquirido en el otro.

La bioquímica dopamínica anormal no es probablemente el único factor tras la disfunción del lóbulo frontal en la esquizofrenia. Estudios de cerebros esquizofrénicos mediante finos exámenes TAC cuantitativos e imagen por resonancia magnética (IRM) revelaron también numerosas anormalidades estructurales, incluyendo la disminución del volumen cortical de la materia gris.[15] La disminución de materia gris es muy general y no parece estar limitada a ninguna parte concreta del cerebro. Además, algunos estudios sugieren que es particularmente pronunciada en los lóbulos frontales.[16]

Para concluir, factores bioquímicos y estructurales pueden jugar un papel en la disfunción del lóbulo frontal en la esquizofrenia. Cualesquiera que sean los mecanismos exactos de esta disfunción, la conclusión profética de Kraepelin ha sido confirmada por la neurociencia moderna. La esquizofrenia es en gran medida una enfermedad del lóbulo frontal.

Trauma de cabeza: una conexión rota

La lesión cerebral traumática (TBI, Traumatic Brain Injury) es una situación particularmente lacerante, puesto que es básicamente una enfermedad de gente joven. A comienzos y mediados del siglo xx, la lesión cerebral traumática estaba causada fundamentalmente por heridas de bala penetrantes. Pero hoy, en el mundo occidental la TBI está causada normalmente por accidentes de automóvil y accidentes de trabajo. En la visión popular, la lesión cerebral traumática carece del drama de la enfermedad de Alzheimer, el síndrome de inmunodeficiencia adquirida (SIDA) o la esquizofrenia, pero es una epidemia de proporciones similares. Puesto que en los Estados Unidos más de dos millones de personas sufren anualmente TBI, a veces se le conoce como la «epidemia silenciosa».[17]

En la mayoría de los casos, las denominadas lesiones de cabeza leves, se da una recuperación aparentemente completa a las pocas semanas de la lesión. No hay pérdida duradera de movimiento, lenguaje o percepción. Los déficits de memoria y atención pueden durar más tiempo, pero finalmente también desaparecen. A estos pacientes se les considera «completamente recuperados» y se les envía a disfrutar de la vida.

Pero en modos sutiles estas personas jóvenes ya no son ellas mismas. El impulso, la iniciativa y el punto competitivo desaparecen con frecuencia. Se hacen pasivos e indiferentes. Frecuentemente se hacen inoportunamente bromistas, emocionalmente volátiles, irritables, ariscos e impulsivos. Para un observador ordinario, estos cambios no indican normalmente un deterioro neurológico. En la tradición del dualismo ingenuo se suelen despachar como «cambios de personalidad», como si la «personalidad» fuera un rasgo extracraneal. Pero de hecho estos cambios reflejan un deterioro sutil de las funciones ejecutivas, una disfunción sutil de los lóbulos frontales.

Las exploraciones TAC y IRM dan habitualmente resultados normales en estos pacientes. Durante años, esto contribuyó a la creencia de que los pacientes no sufrían daño cerebral duradero. De hecho, en la mayoría de estos pacientes no hay lesión estructural dentro de los lóbulos frontales. Pero con la llegada de la neuroimagen funcional se hizo posible estudiar la fisiología de los lóbulos frontales, además de la estructura. Joseph Masdeu y sus colegas utilizaron SPECT para estudiar pautas de flujo sanguíneo cerebral en pacientes con trauma de cabeza leve.[18] Invariablemente, el flujo sanguíneo era anormal y solía estar reducido en los lóbulos frontales. Esta pauta de «hipofrontalidad» estaba presente incluso cuando la exploración IRM era normal.

Como la esquizofrenia, la lesión cerrada de cabeza presenta una imagen enigmática de disfunción del lóbulo frontal sin una lesión del lóbulo frontal. Y una vez más, es probable que el mecanismo sea un daño a las proyecciones desde el tallo cerebral en los lóbulos frontales: el síndrome de desconexión reticulofrontal. Los neurólogos han tenido siempre la sensación de que es probable que ocurra un daño semejante en la lesión de cabeza. Hoy es posible finalmente comprender tanto sus causas como sus consecuencias.

De esta comprensión llegan noticias buenas y malas. Las malas noticias son que el predominio de deterioro duradero tras un trauma de cabeza incluso «leve» es mayor de lo que se había pensado. Casi invariablemente, el deterioro afecta a las funciones del lóbulo frontal. Las buenas noticias son que identificar la causa es el primer paso hacia el desarrollo de terapias efectivas. Los efectos de la desconexión reticulofrontal son presinápticos. Puesto que no hay lesión dentro de los lóbulos frontales, los receptores de los neurotransmisores críticos (las sustancias químicas encargadas del paso de la señal entre neuronas) están básicamente intactos.

Esto abre la puerta a una farmacología verdaderamente «cognotrópica» en la lesión cerrada de cabeza.[19] Por cognotrópica entiendo el tipo de farmacología que está específicamente dirigida al déficit cognitivo. No hay nada nuevo en dar medicamentos a los pacientes que se recuperan de una lesión de cabeza. Sin embargo, la lógica tradicional tras estos tratamientos estaba orientada al control de crisis, depresiones u otras consecuencias comunes de la lesión de cabeza, pero no al propio déficit cognitivo. Sólo a mediados de los 90 se hicieron los primeros intentos de utilizar directamente la farmacología para mejorar la cognición de pacientes que se recuperaban de lesión cerebral traumática. A la luz de la discusión anterior, no es sorprendente que esta farmacología se orientase fundamentalmente al sistema dopamínico.[20]

Trastorno de déficit de atención/hiperactividad: una conexión frágil

Si se celebrara un concurso para elegir la «enfermedad de la década», el trastorno de déficit de atención (ADD) y el trastorno de déficit de atención/hiperactividad (ADHD)* estarían entre los concursantes con más posibilidades.[21] Al cierre del siglo XX y comienzos del XXI, el diagnóstico se hace de forma generosa e informal, a menudo con poco conocimiento de los mecanismos subyacentes, y a veces con ninguno en absoluto. Los padres buscan activamente un diagnóstico de ADD para sus hijos que explique sus fracasos escolares, y los adultos lo buscan para sí mismos y poder así explicar sus fracasos vitales. No es inhabitual que un paciente pida al doctor que «diagnostique mi ADD». La proposición, por supuesto, es una completa contradicción en los términos, tan razonable como preguntar: «¿Cuál es el color de mi jersey verde?». Pero muchos doctores acceden, y los que no lo hacen suelen correr el riesgo de que sus pacientes se vayan a aquellos que sí lo hacen (me sucedió a mí). Se sabe de algún paciente que va de doctor en doctor hasta que obtiene el diagnóstico mágico.

Cuando un diagnóstico no sólo es meramente recibido, sino buscado, es evidente que estamos ante algo más que un trastorno clínico: estamos ante un fenómeno social. El porqué de que el ADD se haya convertido en un fenómeno social muy bien puede merecer un tratado de sociología y antropología cultural

* ADD: attention deficit disorder. ADHD: attention deficit/hyperactivity disorder. [N. del T.]

independiente. Creo que tiene que ver con una combinación compleja de varios factores culturales.

En primer lugar, tiene que ver con la culpabilidad, paterna o personal, por los fracasos propios o de los hijos. Un diagnóstico clínico elimina la culpabilidad e incluso el sentido de responsabilidad. En una época en que proliferan las etiquetas diagnósticas, esto ofrece una forma conveniente de descargar la responsabilidad de un fracaso vital. En segundo lugar, tiene que ver con la continua expansión del ámbito de los derechos individuales y la idea de antidiscriminación. Un diagnóstico clínico se gana todo tipo de concesiones y exenciones en un amplio espectro de situaciones. En tercer lugar, el fenómeno ADD se ajusta a la infatigable creencia americana en que cualquier cosa puede corregirse con la píldora correcta (en este caso, Ritalin). Esto puede explicar por qué en ningún otro lugar se hace o se busca tanto otro diagnóstico fuertemente inflado en nuestra época, la discapacidad de aprendizaje (LD): no hay ninguna promesa fácil de píldora mágica.

Finalmente, el atractivo para el gran público del diagnóstico de ADD tiene mucho que ver con la ilusoria transparencia de la propia noción de «atención». Igual que sucede con «memoria», todo el mundo tiene un sentido inmediato, aunque a menudo equivocado, del significado de la palabra. Esto, a su vez, conduce a una sensación de confianza igualmente equivocada en el autodiagnóstico. Después de todo, nadie tiene acceso por introspección a su propio páncreas, pero todo el mundo tiene acceso por introspección a su propia mente. Como resultado, muy pocos individuos legos presumirían de hacer un autodiagnóstico de pancreatitis, pero la mayoría de la gente no se cortaría en autodiagnosticar su ADD.

Junto con varios tipos de discapacidades de aprendizaje verbal y no verbal, e incluso más, probablemente, el ADHD está entre los diagnósticos más elásticos incluso cuando está hecho por profesionales cualificados. Esto es inevitable, dado que el ADHD es un síndrome que no está ligado a ningún patógeno único bien definido. Los trastornos causados por patógenos distintos pueden considerarse en términos intrínsecamente discretos. Cualquier noción de «continuidad» entre hepatitis B y hepatitis C chocaría como algo sin sentido a un experto en enfermedades infecciosas. Pero los síndromes definidos como constelaciones de síntomas cognitivos son intrínsecamente idiosincrásicos. Esto sucede especialmente cuando los síndromes en cuestión pueden estar causados por varias patologías diferentes. Y se complica aún más cuando todas estas patologías tienen abanicos amplios y solapados de expresiones neuroanatómicas. Puesto que las pautas de déficit cognitivo dependen más de la neuroanatomía del trastorno que de su causa biológica (una circunstancia que no captan completamente muchos médicos y psicólogos), la relación entre cognición, neuroanatomía y la causa biológica de la enfermedad se hace especialmente complicada. Como resultado, los síndromes cognitiva y conductualmente construidos no deberían considerarse como entidades intrínsecamente discretas sino como regiones en distribuciones continuas de síndromes multidimensionales con fronteras intrínsecamente arbitrarias.

La complicación adicional, tanto en el diagnóstico conceptual como en el práctico, es que los procesos patológicos que producen los trastornos del neurodesarrollo en cuestión no son casi nunca centrales, puesto que la madre naturaleza no tiene ninguna obligación de atenerse a nuestros manuales taxonómicos discretos. Esto lleva a la denominada comorbididad de las diferentes discapacidades de aprendizaje y el ADHD, que en realidad no es comorbididad en absoluto, puesto que los diferentes síndromes en cuestión vistos en combinación en un único individuo están normalmente causados todos por un proceso patológico único, aunque neuroanatómicamente distribuido, y no por procesos patológicos independientes.

Con un fondo tan revuelto, es importante recuperar alguna medida de precisión para los términos «atención» y «déficit de atención». El trastorno de déficit de atención/hiperactividad es una condición genuina y altamente dominante, que puede ser diagnosticado y tratado rigurosamente. La atención se ha comparado a menudo a un *flash* que ilumina un cierto aspecto de nuestro mundo físico o mental frente al fondo de las distracciones competidoras. ¿Hay alguna realidad biológica tras la metáfora del flash? Puede haberla. A medida que exploremos la analogía veremos que la atención implica una maquinaria neural compleja que consiste en la corteza prefrontal y sus conexiones.

Una vez que ligamos el ADHD con la disfunción del lóbulo frontal, su alta predominancia (incluso cuando el diagnóstico se hace de forma rigurosa y conservadora) no debería ser una sorpresa. Como ya sabemos, los lóbulos frontales son particularmente vulnerables en una gama muy amplia de trastornos, y de aquí la muy alta tasa de disfunciones del lóbulo frontal. El diagnóstico de ADD o ADHD se refiere habitualmente a cualquier condición caracterizada por disfunción leve de los lóbulos frontales y caminos relacionados en ausencia de cualquier otra disfunción relativamente severa. Dada la alta tasa de disfunción del lóbulo frontal debida a causas diversas, debería esperarse que la predominancia de ADHD genuino fuera muy alta. Pero decir meramente que el ADHD es una forma leve de trastorno de lóbulo frontal simplifica demasiado la cuestión.

Para llevar más lejos la analogía del flash, recordemos que un flash es un instrumento. Alguien (o algo) debe ser responsable de elegir en qué dirección apunta y de mantenerlo con una mano firme. En términos neurales, esto significa que debe identificar el objetivo de la acción y debe guiar efectivamente el comportamiento durante un periodo de tiempo. Ya sabemos que es la *corteza prefrontal* la que establece y mantiene los objetivos. Éste es el actor cuya mano controla el flash.

La analogía del flash supone también un escenario que necesita iluminación. El escenario se encuentra en el cerebro, fundamentalmente en los *aspectos posteriores de los hemisferios corticales*. Éstas son las estructuras más directamente involucradas en el procesamiento de la información entrante. Dependiendo del objetivo entre manos, partes especiales y distintas de la corteza posterior deben implicarse en el estado de activación óptima (iluminado por el flash, por así decir). La selección de estas áreas se consigue mediante la corteza prefrontal, que en consecuencia dirige el flash.

El propio flash se encuentra en los núcleos del tallo cerebral ventral, que pueden activar selectivamente vastas regiones corticales a través de sus proyecciones ascendentes. La corteza prefrontal guía al «flash» a través de sus propios caminos descendentes al tallo cerebral ventral. Finalmente, la corteza prefrontal *modifica* su control sobre el flash, basandose en la *realimentación* que recibe de la corteza posterior.

En resumen, la atención puede describirse mejor como un proceso de tipo bucle que implica interacciones complejas entre la corteza prefrontal, el tallo cerebral ventral y la corteza posterior (Fig. 10.2). La ruptura en cualquier otro lugar a lo largo de este bucle puede interferir con la atención, produciendo así una forma de trastorno de déficit de atención. La primera consecuencia del aná-

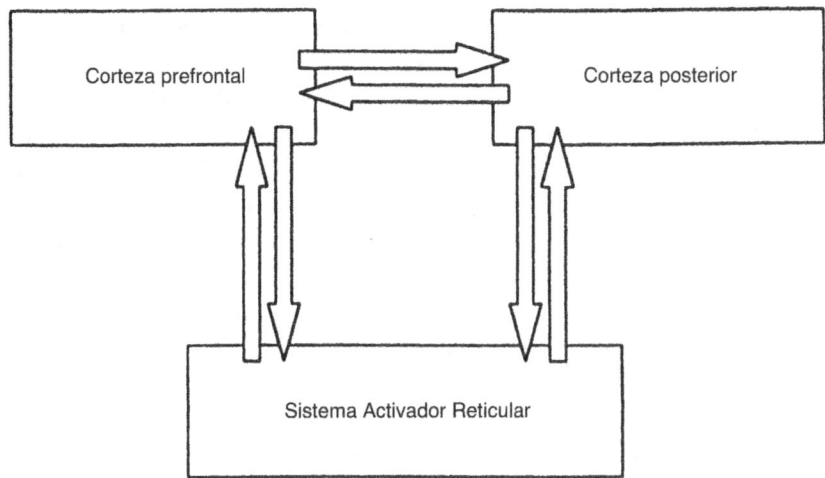

Figura 10.2 Bucle de atención cortical frontal-reticular-posterior.

lisis anterior es que el déficit de atención está entre las consecuencias más comunes del daño cerebral. La segunda consecuencia del análisis anterior es que existen distintas variantes del trastorno de déficit de atención, algunas con y otras sin hiperactividad.

La corteza prefrontal y sus conexiones con el tallo cerebral ventral (la mano que sostiene el flash) juegan un papel particularmente importante en los mecanismos de atención. Cuando hablamos de trastorno de déficit de atención normalmente implicamos a tales sistemas. Las causas exactas del daño a dichos sistemas varían. Pueden ser heredadas o adquiridas tempranamente en la vida. Pueden ser bioquímicas o estructurales. No debería ser una sorpresa que los rasgos del ADD estén combinados normalmente con ciertos aspectos de déficit ejecutivo. Cuando el déficit ejecutivo es severo, el diagnóstico de ADD se hace superfluo. Pero cuando es leve, cuando lo que destaca es el deterioro atencional pero el déficit ejecutivo es mínimo, entonces el diagnóstico de ADD se hace adecuadamente. En la mayoría de tales casos está presente un trastorno bioquímico que afecta a las conexiones del lóbulo frontal, pero no hay daño estructural real a los lóbulos frontales. En algunos casos el déficit atencional está altamente concentrado y puede coexistir con una capacidad máxima de planificación y previsión. Winston Churchill puede haber sido un caso semejante. Numerosas descripciones de su comportamiento evocan fuertemente un ADHD. Pese a todo, él fue el hombre que previó el peligro de Lenin, luego de Stalin, luego de Hitler, y luego de Stalin de nuevo, mucho antes que muchos otros líderes políticos del mundo libre, y por ello difícilmente puede achacársele falta de previsión.

El déficit de atención en el ADD suele ser selectivo. Está presente sólo en las actividades «poco interesantes» pero está ausente en las actividades «interesantes». Si el paciente disfruta de la tarea (un juego de ordenador o un evento deportivo) y obtiene placer de ella, su atención está al máximo. Pero la atención se escapa de cualquier tarea privada de recompensa instantánea, tal como asistir a una conferencia o leer un libro de texto. Esta observación liga claramente el ADD con la disfunción del lóbulo frontal. Recordará usted el papel de la corteza prefrontal en el establecimiento de objetivos, la volición y la gratificación diferida.

El trastorno de déficit de atención se presenta en una variedad de formas. Recordará que la corteza prefrontal es funcionalmente diversa (izquierda-derecha; dorsolateral-orbitofrontal). Diferentes pautas anatómicas de disfunción del lóbulo frontal alterarán la atención de formas diferentes. Los caminos que conectan la corteza prefrontal con los núcleos del tallo cerebral ventral son bioquímicamente complejos. El daño a diferentes componentes bioquímicos dentro de estos caminos también interrumpirá la atención de formas diferentes.

La «H» entre las «Ds» es el caso importante. Es habitual distinguir entre trastorno de déficit de atención (ADD) y trastorno de déficit de atención con hiperactividad (ADHD). Puede ser muy bien que la forma hiperactiva esté más comúnmente asociada con disfunción sutil de la corteza orbitofrontal y sus caminos. Por eso es por lo que el ADHD se suele asociar con la volatilidad del afecto que habitualmente se observa en el daño orbitofrontal. Por el contrario, es más probable que la forma no hiperactiva esté asociada con disfunción sutil de la corteza dorsolateral y sus caminos.

La distinción ente ADD y ADHD es sólo el principio. Probablemente existen numerosas formas de déficit de atención, que requieren diferentes remedios. A medida que aprendamos más sobre los lóbulos frontales y sus conexiones seremos capaces de identificar estas formas y sus remedios con precisión creciente.

El ADHD conquistado: ¿cómo se autorrecuperó Toby?

A Toby le gusta decir que es una anomalía por definición, puesto que consta de tres mitades: mitad negro, mitad judío y mitad gay. Toby utiliza la palabra «negro» genéricamente, refiriéndose a todas las personas de color, y la «mitad» en cuestión no es realmente africana, sino polinesia. De todas formas, las tres «mitades» representan minorías perseguidas en muchas sociedades, con Toby en la intersección. Y éste es sólo el preludio a la historia de Toby.

Toby fue adoptado cuando tenía seis años, de modo que sus orígenes exactos son desconocidos. Según la información obtenida de sus padres adoptivos y su propia investigación, su padre biológico era un judío francés y su madre biológica era una maorí de Nueva Zelanda. Eran compañeros estudiantes en Sidney, y Toby fue el producto obviamente indeseado de una violación. Sus padres adoptivos eran una pareja galesa de clase media que emigró a Australia desde Gran Bretaña. Ellos querían una hija pero adoptaron a Toby porque su otro hijo (también adoptado) era un niño y ellos no tenían una habitación independiente para una niña. Este origen «indeseado» había atormentado a Toby durante toda su vida, y hablaba sobre ello conmovedoramente en un documental que él mismo hizo muchos años después. El documental, titulado *Alias*, recibió aclamación de la crítica en varios festivales de cine en Australia, incluyendo el Bondai Film Festival y el Sidney Sort Film Festival (ambos en 1998).

Toby fue un niño precoz. Estudió canto, flauta y danza. Distinguido por su talento excepcional, ejecutó solos en varias galas. Pero Toby era también un niño difícil y caprichoso. En muchas ocasiones, cuando sus padres se enfadaban con

Toby practicaban el «amor duro». Metían las pertenencias de Toby en una bolsa y le decían que se fuese de casa y volviese sólo cuando se hubiera «arrepentido».

Previsiblemente, Toby caminaría alrededor de la manzana y volvería para llamar a la puerta, «arrepentido», hasta la próxima ocasión. Pero en una ocasión, cuando tenía nueve años, Toby no volvió. En lugar de ello, caminó varios kilómetros en mitad de la noche, agarrando fuertemente su bolsa, desde el suburbio donde creció hasta el centro de Sidney. Allí se unió a otros niños sin hogar y empezó su vida como un golfillo de la calle.

Durante varios años Toby se ganó la vida como un buscavidas, un chapero. Muchos años después me dio una vuelta por «su» Sidney y me llevó a la «Wailing Wall», una estructura de piedra arenisca amarilla, el exterior de la primera cárcel de Sidney en Oxford Street cerca del hospicio de San Vicente, donde los niños buscavidas solían congregarse esperando a «johns». Al principio, sentí que mi sensibilidad judía se ofendía por esta referencia sacrílega, pero luego comprendí su amarga exactitud. En el muro, Toby me mostró un *graffiti* borroso «Toby, 1976», hecho durante su vida en las calles.

En todos los demás casos que presento en este libro utilizo nombres ficticios para proteger la confidencialidad de mis pacientes. «Toby», sin embargo, es en cierto sentido un nombre real. Es uno de los varios «nombres de guerra» utilizados por Toby en su profesión como niño «trabajador del sexo» en las calles de Sidney. Todos estos años Toby ha estado visitando periódicamente sus graffiti, pasando algún tiempo en silencio ante ellos y asegurándose de que no se habían difuminado o los habían borrado. Me invitó a unirme a él en este peregrinaje a su muro, y prefiero no hurgar en las complejas emociones que deben haber rodeado al ritual: simplemente permanecí en silencio.

En el curso de su vida en la calle Toby se hizo adicto a numerosas drogas: heroína, cocaína, speed, barbitúricos y cualquier otra cosa que pudiera encontrar. Sintiéndose cada vez más desesperado y atrapado, Toby escribió este poema, «Mi Amor por mi Lady Pecado», a los dieciséis años, comparando su adicción a la droga con «Lady Pecado»:

> Una historia de tristeza nació
> Con mi amor por mi Lady Pecado.
> Una historia de problemas y aflicciones,
> Y de soledad interior.
>
> Mi lady entró en mi vida
> Una noche que estaba solo.
> Y fijó discretamente su hogar
> En el vacío que encontró en mi corazón.

El primer año fue una fantasía, una ficción.
El segundo un alegre carrusel.
Al tercero empezaron a manifestarse los signos.
Al cuarto, todos mis amigos podían contarlo.

Pero yo seguía rindiendo culto a mi lady,
Y un día la hice mi mujer.
Y en mi aflicción, con las palabras «sí quiero»,
Discretamente entregué mi vida.

Así que mi cuerpo y mi alma están ahora retorcidos,
Lo que no se ha consumido.
Y lloro y recuerdo en silencio.
Es el precio que todos tenemos que pagar.

Esta devoción se convierte en una obsesión,
Mi cuerpo está tan desgarrado como mi corazón.
Pero ella sigue susurrándome al oído,
«Hasta que la muerte nos separe».*[22]

Luego, a los diecinueve años, Toby buscó a sus padres adoptivos, hizo las paces con ellos y se embarcó en un intento de reincorporarse al mundo normal. Durante los años siguientes aprendió varios oficios. Sucesivamente trabajó como especialista en horticultura y cultivos hidropónicos, enfermero, peluquero, maquillador, consejero de niños sin hogar. Según todos los informes, llegó a ser muy competente en cada una de estas ocupaciones. Al ser el único graduado con puntuaciones perfectas en la historia de su instituto de agricultura, Toby fue invitado a enseñar en el instituto inmediatamente después de su graduación, un nombramiento sin precedentes. Enfrentado con estudiantes a menudo mucho mayores que él y pareciendo incluso más joven de lo que era, Toby se dejó crecer una barba para parecer «profesoral». Toby también se estaba interesando cada vez más en la escritura y la fotografía creativa, y su trabajo estaba empezando a encontrar un éxito modesto. Tenía un conocimiento sorprendente de

---

* A tale of sadness was born / In my love for my Lady Sin. / A story of trouble and woe, And loneliness found within. // My lady stepped into my life / One night when I was alone, / And in the void she found in my heart / She quietly made her home. // The first year was fantasy, fiction. / The second a gay carousel. / By the third, the signs started started showing, / By the fourth, my friends all could tell. // But still I worshipped my lady, / And one day I made her my wife./ And in my woe, with words «I do», / I quietly gave up my life. // So my body and soul are now twisted / That which did not waste away. / And I cry as I quietly remember, / It´s the price we all have to pay. // This devotion doth turn to obsession, / My body as torn as my heart. / But still to my ear she whispers, / «Till death do us part.

animales y plantas, y solía mantener un zoológico consistente en varios perros, lagartos, aves y ratones, así como peces y ranas en el estanque del pequeño jardín japonés que construyó delante de su casa en una suburbio de Sidney.

Pese a sus obvios y numerosos talentos, no obstante, Toby era incapaz de mantener un trabajo. Más pronto o más tarde (normalmente más pronto) Toby se enzarzaba en violentas discusiones con sus colaboradores y terminaba siendo despedido o se iba de mal humor. Era inquieto y no podía asentarse en ninguna actividad. Sus padres adoptivos tenían esperanzas de que Toby aprovechase su talento obvio y se hiciese veterinario. Pero igual que era incapaz de asentarse en un trabajo, Toby era incapaz de asentarse en una profesión. Esta inquietud era generalizada y se manifestaba de numerosas formas. Toby atribuía esta inquietud a tener múltiples talentos, pero evidentemente era un inadaptado.

Las relaciones personales de Toby eran también volátiles y tumultuosas, y su personalidad social estaba llena de contradicciones. Era conocido por ser cálido, leal y generoso, alguien que nunca le volvía la espalda a un amigo necesitado. Al mismo tiempo era explosivo, pendenciero y beligerante incluso con sus amigos más íntimos. Tenía una hija extramatrimonial y actuaba como un padre cariñoso, devoto e implicado, pero era incapaz de comprometerse en un matrimonio o cualquier otro tipo de relación a largo plazo. Cuando finalmente lo hizo, la relación estuvo salpicada de volatilidad y violencia, pero pese a todo estuvo caracterizada por un fuerte compromiso mutuo. Siguió luchando contra su adicción a la droga, se apuntó a un programa clínico de metadona, y finalmente, tras varios reveses, fue capaz de dejar el hábito.

Conocí a Toby durante una de mis frecuentes visitas a Sidney, y luego lo volví a ver cuando visitó Nueva York. Ahora estaba en su treintena y lleno de contradicciones. Inmediatamente, Toby me sorprendió como una persona inhabitualmente inteligente y articulada, pero también inhabitualmente inmaduro. Sin haber medido realmente su CI yo conjeturaría que tiene un valor en torno a 140-150, dentro del intervalo «muy superior». Pero constantemente se le pillaba poco preparado para las consecuencias de sus propias acciones y las de los demás, aparentemente incapaz de preverlas. Las cosas tendían a «sucederle» constantemente a Toby «de improviso», lo que sugería una evidente falta de previsión. Toby poseía unos conocimientos sorprendentes sobre un abanico sorprendentemente amplio de temas, pero era errático y poco sistemático. Al mismo tiempo, Toby era capaz de una extraordinaria intuición de las personas y las situaciones, y era un juez excepcionalmente agudo del carácter humano. Parecía que su debilidad de juicio se limitaba al dominio temporal, cuando se requería alguna proyección sobre el futuro. Toby fue el ejemplo más chocante en mi experiencia personal de lo no intercambiables que son «intuición» y «previsión», y de lo abruptamente divididas que podrían estar estas dos capacidades en el mismo individuo. Toby era un hombre con una soberbia capacidad de *intuición* y una prácticamente nula capacidad de *previsión*.

La inquietud era el rasgo dominante de la personalidad de Toby, y era evidente en cada interacción. La presión por actuar, por moverse, era palpable. Tenía una docena de planes e ideas en competición en cualquier instante dado, todas amontonadas una sobre otra. En una reunión social tenía que hablar con todo el mundo a la vez y entonces se precipitaba en mitad de la cena a hacer alguna otra cosa. Una conversación telefónica era interrumpida invariable y repentinamente a mitad de una frase con «tengo que dejarlo». Tenía un temperamento volátil, con oscilaciones precipitadas entre el encanto social en un instante y la hostilidad amenazadora en el siguiente. A medida que observaba las interacciones de Toby con otras personas, yo encontraba sus estallidos perturbadores, extremos, no provocados, casi aterradores. Pese a todo, él era obviamente inteligente y dotado. Conocía Sidney como la palma de su mano y era un guía intuitivo y ingenioso.

Poco a poco me iba formando la impresión de que los comportamientos escandalosos de Toby tenían una vida propia, que Toby se embarcaba en ellos a su pesar, y que él sufría. Como resultado, mi simpatía por Toby superó a mi irritación por sus payasadas. Fue con esta combinación de inteligencia y dolor con lo que yo conecté, y esto hacía a Toby atractivo a pesar de sus rasgos muy poco atractivos. Toby también parecía generar esta reacción en otras personas. En conjunto era querido y tenía muchos amigos de toda edad y condición que le admitirían conductas que normalmente no se perdonan.

El clínico que hay en mí estaba cada vez más intrigado por lo que yo veía. Toby era claramente hiperactivo y posiblemente sufría también un trastorno bipolar. Su afecto fluctuaba constante y salvajemente. En algunas ocasiones Toby hacía alusiones a «altos» y «bajos», confirmando mis observaciones. Que la vida de Toby consistía en estados extremos con muy poco entre medias se reflejaba en el diario que él llevaba, obedeciendo a su inclinación literaria. Las notas del diario se entraban desde los dos extremos de un gran libro: la «sección días» y la «sección noches», en referencia a los momentos altos y bajos. En este contexto, la historia de drogas pasada de Toby se veía como un intento desesperado de automedicación, un fenómeno no poco común en personas con situaciones sutiles y no diagnosticadas. Yo creía que debería hablar con Toby y urgirle a buscar ayuda profesional, pero no se presentó ninguna ocasión y dejé Sidney sin tener esta conversación.

Volví a Australia medio año más tarde y Toby se me unió para comer en el restaurante Rusian Accent en el distrito Darlinghurst de Sidney. Parecía diferente. Como si leyese mi mente, Toby comenzó la conversación volviendo a narrar los sucesos de los últimos meses. Toby había llegado por sí mismo a la conclusión de que había algo clínicamente erróneo en él y que necesitaba ayuda profesional. Encontró a un psiquiatra que le recetó Dexedrina, un estimulante de la familia de las anfetaminas que a menudo se receta para tratar el ADHD.

La Dexedrina funcionó. Toby siguió con ella durante mi estancia de seis semanas como profesor visitante en la Universidad de Sidney, y pude observar sus efectos en varias ocasiones y actividades sociales (que incluyeron una visita a la Wailing Wall). Toby era más tranquilo, más reflexivo, menos discutidor, y ya no visiblemente hiperactivo. Ya no había ideas en conflicto o competencia ni había cambios impulsivos de idea cada cinco minutos. No había precipitación de una actividad a otra. Toby era capaz de sentarse y relajarse durante una comida, algo que no había sido capaz de hacer antes; y ahora era yo normalmente quien terminaba nuestras conversaciones telefónicas con «tengo que marcharme». Su afecto ya no iba de un extremo a otro y la mayor parte del tiempo estaba donde debería, en un nivel agradable y neutro. Por primera vez desde que había conocido a Toby, él era previsible al modo normal. La capacidad de Toby para comportamiento organizado y orientado a objetivos también había mejorado claramente. Ya no proyectaba la imagen de inmadurez y estaba hablando y actuando de una forma bien madura.

Como descubrí más tarde, a los tres meses del tratamiento Toby sufrió una depresión, un conocido efecto colateral de la Dexedrina. Se pasó al litio pero se sentía «sin vida», con sus «procesos mentales frenados». Con el consentimiento de su doctor, Toby decidió dejar completamente los medicamentos. En lugar de ello, se unió a un grupo de apoyo y buscó psicoterapia de apoyo. Él siente que comprender finalmente su situación le da poder sobre ella, y en general es un hombre mucho más feliz. En el momento de escribir esto, Toby sigue estando razonablemente bien. Parece haber vencido a sus demonios y haberse recuperado con éxito.

Por primera vez en su vida Toby ha sido capaz de seguir las cosas de una forma relativamente sistemática y metódica. Compró una granja y ahora está en proceso de convertirla en una floreciente negocio de horticultura. Por primera vez en su vida está teniendo unos ingresos constantes y seguros. Al término de mi última visita a Australia, Toby se presentó con media docena de botellas de mis vinos tintos australianos favoritos, fundamentalmente mezclas Shiraz, como regalo de despedida. Los vinos eran jóvenes y tenían que madurar durante cuatro o cinco años, y Toby trajo esto a mi atención. «¿Podría usted diferir tanto la gratificación?» pregunté. «Ahora podría», fue la respuesta.

Como amigo, quedé encantado de ser testigo del éxito de Toby. Como profesional, encuentro instructivo que la hiperactividad y el déficit de atención estuvieran tan íntimamente entretejidos en este individuo excepcionalmente brillante con características de libro de texto de disfunción orbitofrontal: pobre planificación y previsión, combinados con un control de impulso disminuido y una volatilidad afectiva exagerada. También pude situar la pasada adicción a las drogas de Toby en una perspectiva diferente. No es inhabitual que personas con diversos desequilibrios bioquímicos se automediquen, normalmente con resultados autodestructivos (aunque, por supuesto, había muchos factores en la vida de Toby en las calles que pueden haber contribuido a sus múltiples adicciones). Y luego, con un tratamiento satisfactorio, estos síntomas desparecieron, o al menos retrocedieron, al unísono. Aunque no entendemos completamente cómo funciona la Dexedrina (o, para el caso, la Ritalina, el Adderall u otros estimulantes utilizados para tratar el ADHD), de algún modo sirvió para reforzar las frágiles conexiones del lóbulo frontal con las demás partes del cerebro.

Hoy la vida de Toby sigue siendo una lucha: intervalos de éxito intercalados con penosos retrocesos. El problema no ha desaparecido, pero él ha aprendido a manejarlo, al menos hasta cierto punto. El conocimiento de que este problema es bioquímico le ayuda a Toby a afrontarlo y elimina la culpabilidad y la vergüenza. Ya no lo percibe como un fallo de carácter personal, sino meramente como una situación médica. Toby ha aprendido a tratarlo y dominarlo.

Tics bruscos y chistes chuscos

Los lóbulos frontales están íntimamente ligados en particular con los núcleos subcorticales llamados ganglios basales, especialmente con los núcleos caudados. Esta relación funcional es tan íntima que puede justificarse el término «los grandes lóbulos frontales», por analogía con el término «el gran Nueva York», que incluye a Westchester, partes de Long Island, partes de Connecticut y así sucesivamente. La disfunción dentro del sistema caudado frontal da como resultado una de las más fascinantes situaciones neurológicas, el síndrome de Tourette.[23] Éste es un fascinante trastorno asociado, entre otros síntomas, con tics motores involuntarios y expresiones orales involuntarias, a menudo altamente inoportunas y ofensivas. Es precisamente esta cualidad provocativa la que lo hace tan intrigante.

Nuestra cultura enfoca tradicionalmente un trastorno neurológico como un déficit, una pérdida. Esto se refleja en nuestra terminología: afasia —pérdida de lenguaje; amnesia —pérdida de memoria. La hipermnesia y la hiperverbalidad, cuando ocurren, son vistas por la sociedad como un don mnemotécnico o literario, y no como una patología. Pero si la norma se define como la media de la población, entonces el talento es, por definición, una desviación de la norma. La relación entre talento y psicopatología ha intrigado y seducido tanto a los clínicos como a los afectados (o bendecidos). Edgar Allan Poe, quien sufría episodios de confusión, paranoia y posiblemente crisis epilépticas, escribió patéticamente sobre la mezcla de genio y locura.[24]

En situaciones neurológicas y neuropsicológicas es habitual distinguir entre síntomas «negativos» y «positivos». Los síntomas negativos reflejan la pérdida de algo que normalmente debería estar presente, tal como la capacidad de andar, hablar y ver objetos. Los síntomas positivos reflejan la presencia de algo que no es parte de la cognición normal, como son alucinaciones o tics. Los síntomas negativos son más inmediatamente comprensibles, más fáciles de conceptualizar, medir, cuantificar y someter a examen científico riguroso. Los síntomas positivos son normalmente más evasivos y misteriosos, pero también más intrigantes y desafiantes. Inciden en un mundo interior que es diferente y no meramente empobrecido, en presencia de una condición neurológica que no sólo priva, sino que también dota.

El nexo entre creatividad y enfermedad mental es muy llamativo en las vidas y el genio de Van Gogh, Nijinsky y Rimbaud. Esto también es cierto de algunos líderes con un tipo de liderazgo particularmente visionario, que conformaron la historia de nuestra civilización de un modo que sugiere un «talento ejecutivo» excepcionalmente poderoso. Alejando Magno de Macedonia, Julio César, Pedro el Grande de Rusia y posiblemente Akhenaton (el faraón egipcio que fundó la primera religión monoteísta conocida en la historia de la civilización humana) sufrían crisis epilépticas. Picos de creatividad y productividad alternaban con mínimos de desesperación y parálisis mental en la vida y obra de Byron, Tennyson y Schumann, todos los cuales sufrían trastorno bipolar maníaco-depresivo. En un plano más ordinario, a menudo he tenido la sensación de que las personas más dotadas de mi entorno personal pagan un precio por su talento en otras áreas de su vida mental, y que el equilibrio entre don y déficit está gobernado por alguna implacable ecuación de suma cero.

Si el talento tiende a tener un precio, entonces ciertas situaciones neurológicas y psiquiátricas pueden traer a veces su propia recompensa. Estas situaciones siguen siendo fuente de fascinación y reto intelectual. Entre tales situaciones, el síndrome de Tourette es particularmente intrigante y sigue siendo fuente de fascinación para científicos y público general por igual.

Lo que hace al síndrome de Tourette tan intrigante es la riqueza y variedad de síntomas asociados con él. Descrita originalmente por George Gille de la Tourette en 1885, esta situación se caracteriza por tics faciales y corporales incontrolables, gruñidos compulsivos, expresiones obscenas y una exploración incesante del entorno. Estos síntomas aparecen en varias combinaciones que suelen cambiar con el tiempo. Pueden ser sutiles y enmascarados o muy notables. En el último caso suelen considerarse ofensivos y antisociales.

Los observadores clínicos de los pacientes de Tourette también advierten una especial rapidez de ingenio a modo de chispazos y un estilo cognitivo peculiar. Durante años de observación de personas con síndrome de Tourette llegué a reconocer la singular e inconfundible extravagancia, rapidez y brusquedad de sus procesos mentales. Son también peculiarmente malvados, singularmente irreverentes y atrevidos, con destellos de humor. Cuando el escándalo Bill Clinton-Monica Levinsky estaba en su apogeo, un conocido mío con síndrome de Tourette apareció, acompañado de su novia, en una fiesta en casa de un amigo mutuo y anunció con pompa: «Ni yo ni mi novia practicamos el sexo con el Presidente». Como metáfora visual de la cognición touréttica viene a la mente la danza balinesa. Esta rápida agilidad mental va de la mano con la rápida agilidad de movimientos. No todo es malo: se sabe que algunos pacientes de Tourette están dotados para deportes como el kárate y el baloncesto a pesar de su situación.

Los síntomas de Tourette aparecen normalmente en la infancia, a veces desencadenados por un suceso traumático, y a menudo desaparecen con la edad. Sin embargo, en muchos casos los síntomas persisten durante toda la vida. El síndrome de Tourette tiende a afectar a los hombres más que a las mujeres.[25] Debido a la diversidad de manifestaciones, cada vez es más habitual hablar de «espectro de Tourette» más que de un único síndrome de Tourette.[26]

El síndrome de Tourette afecta al neurotransmisor dopamina, que es uno de los mayores sistemas bioquímicos del cerebro, y a estructuras neuroanatómicas llamadas núcleos caudados, críticos para la iniciación de movimientos y conductas más complejas. En muchos casos el síndrome de Tourette parece tener una base hereditaria. De forma esporádica, el síndrome de Tourette y la enfermedad de Parkinson (trastornos, ambos, del sistema dopamínico nigroestratal) se dan a veces en las mismas familias.

Algunos científicos creen que en el síndrome de Tourette los núcleos caudados (uno de los ganglios basales mayores) escapan de algún modo al control que normalmente ejerce sobre ellos la corteza prefrontal. Junto con el tálamo, los ganglios basales pueden considerarse antecesores evolutivos del neocórtex. En el curso de la evolución su papel original fue reemplazado por la corteza frontal, que en los mamíferos desarrollados ejerce una influencia inhibitoria sobre los núcleos caudados. Parece que en los humanos los núcleos caudados desencadenan ciertos comportamientos y que la corteza frontal hace pasar a dichos comportamientos a través de un sistema complejo de filtros cognitivos, «permitiendo» algunos de ellos y limitando los otros.

También creo que en el síndrome de Tourette está debilitada la influencia moderadora de la corteza frontal sobre los núcleos caudados. Como resultado de esta desinhibición surgen comportamientos peculiares, que guardan una similitud característica con los síntomas del lóbulo frontal. Estos comportamientos suelen ser tan provocativos socialmente que los pacientes se exponen a burla, ostracismo e incluso, a veces, a ataques físicos.

El más provocativo entre ellos en la coprolalia, de las palabras griegas «copra» para «heces» y «lalia» para «pronunciación». El paciente hace exclamaciones sucias en situaciones socialmente inoportunas. Hace muchos años salvé de un probable arresto a un joven respetablemente vestido que estaba recorriendo de un lado a otro una fila de pasajeros (yo mismo entre ellos) que esperaba para embarcar en un tren Amtrak, en la estación de la calle 30 en Filadelfia, y nos insultaba con el lenguaje más guarro concebible. También exhibía tics motores característicos, que yo reconocí inmediatamente como touretticos. Cuando los policías estaban a punto de lanzarse sobre él, me acerqué a uno de ellos y rápidamente le expliqué la situación. El oficial escuchó y tuve la satisfacción de ver que simplemente decía al joven que se largara.

Pero la coprolalia no es la única forma de «incontinencia verbal» tourettica característica. Para entender la naturaleza de esta incontinencia debemos considerar de nuevo la pérdida de inhibición que discutimos en relación con el síndrome orbitofrontal. A veces todos tenemos pensamientos que las normas sociales nos impiden expresar en público. Cuando camino por la calle puedo decir para mi interior que alguien es «gordo», algún otro es «feo», y algún otro parece «estúpido». Puedo contener estos pensamientos y ellos no escapan del santuario de mi cráneo, por así decir. No sucede así con un paciente de Tourette. Lo que está en su mente puede estar inmediatamente también en sus labios. Pueden ser epítetos poco halagadores, descalificaciones diversas, comentarios editoriales repugnantes, algo prohibido. «Prohibido» parece ser la clave para entender la incapacidad concreta de ciertos pacientes touretticos para reprimir el léxico que no puede ponerse por escrito.

Esto plantea una interesante pregunta psicolingüística. ¿Por qué contendría un lenguaje palabras cuya expresión está culturalmente prohibida? Esto suena como una característica contradictoria del lenguaje. Pero por lo que yo sé, la mayoría de los lenguajes, y probablemente casi todos, contienen tal léxico «prohibido». Pudiera ser que sirva para una función de liberación emocional, y es precisamente el acto de trasgredir la barrera de prohibición el que consigue la liberación. ¡La fruta prohibida es más dulce! Parece que en el síndrome de Tourette la urgencia por liberar la tensión interna puede estar siempre presente y ser irreprimible.

A medida que aprendemos más sobre el síndrome de Tourette empiezan a surgir diferentes subtipos de este trastorno que pueden reflejar diferentes pautas de la interacción aberrante entre los ganglios basales y los lóbulos frontales. Oliver Sacks habla de la dualidad de los síntomas de Tourette: «estereotípicos» y «fantasmagóricos».[27] Estos síntomas tienen un paralelo claro con las dos características más notables de la cognición «afrontal» que discutimos antes en el libro: perseveración y dependencia del campo. En la mayoría de los casos de síndrome de Tourette, los síntomas estereotípicos y fantasmagóricos no aparecen aislados, sino que están combinados en el comportamiento touréttico en proporciones diversas.

Creo que la gravedad relativa de dichos síntomas refleja la implicación relativa de los núcleos caudados izquierdo o derecho en cualquier caso individual. En muchos pacientes están presentes ambos síntomas, lo que refleja la naturaleza bilateral del trastorno. Sin embargo, también existen casos relativamente puros, que sugieren la existencia de disfunción caudada relativamente lateralizada. En conjunto, los síntomas estereotípicos parecen predominar, debido probablemente a una relación particularmente estrecha entre la dopamina y el hemisferio izquierdo.

El síndrome de Tourette suele estar asociado con el trastorno obsesivo-compulsivo (OCD)* y el trastorno de déficit de atención (ADD). En el OCD los comportamientos repetitivos dominan la vida del paciente, frecuentemente de una forma extremadamente perjudicial. Los comportamientos obsesivos se parecen a la perseveración; de hecho, son perseveración. Por el contrario, el ADD está caracterizado por una distracción extrema, a menudo con consecuencias igualmente devastadoras para la cognición. Esta distracción es, de hecho, una forma leve de comportamiento dependiente del campo. Sospecho que el síndrome de Tourette va acompañado del trastorno obsesivo-compulsivo cuando el núcleo caudado izquierdo está especialmente implicado. Y está acompañado de los síntomas de trastorno de déficit de atención cuando el núcleo caudado derecho está especialmente implicado.

Los aspectos estereotípicos del síndrome de Tourette toman la forma de comportamientos repetitivos forzados, como tics motores y gruñidos. Estos comportamientos pueden ser extremadamente notables y espectaculares, y hacen del paciente un «extraño», un paria social. Los tics suelen ser tomados como muecas y burlas intencionadas. Un amigo mío que desarrolló síntomas

---

* OCD: obsessive-compulsive disorder. [N. del T.]

del síndrome de Tourette cuando tenía cinco años recuerda haber sido expulsado del patio de recreo por las madres de los otros niños porque creían que se estaba burlando de ellos deliberadamente con sus «muecas».

Los síntomas fantasmagóricos suelen expresarse como una urgencia excesiva (y a menudo grotesca) de explorar cualquier objeto que haya en el entorno. Estos síntomas son menos habituales que los estereotípicos, pero pueden ser igualmente espectaculares. A mí me sorprendieron especialmente hace muchos años cuando caminaba por el Upper West Side de Manhattan con Oliver Sacks, quien se había interesado por el síndrome de Tourette, y un amigo tourettico de Oliver que se llamaba Shane Fister, un hombre extraordinariamente inteligente y bien educado, de poco más de treinta años. El comportamiento exploratorio del joven era extremo y se dirigía a todo lo que había en su camino: un árbol, una verja de hierro, un cubo de basura. Mientras caminábamos por la calle, él iba de un objeto a otro, examinándolos con todos los sentidos. Los miraba, escuchaba, tocaba, olía y lamía con la lengua. El espectáculo era tan extraño que me dirigí a Oliver en cierto momento y le dije: «espero que lleves una tarjeta de identificación, por si nos detienen». Cuando entramos en un restaurante de la zona, el joven se abrazó inmediatamente a la propietaria, una mujer de mediana edad y bien parecida, procedente de Alemania, bajo las miradas escandalizadas de los demás huéspedes. Esto lo hizo de pasada, con inocencia. Puesto que yo era un cliente habitual, la alemana se rió y lo dejó pasar, en lugar de echarnos de su establecimiento o llamar a la policía.

Pero no siempre es fácil clasificar un comportamiento touréttico como claramente estereotípico o claramente fantasmagórico. A menudo aparece como ambos. Mi amigo Lowell Handler es un fotógrafo de éxito, director de cine y escritor, con un film ganador de un premio, *Twitch and Shout (Tics y Gritos)*, y un libro del mismo título en su haber.[28] Sufre una forma relativamente leve de síndrome de Tourette. No importa con quien esté hablando, varias veces en el curso de la conversación Lowell hará un movimiento rápido para tocar a la otra persona con la mano e inmediatamente la retirará. Sus amigos están tan acostumbrados a este comportamiento de manoseo que lo ignoran completamente. Pero provoca levantamiento de cejas y crea tensiones con los extraños. ¿Es la necesidad de tocar de Lowell un comportamiento exploratorio? ¿es una perseveración? ¿o es ambas cosas?

Pedí a Lowell y Shane que ofreciesen una visión confidencial de sus necesidades y comportamientos inusuales. Esto es lo que dijeron.

EG: A menudo sientes la necesidad de tocar un objeto o a un ser humano. ¿Qué pasa por tu cabeza en ese momento e inmediatamente antes?

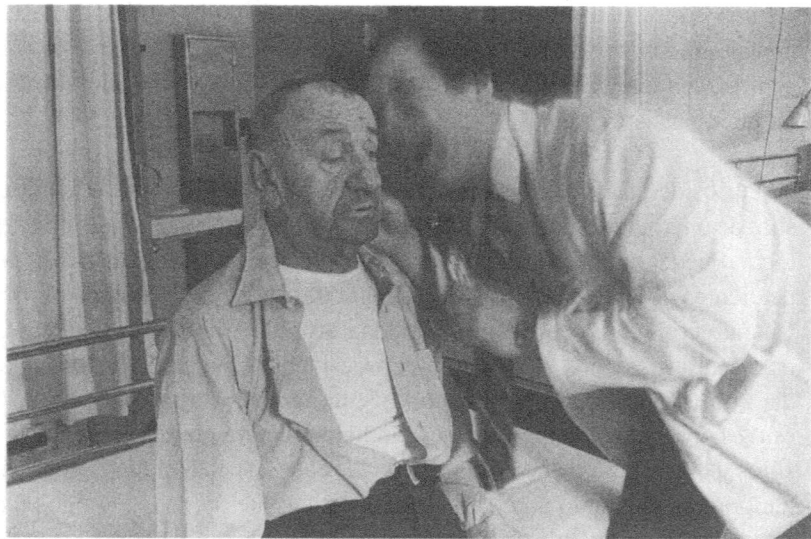

A

B

Figura 10.3 El arte de Lowell Handler. Fotografías de personas con síndrome de Tourette tomadas por un fotógrafo con síndrome de Tourette. (A) Haciendo tic en el trabajo. Un doctor con síndrome de Tourette examina a un paciente con demencia. (B) Atrayendo miradas. Shane Fistel en un la terraza de un café. (Reimpreso con permiso del fotógrafo.)

LH: Es una curiosidad sensorial acentuada y una falta de inhibición. Yo me concentró en una parte del cuerpo o en un objeto. Una vez que estoy concentrado en ello, la necesidad se hace incontrolable. Es una necesidad que no puedo resistir.

SF: Es curiosidad táctil, una necesidad de explorar. Me siento atraído por una silla de cuero, una superficie de plástico o algún otro objeto que tengo que tocar. Puede tomar formas extremas. Una vez me atraganté con un cepillo de dientes porque quería tragármelo para descubrir qué sentía en mi boca. Cuando como, a veces tengo necesidad de poner mi rostro en el comida para sentir la textura. A veces tengo necesidad de sondear el velo del paladar con utensilios como un cuchillo y un tenedor hasta que sangra. Por esto es por lo que me gusta comer sándwiches, para prescindir de los utensilios, porque aunque no suceda todas las veces, sucederá más tarde o más temprano. A menudo como con las manos; no me preocupa lo que piense la gente. Puedo hacerlo con elegancia.

EG: Supongamos que el objeto de tu interés está fuera de tu alcance. ¿Pasarías por encima de todo para conseguirlo?

LH: Yo sería capaz de inhibir la necesidad, pero quizá Shane no lo sea.

SF: A veces, cuando veo un objeto que no puedo tocar en ese momento vuelvo horas más tarde para tocarlo. Algunas pocas veces tuve una necesidad de tocar cosas cuando llevaba bultos pesados. De modo que mantuve en equilibrio lo que llevaba con una mano y toqué con la otra.

EG: ¿Hasta qué punto es extrema esta necesidad? ¿Tocarías un objeto o a una persona incluso sabiendo perfectamente que ello puede conducir a consecuencias destructivas? ¿O es probable que fueras capaz de inhibir la necesidad?

LH: Probablemente yo sería capaz de inhibir la necesidad.

SF: Yo toco las bombillas constantemente y me quemo los dedos.

EG: ¿Por qué las bombillas?

SF: Porque son especialmente brillantes.

EG: ¿Qué pasa con las personas? ¿Tocarías a un policía en la calle si tuvieras la necesidad?

LH: Yo podría tocar su porra (risas).

SF: Yo trato de evitar lugares donde esté rodeado de personas, como el metro. A veces imitaría a una persona en lugar de tocarla.

EG: ¿Está esta necesidad de explorar limitada a las sensaciones táctiles o implica a otros sentidos?

LH: Implica a todos los sentidos. Pero para mí termina inevitablemente siendo táctil.

SF: También al gusto y el olfato. A veces solía meter el rostro en pila del lavabo para saborear el agua. Ya no lo hago.

EG: ¿Qué experimentas antes y en el momento de un tic?

LH: A veces hay un precursor de un tic, a veces una cuasi-sensación, como un «picor». A menudo hay una tensión que recorre mi cuerpo.

EG: Cuando estoy hablando con Shane, oigo ladridos a intervalos casi regulares. Dime más sobre esta necesidad de vocalizar (parte de la entrevista fue realizada por teléfono).

SF: Me veo llevado a imitar sonidos. A veces imito animales, o algunos sonidos extraños típicos de personas concretas. Los imito durante horas, no puede deshacerme de ellos. A veces imito fragmentos de una palabra. Y a veces la palabra no es propia de mí, pero incluso cuando no es «nativa» para mí, seguiré repitiéndola. Si te oigo el tiempo suficiente, incorporaré tu forma de hablar... probablemente no tu acento, sino tus maneras verbales.

EG: Puedo ver que eres hipersensible al sonido. Sigues interrumpiéndome y preguntándome sobre cualquier ruido de la calle que te llega por el teléfono.

SF: Esta hipersensibilidad es cierta no sólo para los ruidos, sino también para el habla. A menudo adopto frases y posturas estereotípicas de otras personas... Una vez leí lo que decía Constantin Stanislavski sobre la imitación que conduce a una metamorfosis en un actor... Cuando las maneras de algún otro se convierten en las tuyas... Algo parecido. Cuando solía pasar mucho tiempo con Oliver Sacks adoptaba alguna de sus maneras.

EG: ¿Lo advertía él?

SF: No lo creo.

EG: ¿De modo que tu extrema curiosidad sensorial es de naturaleza táctil, gustativa y auditiva. ¿Qué pasa con lo visual? ¿Y hasta qué punto es todo sintético o cinestésico?

SF: Todos los sentidos juegan un papel. Cuando camino por la sala quiero sentirlo todo, como una pared fría. Capto el ambiente. Quiero ver el lado izquierdo y derecho simultáneamente. Quiero llevar puesto el ambiente como si fuera ropa. Experimento la desaparición de una persona por detrás de mí como si fuera un peso físico eliminado. Cuando paso de una habitación grande a una pequeña siento un cambio físico como una luz pulsante.

LH: También es muy visual para mí. Tengo una orientación visual increíble por lo que hago puesto que soy fotógrafo. Estoy influido por cosas visuales y estoy tentado por ellas.

EG: ¿Qué hay de la coprolalia? ¿Por qué algunas personas con síndrome de Tourette tienen necesidad de utilizar expresiones sucias?

LH: Jódete... era un chiste... porque está prohibido. El síndrome de Tourette es una falta de inhibición.

SF: Tengo esta necesidad sólo en un grado muy limitado. Entiendo que sólo un 12-14% de las personas con síndrome de Tourette pronuncian frases extrañas. En mi caso no se trata de coprolalia, sino de decir cosas sin sentirse inhibido.

EG: Si es la falta de capacidad para inhibir pensamientos prohibidos, entonces ¿qué pasa con otras expresiones inadecuadas? ¿Si ves a alguien gordo por la calle dirás «gordo», o si ves a alguien feo dirás «feo»?

LH: Yo no lo hago pero algunas personas con síndrome de Tourette sí que pueden hacerlo. Conocí a una mujer con coprolalia. Fuimos juntos a un restaurante muy elegante de Manhattan, y mientras hablábamos ella decía algo insultante sobre cada persona que entraba. Había dos tipos gay sentados cerca de nosotros y ella dijo «maricones»; un negro estaba sentado cerca y ella dijo «negrata»; entraron dos tipos con cola de caballo y dijo «hippies». No se dirigía solamente a los demás; también hacía comentarios insultantes sobre ella misma y sobre mí. Dijo «mi familia son... spicks» y «tú Lowell eres un... kike».* Luego terminamos de almorzar y paseamos por la Octava Avenida y pasó alguien calvo y le gritó «calvorota». Estaba tratando de inhibir estos insultos pero eran muy audibles.

SF: No, yo no quiero insultar, pero puedo hacer una pantomima, como hacer un movimiento apenas perceptible con mi vientre para imitar una barriga cuando veo a una persona gorda por la calle.

EG: ¿Afecta tu síndrome de Tourette también a tus procesos mentales? ¿Hay algo parecido a un «estilo cognitivo touréttico» o «personalidad touréttica»?

LH: El síndrome de Tourette produce una falta de inhibición de orden superior. Esto hace muy difícil la concentración, me hace muy distraíble. Hay un bajo umbral de frustración en el síndrome de Tourette. Acostumbraba a lanzar objetos contra la pared, a romper y aplastar objetos. También creo que mi irreverente sentido del humor es parte de mi síndrome de Tourette. Una vez fui a una fiesta y alguien dijo que él era gay. A lo que respondí que yo era trisexual: hombres, mujeres y animales.

SF: Correr riesgos aumentados es parte del síndrome de Tourette. Una vez me detuve cuando vi a un hombre que atracaba a una niña e intervine.

EG: Algunos doctores que trabajan con el síndrome de Tourette creen que está asociado con hipersexualidad. ¿Qué tienes que decir a eso?

LH: Yo me considero hipersexual y pienso que es parte de mi síndrome. Pero para mí la hipersexualidad es tan sólo un caso especial de una hipersensibilidad general hacia cualquier experiencia. En el sexo tratas con un am-

* *Spiks* y *kike* son palabras despectivas para designar a hispanos y judíos, respectivamente. [N. del T.]

plificador sensorial y el síndrome de Tourette amplifica la atracción hacia todo.

SF: En esta cultura todo está sexualizado, pero yo tengo una gran energía y gustos amplios para alguien de cuarenta años.

EG: ¿Te hace difícil la vida el síndrome de Tourette?

LH: Sí, debido al estigma. Las personas ignorantes malinterpretan los síntomas y tratan de explicarlos dentro de su propio y limitado marco de referencia. Una vez alguien me preguntó si estaba bailando. En otra ocasión alguien me dijo que cerrara el pico.

SF: El síndrome de Tourette me hace la vida difícil, menos debido a los tics y otros síntomas que a cuestiones sociales. Las cuestiones sociales fácilmente eclipsan al propio síndrome. En el instituto y en la escuela de kárate se dirigían a mí con violencia. Además de sufrir ataques, he sido arrestado muchas veces, una vez mientras visitaba a mi padre en el hospital y estaban buscando a otra persona. Fui sospechoso de violación sin ninguna buena razón. He sido acosado por policías por no hacer nada, sólo por gesticular... Una vez un hombre trató de sacarme del andén del metro. No llamé a la policía porque no creí que la policía fuera a creerme a causa de mis tics. Y en una ocasión posterior el mismo hombre empujó a una niña bajo un tren... y me sentí muy mal por no haberle denunciado antes... Pero no todos los policías son así. Hay algunos policías muy instruidos.

EG: ¿Añade algo positivo a tu vida el síndrome de Tourette?

LH: Decididamente sí, pero se necesita cierto talento para convertirlo en una ventaja. Las compulsiones y obsesiones del síndrome de Tourette me dan un impulso para hacer el trabajo, para terminar las cosas. Hay una compulsión para completar el trabajo, para ir un paso más allá. El síndrome de Tourette me hace hipersensible, me da curiosidad sensorial, realmente una curiosidad multisensorial. Esto es importante para escribir y para fotografiar. Me da una componente extrasensorial, me sensibiliza, me da claves para las cosas. Mi mundo interior es más rico debido a ello.

SF: Ahora sé lo que hace. Un grado superior de capacidad atlética es habitual en el síndrome de Tourette. El sentido del olfato es muy agudo. Una vez olí la hierba fresca cortada muy lejos del lugar donde la estaban cortando, antes de que cualquier otro pudiera olerla. Las personas con síndrome de Tourette son mucho más inquisitivas que otras personas... El síndrome de Tourette te da un gran sentido del humor... te da energía, pero es desagradecido...

EG: ¿Cómo afecta el síndrome de Tourette a tu relación con otras personas?

LH: Me aparta de algunas personas que no estarían interesadas en mí de todos modos. Así que yo me quedo con la gente a quien no le importa mi síndrome de Tourette. Y éstas son las personas con las que quiero estar.

SF: Yo perdí algunos amigos, pero pude ayudar a otras personas. Cuando trabajaba en un campo de verano, vi una vez a un muchacho de diecisiete o dieciocho años que no podía dejar de lavarse las manos. Era un caso extremo de trastorno obsesivo-compulsivo. Estaba lavándose las manos literalmente durante una hora y no podía dejarlo. Yo era el único que entendía lo que pasaba. Cerré el grifo, sequé amablemente sus manos con una toalla y le saqué del baño.

EG: ¿Cómo afecta el síndrome de Tourette a tu identidad?

LH: Mi identidad es decididamente la de un «touretter». Existe una cultura de Tourette de quedar al margen y tengo un sentido de hermandad con otros marginales. Me siento más cerca de otros grupos de gente marginados con todo tipo de diferencias. Siento que ellos tienen una idea mejor de mi situación.

SF.   La de Tourette es una de mis identidades, pero no la única ... Dicho sea de paso, me molesta la palabra «touretter», ignora la situación, hace que suene como una vocación.

EG: Hay una cierta mística popular acerca del síndrome de Tourette. ¿Cómo la explicas?

LH: Existe esa mística y yo he llegado a ser un chico de póster para el síndrome de Tourette. El síndrome tiene una mística y un culto que lo rodea de atractivo y, a la vez, lo empaña con infamia. Es una discapacidad y es extraño, y pese a todo resuena con nuestra cultura de superabundancia. A diferencia de otros trastornos, el de Tourette no es algo que rebaje la vida, sino algo rebosante de vida. En estos tiempos de mojigatería y extrema corrección política la gente nos saluda porque estamos llenos de vida, intoxicados de ella.

SF: Habría que distinguir entre mística y misterio. Lo que la gente ve normalmente es una panoplia de cosas extrañas que han sido explotadas en películas para dramatizar las cosas, a menudo de una forma que no tiene nada que ver con la esencia del carácter o la realidad del síndrome de Tourette.

EG: ¿Es el síndrome de Tourette el hecho definitorio de tu vida?

LH: Definitivamente lo es para mí.

SF: Socialmente, sí en gran medida. En privado menos. Mi vida no es sólo unidimensional.

EG: ¿Cómo te las arreglas con tu síndrome?

LH: Trato de dedicarme cierto tiempo para estar tranquilamente y solo en mi apartamento. Un trago de cuando en cuando ayuda... y un montón de vitaminas.

«¿Que puede usted hacer por mí?»

Drogas «cognotrópicas»

Para muchos neuropsicólogos, entre los que me encuentro, la ciencia es un trabajo hecho con amor, pero ver pacientes es el pan nuestro de cada día. Tradicionalmente, la contribución clínica a la neuropsicología ha sido fundamentalmente diagnóstica, y no ha tenido mucho importante que ofrecer a los pacientes a modo de tratamiento. La neuropsicología no es la única disciplina clínica que estuvo durante años relegada a un voyeurismo inútil. Todas las disciplinas interesadas en la cognición comparten esta humillante situación. Un psiquiatra que trata a un paciente esquizofrénico o a un paciente deprimido se encuentra en una posición similar. Tiene amplias herramientas farmacológicas para tratar la psicosis o el humor del paciente, pero muy poco para tratar la cognición del paciente. Incluso si los psiquiatras reconocen cada vez más que el deterioro cognitivo es con frecuencia más debilitador para sus pacientes que la psicosis o el trastorno de temperamento, tradicionalmente se ha dirigido muy poco esfuerzo directo a mejorar la cognición.

Un neurólogo que trata a un paciente que se recupera de los efectos de una lesión de cabeza no lo hace mucho mejor. Tiene medios adecuados para controlar las crisis del paciente pero no sus cambios cognitivos, pese al hecho de que el deterioro cognitivo es habitualmente mucho más debilitador que una crisis ocasional. La sociedad ha estado tan preocupada por salvar vidas, tratar alucinaciones, controlar crisis y sacar de la depresión que la cognición (memoria, atención, planificación, resolución de problemas) ha sido básicamente ignorada. Por supuesto, diversos neurolépticos, anticonvulsivos, antidepresivos, sedantes y estimulantes tienen efecto sobre la cognición, pero es un efecto secundario de una droga diseñada para tratar alguna otra cosa.

La enfermedad de Alzheimer y otras demencias han sido una llamada de atención para la sociedad... Aquí, en el país más acomodado en los tiempos más acomodados, las mentes estaban sucumbiendo al declive antes que los cuerpos, un abierto desafío a la tácita creencia popular en que «el cuerpo es frágil pero el alma es para siempre». Esto proporcionó un impulso para el desarrollo de una clase totalmente nueva de drogas, que pueden bautizarse familiarmente como «cognotrópicas». Su objetivo primario y explícito es el de mejorar la cognición

Puesto que la preocupación médica y pública por la demencia se centra en la memoria, la mayoría de los esfuerzos farmacológicos se han dirigido a mejorar la memoria. En el momento de escribir esto, un puñado de drogas conocidas como «drogas de Alzheimer» o «reforzantes de memoria» han sido aprobadas por la Food and Drug Administration. En realidad, ambas denominaciones son algo equívocas. Las drogas en cuestión son anticolinesterasas. Están diseñadas para inhibir una enzima necesaria para la descomposición de la acetilcolina neurotrasmisora en la sinapsis, y prolongar así su acción después de su liberación en la sinapsis. La acetilcolina es un neurotrasmisor que juega un papel importante en la memoria así como en otras funciones cognitivas. Los procesos bioquímicos en los que interviene la acetilcolina («transmisión colinérgica») se deterioran en la demencia de Alzheimer, pero también se deterioran en muchos otros trastornos.

De hecho, mi primer encuentro con esta clase de drogas tuvo lugar a finales de los años 70, concretamente con la fisostigmina (Antilirium), una anti-colinesterasa de primera generación, ahora fuera de uso como reforzante cognitivo. Se la dimos a un paciente que se recuperaba de una grave lesión de cabeza.[1] El problema con la fisostigmina era que su periodo de acción (vida media) era tan miserablemente corto que no cabía esperar razonablemente ningún efecto terapéutico sostenido. En el mejor de los casos, podía esperarse una mejora muy fugaz a corto plazo. Para registrar esta mejora fugaz, mis colegas y yo diseñamos una breve batería de tests neuropsicológicos, que mis ayudantes de investigación Bob Bilder y Carl Sirio se apresuraban a administrar con puntualidad mecánica durante ventanas de oportunidad muy estrechas y cuidadosamente calculadas. Pero por fugaces que fuesen (y a veces ensombrecidas por una brutal diarrea), se detectaban sutiles mejoras de memoria de forma reproducible. Ésta era una razón para esperar que, con algunas mejoras, esta clase de medicaciones pudiera algún día tener un valor clínico real.

Algunos años más tarde apareció en el mercado la tacrina (Cognex), seguida por el donepezil (Aricept). Estas drogas son también anticolinesterasas, pero con una acción mucho más duradera y un efecto terapéutico más significativo. No deberían considerarse exclusivamente como «drogas de Alzheimer» puesto que su utilidad no se limita a la enfermedad de Alzheimer. Yo he observado un efecto terapéutico significativo, aunque transitorio, de estas drogas sobre la cognición en pacientes con enfermedad de Parkinson y daño cerebral debido a hipoxia.

Aunque su efecto sigue siendo transitorio e irregular, la llegada de estas drogas anticolinesterasas de segunda y tercera generación abrió un nuevo capítulo en la farmacología, como preludio de medicamentos cognotrópicos. En los próximos años seremos testigos sin duda de una boom en la farmacología cognotrópica que actuará sobre diversos sistemas bioquímicos. Se necesita mucha más investigación para que llegue a establecerse, y es inevitable cierta controversia; pero el concepto de drogas cognotrópicas es provocativo y oportuno.

También en Europa se está haciendo un trabajo interesante sobre farmacología cognotrópica. Desde hace algún tiempo se viene llevando a cabo en Rusia un programa audaz para investigar los efectos neuroanatómicamente precisos de diversas drogas. Científicos del Instituto Bourdenko de Neurocirugía de Moscú, en donde yo me formé hace treinta años en el laboratorio de Luria, han informado de un conjunto de efectos de drogas específicas. Según ellos, la levodopa (L-dopa), una precursora del neurotransmisor dopamina, mejora las funciones que asociamos normalmente al aspecto posterior del lóbulo frontal izquierdo: secuenciación motora, iniciación del habla, lenguaje expresivo. Para ponerlo en términos técnicos, los rusos afirman que la L-dopa reduce los síntomas de afasia dinámica, afasia motora transcortical y afasia de Broca. Por la misma razón, la L-dopa parece retardar las funciones normalmente asociadas a los lóbulos parietales (orientación espacial y construcción espacial). El ácido L-glutámico, un análogo del neurotransmisor glutamato, mejora, según los rusos, otras funciones asociadas con los lóbulos frontales. Mejora la intuición de la propia condición (reduce los síntomas de anosognosia), mejora el sentido del humor, la estimación del tiempo y la secuenciación temporal. El ácido L-Glutámico mejora también las funciones normalmente asociadas a los lóbulos parietales. El L-Triptófano, un precursor del neurotransmisor serotonina, mejora las funciones del lóbulo parietal pero retarda las funciones de los lóbulos frontales. Al mismo tiempo, el L-Triptófano interfiere en las funciones de los lóbulos frontales, especialmente el lóbulo frontal izquierdo. La ameridina, una anticolinesterasa no conocida habitualmente en los Estados Unidos, parece mejorar las funciones de los lóbulos parietales, especialmente el lóbulo parietal izquierdo. Mejora la comprensión de la gramática y reduce los síntomas de «afasia semántica».[2] Estas afirmaciones de los científicos rusos asociando diversas drogas neuroactivas con funciones corticales concretas son más específicas, y en cierto modo más ambiciosas, que la mayoría de las afirmaciones occidentales a este respecto. Requieren una revisión y replicación cuidadosas, pero son extraordinariamente provocativas.

Pero ¿dónde encajan la corteza prefrontal y las funciones ejecutivas? El déficit ejecutivo puede ser tan habitual y debilitador como el deterioro de la memoria, y por ello debería haber la misma presión social para el desarrollo de la farmacología cognotrópica del lóbulo frontal. También aquí los desarrollos están en una fase embrionaria, aunque es evidente cierto movimiento de avance. Hemos discutido el papel de la dopamina en la función del lóbulo frontal, de modo que no debería sorprender que la farmacología de refuerzo de dopamina se haya mostrado prometedora.

El sistema dopamínico es complejo, con varios receptores diferentes. La farmacología de dopamina realmente efectiva debe ser receptora-específica. A medida que aprendemos más sobre la diversidad de los receptores de dopamina, estamos aprendiendo acerca de la acción receptora-específica de las drogas de refuerzo de dopamina. Se ha puesto de manifiesto que la bromocriptina (Ergoset o Parlodel), una agonista dopaminérgica específica de los receptores D2, mejora la memoria activa, una función estrechamente ligada a los lóbulos frontales, en los adultos normales.[3] Todavía no se ha establecido la eficacia de otras dos agonistas específicas de los receptores D2, la ropinirola (Requip) y el pramipexol (Mirapex).[4]

Actualmente hay un gran interés por identificar receptores específicos de la dopamina y desarrollar farmacología receptor-específica. Pero el avance de esta investigación está impulsado por el tratamiento de la esquizofrenia que requiere antagonistas dopaminérgicas receptor-específicas. Para impulsar la función de los lóbulos frontales pueden ser necesarios agonistas dopaminérgicos con una afinidad a diversos receptores de dopamina, incluyendo los D1 y D4. Esto plantea un nuevo desafío a la investigación y la industria farmacéuticas.

La farmacología cognotrópica de los lóbulos frontales se presenta particularmente prometedora en aquellos trastornos donde la disfunción del lóbulo frontal está presente sin un daño estructural masivo a los lóbulos frontales. En tales condiciones, los lugares receptores de los neurotrasmisores están básicamente intactos, lo que hace más prometedora la intervención farmacológica. Una situación semejante es una lesión cerebral traumática ligera (TBI). Ésta es una enfermedad especialmente lacerante, porque afecta a personas jóvenes, a menudo en buena forma física y con una esperanza de vida no disminuida. Tras una lesión cerebral traumática son frecuentes los problemas con la memoria activa, con la toma de decisiones, con la atención, con la motivación y con el control del impulso. La bromocriptina tiende a mejorar estas funciones en los pacientes con lesiones de cabeza.[5] También lo hace la amantadina (Symmetrel), una droga que se supone que facilita la liberación de dopamina y retrasa la recarga de dopamina tras su liberación en la sinapsis.[6]

La llegada de estas drogas marca el comienzo de «la farmacología cognotrópica del lóbulo frontal», y espero que sigan muchas más cosas. Pero la verdadera excitación llegará cuando la farmacología de vanguardia se combine con la neuropsicología de vanguardia, cuando se utilicen finas medidas cognitivas para guiar a la farmacología cognotrópica de manera precisa e individualizada. Las tareas cognitivas centradas en el actor, que se muestran tan exquisitamente sensibles a las distintas variantes de la disfunción del lóbulo frontal, pueden probarse particularmente útiles en guiar a la farmacología cognotrópica a medida del cliente de los lóbulos frontales.

Jogging cerebral

En agosto de 1994 cayó en mis manos un ejemplar de la revista *Life* en cuya cubierta había una imagen del cerebro humano.[7] El artículo sugería que el ejercicio mental puede ayudar a retrasar el inicio del declive mental asociado con el envejecimiento. La revista *Life* no es un lugar donde normalmente se presenten nuevos fundamentos en neurociencia y la idea sonaba un poco sensacionalista. Pero algunos de los mejores neurocientíficos del mundo fueron entrevistados para la ocasión y lo apoyaban. Entre ellos estaban Arnold Scheiber, director del prestigioso Instituto para la Investigación del Cerebro de la Universidad de California, Los Angeles; Antonio Damasio, director del Departamento de Neurología de la Facultad de Medicina de la Universidad de Iowa, el autor de los bestseller *Descartes´ Error* y *The Feeling of What Happens*,[8] Zaven Khachatulina, un destacado científico del Instituto Nacional de Envejecimiento en Bethesda, Maryland; y Merylim Albert, del reputado Massachussets General Hospital de Boston. Pocos años antes la noción de ejercicio cognitivo como método de prevención del declive mental hubiera escandalizado a los científicos serios como lo haría un jarabe de curandero. Pero ahora la marea estaba cambiando claramente.

Quedé conmocionado con el artículo de *Life* porque resonaba con mi propia intuición. Como neuropsicólogo clínico he pasado una parte importante de mi carrera estudiando las pautas de recuperación de los efectos del daño cerebral y diseñando métodos de rehabilitación cognitiva. Mi mentor, Alexandr Romanovich Luria, fue un pionero del ejercicio cognitivo como forma de espolear la recuperación de los efectos mentales del daño cerebral, pues desarrolló este enfoque por primera vez durante la segunda guerra mundial para ayudar a los soldados con heridas en la cabeza. El neurólogo y escritor Oliver Sacks, mi amigo y colega, ha escrito elocuente y conmovedoramente sobre los efectos terapéuticos de la estimulación mental sobre la demencia de los ancianos. Mi propia experiencia me ha llevado a concluir que la estimulación cognitiva puede servir como un poderoso catalizador para la recuperación natural de los efectos del daño cerebral traumático.

Tratamiento y prevención suelen pedir enfoques similares. Se ha demostrado que las vacunas desarrolladas para proteger contra la infección en enfermedades virales tales como la hepatitis B reducen los síntomas clínicos en las personas ya infectadas. En los esfuerzos por combatir el SIDA, algunos científicos, como Jonas Salk, creen que las futuras vacunas tendrán una función dual: protegerán a la población sana y frenarán la progresión de la enfermedad en aquellos ya infectados con el virus de la inmunodefiencia humana (VIH).

La idea del ejercicio cognitivo sistemático como una manera de mejorar las funciones mentales no es nueva. Durante décadas las personas que sufrieron golpes o lesiones de cabeza han sido tratadas con terapia cognitiva como forma de restaurar las funciones mentales perdidas en el daño cerebral. Hoy estamos en el umbral de un salto conceptual del tratamiento a la prevención. Un número creciente de científicos, médicos y psicólogos creen que el ejercicio mental vigoroso y diversificado puede ayudar en la batalla contra el declive de las funciones mentales, que finalmente puede tomar la forma de demencia. Del tratamiento a la prevención: éste es el tema dominante de la medicina moderna, y se está convirtiendo en un tema importante en la batalla contra el declive cognitivo.

El tema ha ganado actualidad a medida que el gran público se hace cada vez más consciente de los efectos devastadores de la demencia. Antes se suponía que el deterioro mental era un producto normal e inevitable del envejecimiento. «Esclerotizarse», «hacerse senil», «perder facultades», eran los términos populares estándar para referirse a tal «inevitabilidad». Pero la investigación científica reciente ha demostrado que una gran parte de la población anciana nunca pierde agudeza mental a lo largo de un declive inexorable y gradual. En su lugar, la investigación científica sugiere una imagen «bimodal», una diferencia característica entre quienes pierden sus potencias cognitivas con la edad y quienes no lo hacen. En su influyente libro *Succesful Aging*, John Rowe y Robert Kahn señalan la cuestión con una claridad impresionante.[9] De esto se sigue que el deterioro cognitivo no forma parte obligatoriamente del envejecimiento normal. Es una enfermedad del envejecimiento que afecta a algunos, quizá muchos, pero no todos. La enfermedad se llama «demencia» y existen varios tipos de demencia, representando cada uno de ellos un tipo diferente de mal que afecta al cerebro. Por consiguiente, normalmente hablamos de «demencias» en lugar de «demencia».

Una progresión inexorable y predestinada hacia la «senilidad» es un mito. Éstas son las buenas noticias. Las malas noticias son que, aunque no inevitables, las demencias son muy comunes. La demencia de tipo Alzheimer es la más común entre ellas, y da cuenta de más del 50% de todas las demencias. Hacia los 65 años de edad, más del 10% de la población está afectada por una forma u otra de demencia. Según la American Medical Association, entre el 35% y el 45% de las personas de 85 años la tienen al menos en algún grado. Se estima que las demencias son probablemente la cuarta o la quinta causa más común de muerte en los Estados Unidos.[10]

La alta tasa de demencia significa que hay que hacer algo para tratarla y, preferiblemente, prevenirla. Por desgracia, la enfermedad mental (y la demencia es una forma de enfermedad mental) ha sido tradicionalmente estigmatizada. La gente es más abierta sobre sus achaques «físicos» que sobre sus achaques «mentales». El estigma significa silencio y la ilusión de ausencia. Por consiguiente, el tabú impuesto por la tradición sobre la discusión de la enfermedad mental ha dificultado la capacidad de la sociedad para captar todo su alcance y dimensión y dar la prioridad que merece a la batalla contra la misma.

Afortunadamente, las actitudes están cambiando rápidamente. Con el desarrollo de la ciencia y la conciencia pública, la distinción entre los achaques «físicos» y «mentales» se está haciendo cada vez más obsoleta. Hasta recientemente, el gran público vivía con la hipótesis feliz de que mientras que el cuerpo es frágil y está sometido a declive, la mente es eternamente invulnerable. Hoy la mayoría de las personas entienden que la «mente» es una función del cerebro, que a su vez es una buena parte del «cuerpo».

Las valientes declaraciones por parte de Ronald Reagan y otras personalidades públicas han dado a la causa de la demencia un sentido de urgencia y dignidad. La creciente conciencia popular de las demencias y una discusión abierta sobre esta enfermedad son desarrollos bienvenidos, que alinean el sentido público de las prioridades con la realidad.

¿Cómo pueden combatirse las demencias? Una vez más, la acción debe tener dos caras: tratamiento y prevención. Los científicos y la industria farmecéutica han lanzado un esfuerzo concertado para desarrollar drogas para el tratamiento de la demencia. Poco se ha conseguido de utilidad clínica inmediata, pero se ha emprendido la batalla, se han movilizado los recursos y hay buenas razones para el optimismo a largo plazo. Como discutimos en la sección precedente, se han aprobado varios medicamentos para combatir el Alzheimer, muchos de ellos orientados hacia el sistema neurotransmisor colinérgico en el cerebro.

Por el contrario, el concepto de prevención del declive cognitivo sólo está empezando a tomar forma en la mente de la comunidad científica y todavía tiene que entrar en la conciencia pública. Durante las últimas décadas, el concepto de ejercicio físico como una forma de extender el bienestar físico con la edad ha calado firmemente en la cultura norteamericana. Hoy, la noción de ejercicio cognitivo como una forma de alargar el bienestar cognitivo propio está siendo cada vez más aceptada por parte de los científicos y está empezando a tomar contacto con la conciencia pública.

Aunque el interés sobre el declive cognitivo y cómo impedirlo aumenta naturalmente con la edad, no tiene por qué estar limitado a los ancianos. Un cierto declive de las potencias cognitivas es siempre evidente a la edad que normalmente asociamos con el cenit de nuestras vidas y el pináculo de nuestras carreras: los cuarenta, los cincuenta y los sesenta. Una juventud inmadura está normalmente más adaptada al aprendizaje de una lengua extranjera, un lenguaje de ordenador o un juego complejo como el ajedrez que lo que lo está un líder empresarial o político en la cumbre de su poder e influencia social. Empezamos a notar sutiles deslices de memoria mucho antes de que nuestra confianza en nosotros mismos se erosione en un sentido global. ¿Es esto inevitable? ¿Están nuestras vidas gobernadas por un cruel contrato fáustico de modo que a medida que nos acercamos al pináculo de nuestras vidas perdemos algo de nosotros mismos?

Hoy día, un profesional destacado o un poderoso líder empresarial se niega a aceptar como un hecho inevitable el compromiso entre el éxito que llega con la edad y la pérdida de juventud física. El ejercicio físico se ve como una forma de frenar la erosión física de la carne. Cuidar del propio cuerpo favorece la estimación que los demás hacen de uno, tanto profesional como socialmente; también se da lo opuesto, pues el fumar en cadena y la glotonería estigmatizan a alguien como un dejado sin contacto con la modernidad.

Pero la nuestra es una «era de información». La relativa importancia competitiva de cerebro frente a músculo se ha invertido a lo largo de los siglos, y hoy el éxito acompaña más al cerebro que al músculo. Las luchas empresariales, las controversias políticas y las rivalidades científicas ya no se libran mano a mano o dedo a dedo. Se libran cerebro a cerebro y mente a mente. Asimismo, en la guerra moderna es decisiva la agudeza de la mente, y no la agudeza del acero. El resultado de los conflictos militares se decide cada vez más por la sofisticación tecnológica y científica.

De forma creciente, la llegada de las nuevas tecnologías informáticas, la realidad virtual y la Internet reúnen el sistema nervioso humano y los aparatos de computación hechos por el hombre en una interfaz fundamentalmente nueva. Necesitaremos nuestro cerebro más que nunca en la nueva era cerebral. ¿Cómo podemos protegerlo de la enfermedad y el declive?

El cuerpo de información esencial para el funcionamiento de la sociedad está aumentando exponencialmente, y nunca en el curso de la civilización humana ha habido una explosión de información tan rápida como la de hoy. La historia de la civilización humana puede describirse en términos de una razón entre la cantidad de conocimiento añadido al banco total de información por una generación dada y la cantidad de conocimiento heredado de la generación anterior. En la antigüedad, esta razón estaba próxima a cero, el ritmo de acumulación de conocimiento era bajo y la curva era casi horizontal.

El ritmo de acumulación de conocimiento se ha disparado particularmente en el último siglo, y sigue aumentando. Hoy ya es cierto que mucho del conocimiento que adquirimos en la escuela se ha hecho obsoleto en el momento en que alcanzamos la culminación de nuestra carrera. En el pasado, un licenciado universitario podía pasar complacientemente gran parte de una carrera reordenando los frutos de sus logros tempranos. Hoy hay que adquirir grandes cantidades de conocimiento a lo largo de la vida para permanecer a flote profesionalmente.

La pendiente de la curva de información determina la forma en que diferentes culturas otorgan diferentes premios a la tradición encarnada en la experiencia de la vejez frente a la innovación encarnada en el atrevimiento de la juventud. Las culturas informativamente estáticas de la antigüedad estaban basadas en una reverencia hacia lo viejo. Vestigios de esta actitud se ven en las culturas contemporáneas, pero tradicionales, de Asia y parte de Europa. Por el contrario, la sociedad americana, que entre las sociedades contemporáneas importantes es la más joven y menos enraizada en la tradición, está basada en una reverencia hacia la juventud. Esto es sin duda un reflejo de su dinamismo informativo. El mensaje contenido en este análisis es evidente: retener el vigor mental a lo largo de la vida nunca ha sido tan esencial para el éxito como lo es hoy. ¿Y aún lo será más?

El cuerpo de información esencial está creciendo exponencialmente, pero el cerebro humano ha permanecido biológicamente inalterado o ha cambiado muy poco. Se dice habitualmente que la capacidad computacional del cerebro es prácticamente ilimitada y puede acomodar un cuerpo de conocimiento de tamaño prácticamente infinito. Esta hipótesis biológica habitual es desafiada por la historia. Cualquiera que sea la capacidad computacional teórica del cerebro, en un sentido práctico se manifiesta limitada. Para una persona educada de la antigüedad era posible estar al tanto de prácticamente todo el conocimiento esencial de su época. Esto ya no es posible. Durante la alta Edad Media o el Renacimiento el cuerpo de conocimiento esencial en la cultura humana superaba la capacidad mental de un solo individuo. El conocimiento se estaba haciendo cada vez más disperso y especializado. Paradójicamente, el admirado hombre del

Renacimiento fue el primer ser humano que no era capaz de soportar todo el conocimiento esencial de la época. La capacidad de integrar conocimiento diverso en un mundo informativamente fragmentado es evidentemente una ventaja competitiva decisiva para quienes pueden hacerlo. Esto también necesita de una particular agudeza mental.

Las personas de mediana edad hacen ejercicio físico para mejorar sus probabilidades de no tener un ataque cardiaco. Los jóvenes no están interesados por esto. Ellos hacen ejercicio por una razón completamente diferente: mejorar su atractivo social. Pero los criterios de atractivo social reflejan los atributos cruciales para el éxito competitivo, que a su vez cambia a lo largo de la historia de la civilización humana. Los criterios de atractivo físico reflejan los indicadores del ejercicio físico, que ha sido, y seguirá siendo, un ingrediente importante del éxito. Durante siglos la definición de atractivo ha girado fundamentalmente en torno a los atributos físicos.

Esto está cambiando. Estamos entrando en una era sin precedentes en el desarrollo de la sociedad humana gobernada de forma abrumadora por el procesamiento de información. Bill Gates llama a esto la llegada de la sociedad basada en el conocimiento. A medida que entremos en el siglo XXI, los atributos del atractivo social reflejarán los prerrequisitos de éxito en la sociedad crecientemente dirigida por la información. Lo agudo será bello. Ser considerado «estúpido» será incluso más condenatorio socialmente que ser considerado «feo». En este contexto social, cualquier aproximación creíble a la conservación del bienestar cognitivo encontrará una opinión pública favorable y dispuesta a apoyar medidas urgentes.

Historia de la rehabilitación cognitiva

¿Qué podemos aprender de la experiencia del ejercicio cognitivo como tratamiento que pueda aplicarse a la idea de ejercicio cognitivo como prevención? La historia de la rehabilitación cognitiva como una forma de ayudar a la recuperación de los derrames cerebrales y las lesiones de cabeza es larga, y los resultados son contradictorios. Hace varias décadas Alexandr Luria introdujo el concepto de un «sistema funcional». Cualquier comportamiento complejo controlado por el cerebro en conjunto, razonó, era un resultado de la interacción entre varias funciones cerebrales específicas, cada una de ellas controlada por una parte concreta del cerebro. Él denominó sistema funcional a una tal constelación interactiva de funciones específicas responsables de un producto mental complejo. La misma tarea cognitiva puede conseguirse por caminos diferentes, basados cada uno de ellos en un sistema funcional ligeramente diferente. La analogía simple con movimientos entrenados sirve para ilustrar la cuestión. La mayoría de la gente cierra la puerta con su mano derecha en la mayoría de las situaciones. Sin embargo, si su mano derecha está ocupada o lesionada, usted debería ser capaz de hacerlo con su mano izquierda. Si usted necesita cerrar la puerta mientras transporta dos bolsas de la compra, una en cada mano, puede sostener una bolsa con sus dientes mientras introduce rápidamente la llave y cierra la puerta con la mano libre.

¿Qué le sucederá a un sistema funcional con el daño cerebral? La segunda guerra mundial había estallado y Luria recibió el mandato de desarrollar modos de ayudar a que los soldados con heridas en la cabeza recuperasen sus capacidades mentales. El daño cerebral afecta probablemente a sólo algunas, pero no a todas, de las componentes de un sistema funcional. El desafío consiste entonces en reconfigurarlo de modo que las componentes deterioradas sean reemplazadas por otras componentes intactas y diferentes. La composición específica del sistema funcional cambiará pero su producto global no lo hará. Se introduce un nuevo sistema funcional reentrenando al paciente para que forme una nueva estrategia cognitiva para el mismo producto mental.

Aunque esto sonaba bien en teoría, el método no siempre funcionaba en la práctica. La transferencia de entrenamiento era el impedimento. Imaginemos al paciente que pierde su memoria como resultado de una lesión de cabeza. Una forma habitual de recuperar sus funciones consistía en enseñar al paciente diversas estrategias para memorizar listas de palabras de longitud creciente. Al final, el paciente tendría un éxito espectacular en memorizar listas de palabras, pero ¿qué diferencia supone esto en la vida real? Los resultados de semejante entrenamiento en la vida real eran contradictorios. Había poca generalización de un uso específico de la memoria a otros. Para mí, la empresa tenía el aire de la «erudición» soviética impulsada políticamente; y yo personalmente advertí que en privado Luria hablaba de la rehabilitación cognitiva de forma algo desdeñosa. Por una curiosa digresión histórica, la politizada ciencia soviética estaba dirigida por Trofim Denisovich Lysenko, un ingeniero agrónomo de la época de Stalin y un neolamarquiano apenas letrado, que afirmaba que tenía un método para hacer hereditarios los caracteres adquiridos. Éste era un ejercicio típico, aunque extremo, de «ciencia marxista» diseñada para exaltar el milagro de la agricultura soviética. Por el contrario, la genética fue declarada «pseudociencia burguesa» y prohibida. Por supuesto, no había ninguna base científica tras las afirmaciones de Lysenko. Mientras tanto, la genética quedó frenada en Rusia durante muchos años, a pesar del primitivo liderazgo de Rusia en el campo.

La relativa falta de éxito de la generalización en el reentrenamiento cognitivo es lamentable pero no enteramente sorprendente. La investigación ha mostrado que la capacidad de generalización en la solución de problemas es limitada incluso en personas neurológicamente sanas. No es que no muestren ninguna generalización, sino que esta generalización tiende a ser «local» antes que «global». La gente tiende a aprender adquiriendo plantillas mentales específicas de la situación.[11] Es lógico suponer que la capacidad de generalización está incluso más limitada tras un daño cerebral.

Estas consideraciones llevaron a la aparición de un enfoque concreto y más modesto. En lugar de intentar recuperar una función mental de un modo general, abierto y muy específico, se identificaban situaciones prácticas en las que el paciente tenía dificultades. El entrenamiento se orientaba entonces específicamente a estas situaciones, y de forma restringida. Este enfoque funcionaba, pero por su propia esencia tenía un valor intrínsecamente limitado. Y mantiene poco atractivo romántico para los clínicos.

Plasticidad cerebral y ejercicio cognitivo

Estos primeros esfuerzos, con sus resultados mezclados, se basaban en la premisa, o al menos la esperanza, de que el entrenamiento cognitivo ayuda a cambiar las funciones cognitivas. El campo cambió radicalmente con la nueva evidencia de que el ejercicio físico ayuda a cambiar *el propio cerebro*. Parece casi autoevidente que debería ser así. Cuando usted realiza una actividad atlética no sólo mejoran sus habilidades atléticas sino que tiene lugar un crecimiento muscular. A la inversa, la falta de ejercicio conduce no sólo a la pérdida de habilidades atléticas sino a reducción real de tejido muscular. Y, lo que tiene relevancia más inmediata, la privación sensorial de un mono niño producirá una atrofia real del correspondiente tejido cerebral.

Sin embargo, la evidencia crucial sólo ha empezado a emerger recientemente. Se ha sabido que la inmersión en un ambiente enriquecido facilita la recuperación de los efectos del daño cerebral en las ratas.[12] Los mecanismos que hay tras esta recuperación se están clarificando finalmente. Se comparó la recuperación de animales con lesión cerebral traumática en dos situaciones: en un ambiente ordinario y en un ambiente enriquecido con una cantidad inusual de estimulación sensorial diversa. Cuando se compararon los cerebros de los dos grupos de animales se pusieron de manifiesto diferencias sorprendentes. El recrecimiento de conexiones entre las células nerviosas («brote dendrítico») era mucho más vigoroso en el grupo estimulado que en el grupo normal. Hay también alguna evidencia de que, con el ejercicio mental vigoroso, el aporte sanguíneo al cerebro mejora mediante el crecimiento reforzado de pequeños vasos sanguíneos («vascularización»).[13] Científicos como Arnold Scheibel creen que procesos similares tienen lugar en el cerebro humano. La activación cognitiva sistemática puede favorecer el brote dendrítico en las víctimas de derrame cerebral o lesión de cabeza; esto, a su vez, facilita la recuperación de la función.

Esto sugiere otra pregunta: la activación cognitiva ¿frena la progresión de los trastornos cerebrales degenerativos, tales como la enfermedad de Alzheimer, la enfermedad de Pick y la enfermedad de los cuerpos corticales de Lewy? Estos trastornos están caracterizados por atrofia cerebral progresiva y pérdida de conectividad sináptica. Esto está asociado con la acumulación de entidades microscópicas patológicas, tales como placas amiloides y enredos neurofibrilares en la enfermedad de Alzheimer.

A diferencia del trauma de cabeza o el derrame cerebral, las demencias son trastornos lentos e insidiosamente progresivos. Esto significa que la eficacia del tratamiento debería juzgarse no sólo por la inversión del curso de la enfermedad (esto, al menos por ahora, sería una expectativa poco realista) sino también por el frenado en la progresión de la enfermedad. Existe evidencia, sin embargo, de que para periodos limitados de tiempo el ejercicio cognitivo puede mejorar realmente la fisiología cerebral, incluso en un sentido absoluto. Científicos del Instituto Max Planck en Alemania utilizaron tomografía de emisión de positrones (PET) para estudiar los efectos del ejercicio cognitivo y la medicación neuroestimulante en el metabolismo cerebral de la glucosa en personas en una etapa temprana de declive cognitivo. Administrados conjuntamente, los dos tratamientos reforzaban el metabolismo cerebral de la glucosa.[14] El estudio alemán examinó los cambios de la fisiología cerebral en reposo, su estado basal, y también los cambios en la pauta de activación del cerebro cuando era estimulado por una tarea cognitiva. La llegada de la sofisticada tecnología de imagen cerebral nos proporciona una ventana a la base cerebral de los procesos mentales, algo que se habría estimado impensable en el pasado. Ahora es posible observar directamente lo que sucede en el cerebro cuando la persona está realizando una actividad mental.

Durante años, la hipótesis dominante entre los científicos era que el cerebro pierde su plasticidad y capacidad de cambio a medida que pasamos de la infancia a la edad adulta. Hoy, sin embargo, disponemos de evidencia creciente de que el cerebro retiene su plasticidad hasta muy entrada la edad adulta y posiblemente durante toda la duración de la vida. La hipótesis más primitiva era que en un organismo adulto las células neurales que morían no podían ser reemplazadas. De hecho, aunque ha habido larga evidencia de que células nuevas podían desarrollarse en aves (debido al trabajo de Fernando Nottebohm de la Rockefeller University) y ratas (debido al trabajo de Joseph Altman en la Universidad de Indiana), fue despachada como una excepción antes que una regla. Pero trabajos recientes de Elizabeth Gould de la Universidad de Princeton y Bruce McEwen de la Rockefeller University han mostrado que las neuronas siguen dividiendose en el mono tití adulto.[15]

La división de células neurales fue demostrada en el hipocampo, la estructura cerebral especialmente implicada en la memoria. En otro estudio, Elizabeth Gould y sus colegas encontraron una proliferación en curso de nuevas neuronas en la corteza del mono macaco adulto.[16] Las nuevas neuronas se añaden a la corteza de asociación heteromodal de las regiones prefrontal, temporal inferior y parietal posterior, las áreas cerebrales implicadas en los aspectos más complejos del procesamiento de la información.

La nueva evidencia, que surge tanto de los estudios con animales como de la investigación con humanos, abre una vía enteramente nueva de pensar sobre los efectos del ejercicio cognitivo. *En lugar de intentar configurar o reconfigurar procesos mentales específicos, tratar de reconfigurar el propio cerebro.*

Aunque la mayoría de nosotros coincidimos en que los procesos cerebrales son procesos mentales, los argumentos que hay tras las diferentes aproximaciones al reentrenamiento cognitivo son diferentes. Los esfuerzos iniciales resaltaban funciones concretas con la esperanza de que, como resultado, las estructuras cerebrales correspondientes a dichas funciones serían modificadas de algún modo. El nuevo enfoque resalta los efectos generalizados y abiertos del ejercicio cognitivo sobre el cerebro. Un tenista o un golfista comprometidos en la práctica diaria pueden orientarla a mejorar un golpe concreto. Esto es semejante a un entrenamiento cognitivo orientado a tareas. O puede tener la esperanza de que al practicar algunos golpes concretos mejorará sus otros golpes y, por consiguiente, su juego en conjunto. Esto es semejante a un entrenamiento cognitivo basado en un sistema funcional. O, finalmente, puede embarcarse en un régimen de ejercicio con el objetivo de mejorar no tanto el propio juego como el cuerpo que lo juega: mejorar su fuerza, coordinación y resistencia de una manera muy general. Esto es semejante a tratar de mejorar la función cerebral. El tercer objetivo es mucho más ambicioso que los dos primeros, pero nueva evidencia sugiere que es alcanzable, al menos en principio.

Estudios con animales muestran que la mejora del «poder cerebral» mediante la activación cognitiva es más que una fantasía. Científicos del afamado Instituto Salk para Estudios Biológicos en el sur de California examinaron los efectos del ambiente enriquecido en ratones adultos.[17] Encontraron que los ratones colocados en jaulas llenas de ruedas, túneles y juguetes diversos desarrollaron hasta un 15% más de células neurales que los ratones dejados en jaulas estándar. Los ratones «estimulados» también pasaban mejor que sus contrapartidas «no estimuladas» diversos tests de «inteligencia de ratón». Podían aprender laberintos mejor y más rápidamente.

Estos descubrimientos son críticos en dos aspectos. En primer lugar, desacreditan la vieja idea de que no pueden desarrollarse nuevas neuronas en un cerebro adulto: pueden hacerlo. En segundo lugar, estos descubrimientos demuestran de manera espectacularmente clara que el refuerzo cognitivo puede cambiar realmente la estructura cerebral y mejorar su capacidad de procesamiento de información. El crecimiento de células nuevas era especialmente evidente en el giro dentado del hipocampo, una estructura de la superficie mesial del lóbulo temporal que se considera particularmente importante en la memoria.[18]

La emergencia de nuevas células nerviosas («proliferación neuronal») en el cerebro adulto parece estar ligada a los denominados neuroblastos, los precursores de las neuronas, que a su vez se desarrollan a partir de «prefabricados» de células genéricas, denominadas células madre. Las células madre y los neuroblastos siguen proliferando durante la edad adulta, aunque normalmente no sobreviven para convertirse en neuronas. El estudio del Instituto Salk sugiere que la estimulación cognitiva incrementa la oportunidad de supervivencia de los neuroblastos para convertirse en neuronas hechas y derechas.[19]

Entre todas las aplicaciones del ejercicio cognitivo, su papel preventivo para ayudar a las personas a disfrutar de su salud cognitiva durante el mayor tiempo posible es particularmente excitante. Tanto observaciones esporádicas como investigación formal sugieren que la educación confiere un efecto protector contra la demencia. Las personas con una gran formación tienen menos probabilidad de sucumbir a sus efectos. La MacArthur Foundation Research Network on Successful Aging patrocinó un estudio de los predictores de cambio cognitivo en personas mayores. La educación emergió como el predictor más poderoso, con mucho, del vigor cognitivo en la edad anciana.[20]

La base para esta relación no está completamente entendida. ¿Protege contra la demencia el estilo de vida asociado con la educación, o es que algunas personas nacen con una neurobiología particularmente robusta, que las hace mejores candidatas para una educación avanzada y las protege contra la demencia? Es razonable suponer que es la naturaleza de las actividades asociadas con la educación avanzada, más que la propia educación, la que protege contra la demencia. Las personas con una alta formación tienen más probabilidades de embarcarse en actividades mentales vigorosas de gran duración que las personas menos educadas, debido a la particular naturaleza de sus ocupaciones.

Suponiendo que las enfermedades neurológicas causantes de demencia golpean a ambos grupos con la misma frecuencia, entonces enfermedades neurológicas igualmente severas tendrán un efecto menos perturbador en el cerebro bien condicionado que en el cerebro pobremente condicionado. Esto será debido a la reserva extra que tiene el cerebro bien condicionado por vía de conexiones neurales adicionales y vasos sanguíneos. Cantidades iguales de daño estructural producirán menos alteración funcional. Una vez más, la analogía entre condicionamiento cognitivo y condicionamiento físico viene a la mente. El caso de la hermana Mary señala este punto con notable y espectacular claridad. Ella superaba bien los tests cognitivos hasta su muerte a la edad de 101 años. Y esto a pesar del hecho de que el estudio postmortem de su cerebro reveló múltiples placas y enredos neurofibrilares, señales de la enfermedad de Alzheimer. ¡Parecía que la hermana Mary tenía una mente intacta dentro de un cerebro de Alzheimer!

La hermana Mary era una de las hermanas de la Escuela de Nôtre Dame, las tan estudiadas monjas de Mankato, Minnesota, de las que hay muchos informes. Notables por su longevidad, también eran conocidas por la ausencia de la enfermedad de Alzheimer entre ellas. El fenómeno fue unánimemente atribuido al hábito persistente de ser cognitivamente activas. Las monjas retaban constantemente a sus mentes con rompecabezas, juegos de cartas, debates sobre cuestiones de política actual, y otras actividades mentales. Además, las monjas en posesión de títulos de grado medio, que enseñaban y practicaban otras actividades de desafío de la mente sobre una base sistemática, vivían más en promedio que sus compañeras con menos formación.[21] Tan convincentes eran las observaciones del bienestar cognitivo de las monjas que se diseñó un estudio del cerebro posmortem para examinar la relación entre estimulación cognitiva y brote dendrítico.

En el caso de las monjas, el efecto protector del ejercicio cognitivo sobre el cerebro parecía ser acumulativo y se extendía sobre todo el intervalo de vida. Se encontraron viejos registros del convento que contenían las autobiografías escritas por las monjas cuando tenían poco más de veinte años. Cuando se examinó la relación entre los escritos de juventud de las monjas y la predominancia de demencia en años posteriores, surgió una imagen sorprendente. Aquellas monjas que en su juventud tendían a escribir ensayos más complejos gramaticalmente y más ricos conceptualmente retenían su vigor mental hasta una etapa de su vida muy posterior a aquellas que escribieron sencilla prosa cuando eran jóvenes.[22]

Estos descubrimientos impulsaron la especulación en la prensa popular de que la demencia es un proceso largo, que empieza a afectar subclínicamente a algunas personas en su vida temprana, lo que hace que escriban una prosa más sencilla. Pero igual de probable es que los aspectos de la organización cerebral que hacen a algunas personas «más inteligentes» que a otras confieran también un efecto protector contra la demencia en la vida avanzada. Entonces, una vez más, es también posible que las monjas que desarrollaron pronto el hábito de esforzar sus mentes, y presumiblemente mantuvieron dicho hábito, adquirieron el efecto protector en el cerebro que se mostró de crítica importancia en sus años avanzados.

¿Es universal el efecto protector de la estimulación cognitiva previa sobre el declive mental? Parece que lo es, puesto que el efecto también puede ponerse de manifiesto en otras especies. Esto fue demostrado por Dellu y sus colegas en ratas Sprague-Dawlwy machos.[23] Los animales con experiencia previa de aprendizaje de tareas diversas eran menos susceptibles a los déficits de memoria relacionados con la edad que las ratas sin la historia de «ejercicio mental».

«Úsalo o piérdelo» es un viejo refrán. Parece aplicarse directa y literalmente a la mente. Dos científicos de la Universidad Estatal de Pensylvania, Warner Schaie y Sherry Willis, publicaron un artículo con el provocativo título «¿Puede invertirse el declive en el funcionamiento intelectual adulto?».[24] Los autores estudiaron un grupo de individuos, de entre sesenta y cuatro y noventa y cinco años de edad, que sufrían declive cognitivo en diversas funciones mentales durante un periodo de catorce años. ¿Podría un régimen de entrenamiento cognitivo relativamente breve restaurar su competencia mental a su nivel original, para compensar catorce años de declive en orientación espacial y razonamiento inductivo? En muchos casos, la respuesta resultó ser «sí». Además, la recuperación cognitiva era generalizada; podía demostrarse en varios tests independientes de las funciones cognitivas de interés y no sólo por los procedimientos utilizados para el entrenamiento. El efecto era duradero; en muchos participantes pudo demostrarse siete años después de la terminación del régimen de entrenamiento. Los autores concluían que el régimen de entrenamiento reactivaba las habilidades cognitivas, que habían llegado a «oxidarse» por falta de uso.

Si es lógico esperar los efectos terapéuticos del ejercicio cognitivo, ¿por qué encontraron un éxito tan contradictorio los intentos anteriores de rehabilitación cognitiva de los efectos del daño cerebral? Hay varias razones. La primera razón reside en la diferencia misma entre el reentrenamiento cognitivo de un cerebro dañado y el condicionamiento cognitivo de un cerebro intacto o casi intacto, la diferencia entre tratamiento y prevención. El saber médico dicta que es más fácil prevenir una enfermedad que tratarla. Previsiblemente es menos probable que un cerebro seriamente dañado responda a cualquier tipo de remedio que un cerebro básicamente sano responda a la prevención.

La segunda razón tiene relación con la forma en que se ha diseñado tradicionalmente el ejercicio cognitivo bajo la «vieja» filosofía. En un intento por apuntar a una función cognitiva específica y muy restringida, se utilizaban ejercicios cognitivos orientados a un blanco. Es lógico que cuanto más amplia sea la base de un régimen de trabajo cognitivo, más generales sean los efectos. Para utilizar una analogía con la puesta a punto física, un individuo que pase todo el tiempo de ejercicio en un máquina no puede esperar que mejore su sistema cardiovascular. Para eso se necesita un circuito diversificado.

La tercera razón se relaciona con la forma en que se miden los efectos del tratamiento. Al medir los efectos de un ejercicio cognitivo por la capacidad de ejecutar una tarea cognitiva diferente estamos haciendo una hipótesis sobre la naturaleza específica de los efectos terapéuticos que se están midiendo. El fracaso en encontrar un efecto puede ser realmente el resultado de la verdadera falta de efecto. Pero igualmente puede ser reflejo de nuestro fracaso en encontrar una medida apropiada para detectarlo. Puesto que estamos tratando de reforzar los procesos biológicos subyacentes, sería mejor medir tales procesos directamente. Y de hecho, cuando se evaluaron los efectos del ejercicio cognitivo con tomografía de emisión de positrones (PET), se encontró un metabolismo de la glucosa mejorado (un marcador importante de la función cerebral).[25]

La cuarta razón tiene relación con lo que constituyen expectativas razonables de los efectos de un trabajo cognitivo. Si se refuerzan las funciones cerebrales generales mediante tal condicionamiento, entonces el efecto esperado puede ser amplio pero sutil.

En cualquier caso, los recientes descubrimientos de la proliferación de células neurales a lo largo de toda la vida han dado nueva vida a la empresa del ejercicio cognitivo y le han proporcionado un nuevo argumento.

Mantenimiento cognitivo: comienzo de una tendencia

Los beneficios del ejercicio físico son bien conocidos, pero cómo ejercitar es otra cuestión. Algunas personas hacen alzadas en la puerta de su cocina, y otras van a un centro de salud cardiovascular. Aunque las alzadas son probablemente buenas para usted (a menos, por supuesto, de que rompa la puerta de la cocina), tiene más que ganar con un trabajo más sofisticado. Por esto es por lo que gastamos tiempo y dinero en equipos para hacer ejercicio, entrenadores personales y cuotas de pertenencia a un club de salud.

Un circuito de ejercicios bien diseñado saca provecho del conocimiento de la anatomía y la fisiología humanas. Cada ejercicio está diseñado para ampliar la función de un grupo de músculos concreto o un sistema fisiológico. Dependiendo de sus objetivo individuales, usted puede elegir un circuito completo y bien equilibrado o centrarse en un ejercicio particular. El trabajo de un atleta de un instituto preparándose para una competición no es el mismo que el ejercicio de su profesor de mediana edad y con sobrepeso interesado en su sistema cardiovascular y tratando de prevenir un ataque cardíaco.

El cerebro se califica como un microcosmos por una razón. De todos los sistemas biológicos, es el más complejo y diverso en estructura y función. El conocimiento de la exquisita complejidad del cerebro ofrece una base razonable para el diseño de un «circuito de ejercicio cerebral». Aquí, un ejercicio mental concreto está diseñado para encajar con una función cognitiva definida. La mayoría de nosotros somos vagamente conscientes de los beneficios del reto cognitivo. Como sucede con la gimnasia física, su trabajo mental puede ser más o menos sofisticado. Su crucigrama de la mañana del domingo es probablemente bueno para usted; considérelo como las alzadas para la mente. Pero usted puede hacer mucho más que eso.

Si el ejercicio cognitivo mejora y refuerza el propio cerebro, entonces es importante diseñar un trabajo sistemático, que asegure que todas o al menos la mayoría de las partes importantes del cerebro estén comprometidas. En el entrenamiento físico es importante ejercitar varios grupos de músculos de una forma equilibrada. El equilibrio se consigue mediante circuitos de trabajo que incluyen ejercicios diversos y cuidadosamente seleccionados. El conocimiento actual del cerebro hace posible diseñar un «circuito de trabajo cognitivo» que entrenará sistemáticamente varias partes del cerebro. Si el ejercicio mental no dirigido —de hecho, aleatorio— tiene un efecto protector demostrable contra la demencia, entonces un régimen de trabajo cognitivo orientado y científicamente diseñado debería ser aún más beneficioso.

Los síntomas tempranos de la enfermedad de Alzheimer y otras demencias degenerativas primarias, tales como la enfermedad de los cuerpos de Lewy, son muy diversos. El declive de memoria, que sugiere una disfunción del hipocampo, es el primer signo de enfermedad en la mayoría de los pacientes, pero no en todos. En algunos pacientes el declive temprano se expresa como dificultades en encontrar palabras, lo que implica al lóbulo temporal izquierdo; como desorientación espacial, que implica a los lóbulos parietales; o como el deterioro de la previsión, criterio e iniciativa, que son signos de disfunción del lóbulo frontal. Aunque en general todas estas áreas son sensibles a los efectos de la enfermedad de Alzheimer, su vulnerabilidad relativa parece ser altamente variable. ¿Qué es lo que determina la vulnerabilidad relativa de diferentes estructuras cerebrales en diferentes individuos?

Mirmiran, Van Someren y Swaah, científicos del Instituto Holandés para la Investigación del Cerebro en Amsterdan, presentan una hipótesis alucinante.[26] Ellos creen que la activación de áreas selectivas del cerebro a lo largo de una vida puede impedir o retrasar los efectos degenerativos en dichas partes del cerebro. Según este punto de vista, alguien dedicado al diseño como profesión o hobby tendrá protegido en su lóbulo parietal, alguien dedicado a la escritura creativa protegerá su lóbulo temporal, y alguien dedicado a la planificación y toma de decisiones complejas protegerá sus lóbulos frontales.

Neurocientíficos británicos informaron de un descubrimiento que, incluso tan sólo unos pocos años antes, habría sido descartado como una imposibilidad neurológica. Examinaron los cerebros de dieciseis taxistas londinenses y los compararon con los cerebros de cincuenta sujetos de control.[27] Los taxistas, que en el curso de su trabajo desarrollan un intrincado mapa mental de su enorme metrópolis, tenían hipocampos posteriores mayores. Además, cuanto mayor era el número de años pasados en el trabajo, mayores eran los hipocampos en los conductores individuales. No es sorprendente que los hipocampos se supongan implicados en el aprendizaje espacial y la memoria.[28] Esto puede ser muy bien la primera demostración directa de una relación entre el tamaño de una región cerebral y los factores ambientales que contribuyen a su uso.

La conclusión lógica de esta línea de razonamiento es provocativa y chocante. Para proteger al *cerebro entero* contra los efectos de enfermedad degenerativa difusa debe diseñarse un *régimen de mantenimiento cognitivo global* que comprometa a varias partes del cerebro de una manera equilibrada y científicamente fundamentada. El concepto de ejercicio cognitivo sistemático como actividad importante tanto durante el envejecimiento como durante los años culminantes de la carrera es todavía nuevo. Pero es una extensión natural y lógica del ejercicio físico. «El mantenimiento físico» se ha convertido en un término doméstico. El *mantenimiento cognitivo* lleva camino de convertirse en la próxima tendencia en la cultura popular.

Inicios de un programa

Mi práctica clínica de la neuropsicología es muy diversa. Una parte significativa de ella incluye a brillantes e inteligentes hombres y mujeres en proceso de envejecimiento y que han vivido vidas plenas y exitosas. Muchos de ellos son profesionales retirados (científicos, doctores, editores de libros) que han vivido por sus mentes, han disfrutado de los poderes de sus mentes y ahora están preocupados por un sutil declive cognitivo. A veces una evaluación neuropsicológica confirmará sus preocupaciones y otras veces no lo hará. Pero nuestros instrumentos de diagnóstico son relativamente toscos y un cambio cognitivo muy sutil puede pasar inadvertido. Cuando un paciente obviamente inteligente informa sobre su impresión de declive leve, tiendo a creer al paciente más que a los números generados por mis pruebas.

Todos los pacientes vienen en busca de un diagnóstico, pero todavía más vienen en busca de ayuda. La neuropsicología, con su énfasis en el diagnóstico, ha tenido tradicionalmente poco que ofrecer a modo de tratamiento. Para casos de daño cerebral severo se han desarrollado métodos satisfactorios de rehabilitación cognitiva. Pero ¿qué puede ofrecer la neuropsicología a un individuo que se está aproximando al umbral del declive?

En respuesta a las insistencias de mis pacientes a que les ofrezca más que un diagnóstico, decidí desarrollar un programa de ayuda a su cognición. Esto no es algo en lo que me hubiera embarcado hace diez años. Pero ahora, impresionado por la evidencia repasada antes en este libro, sentía que valía la pena el intento.

Al diseñar mi programa seguí varios principios. Primero, el programa debe ser variado y cubrir una amplia gama de funciones cognitivas, incluyendo a la memoria pero sin limitarse en absoluto a ella. Las funciones ejecutivas figuran de forma destacada en el programa. Por todas las razones esbozadas en este libro, yo sentía que las funciones ejecutivas son particularmente vulnerables en las fases tempranas del declive cognitivo. Preservarlas en la medida de lo posible es crucial para extender el bienestar cognitivo. Además, me proponía abordar tantas otras funciones cognitivas como fuera posible.

Segundo, decidí apartarme de la mnemotécnica y otros artificios que se proponen aumentar el volumen de procesamiento de información mediante técnicas especializadas. Dado lo que sabemos sobre la falta de generalización, sentía que había poco que ganar mediante tales enfoques. En su lugar, quería que el programa ofreciera un análogo cognitivo de un gimnasio, para ejercitar un abanico muy amplio de «músculos cerebrales» más que habilidades cognitivas. Tenía la esperanza de que al comprometer la maquinaria neural subyacente ampliaría sus propiedades biológicas. Antes de inscribir a un cliente en el programa, le animaba a pasar una evaluación neuropsicológica. Traté de hacer la elección de los ejercicios a la medida de las fuerzas y debilidades cognitivas de los pacientes individuales. Una vez identificados los ejercicios cognitivos apropiados, mis colegas y yo los reuníamos en «circuitos de trabajo cognitivo global».

Este programa está todavía en una etapa primitiva de desarrollo demasiado primitiva para evaluar su eficacia. En el momento de escribir esto han participado en el programa algunas docenas de personas, en su mayoría individuos entre sesenta y ochenta años. Prácticamente sin excepción, todos los participantes en este programa de refuerzo cognitivo tienen la sensación de que, como mínimo, el ejercicio cognitivo les da una idea de sus fuerzas y debilidades cognitivas. Descubren que esto basta para darles fuerza y liberarles del temor a la demencia. Es igualmente importante que les guste. Ni un solo participante se quejó de que fuera una tarea aburrida. De hecho, a veces bromeo diciendo que necesito un forceps para apartar a algunos de ellos de la pantalla del ordenador cuando la sesión ha terminado. ¡Y luego hablan de la fobia al ordenador en los adultos!

En conjunto, la mayoría de los clientes tiene la sensación de que el programa confiere una mejora cognitiva genuina en situaciones de la vida real. Tras un periodo de vacaciones suelen informar de una cierta pérdida de astucia cognitiva, que desaparece en cuanto se reincorporan al programa. Muchos de ellos corren la voz, y sus amigos y conocidos llaman para unirse al programa. Francamente, esto es más de lo que yo esperaba al poner en marcha el programa hace algunos años.

El ejercicio cognitivo como forma de prevenir el declive mental y mejorar las funciones mentales es un territorio inexplorado. Bueno, casi inexplorado. A medida que avanzamos a lo largo de este nuevo e intrigante camino tendremos que desarrollar tanto enfoques innovadores como métodos rigurosos para evaluar su eficacia. Idealmente, a uno le gustaría examinar los efectos de varios tipos de ejercicio cognitivo sobre la fisiología cerebral con los métodos de la neuroimagen funcional. ¿Hay siquiera algún efecto? ¿Son los efectos globales? ¿Son regionales? ¿Son dependientes del ejercicio? Éstas son preguntas importantes a abordar por investigación futura en el nuevo siglo y el nuevo milenio.

Los lóbulos frontales y la paradoja del liderazgo

Autonomía y control en el cerebro

Los lóbulos frontales son el instrumento y el agente de control dentro del sistema nervioso central. Podría parecer que su llegada, en una etapa tardía en el curso de la evolución, debería marcar una organización cerebral más condicionada. En realidad, no obstante, la situación es compleja. En la evolución del cerebro se despliegan varias corrientes contrapuestas que se compensan mutuamente. Las presiones evolutivas tras el desarrollo de los lóbulos frontales fueron impulsadas probablemente por los crecientes grados de libertad en la organización del cerebro y por el inminente potencial para el caos dentro de él.

Desde principios de los años 80 la organización funcional del cerebro ha sido foco de intenso debate científico. Se consideraban dos diseños radicalmente diferentes. El primer diseño se basa en el concepto de modularidad.[1] Como discutimos anteriormente, un sistema modular consiste en unidades autónomas, cada una de ellas encargada de una función relativamente compleja y relativamente aislada de las demás. Módulos independientes proporcionan las entradas a, y reciben entradas de, otros módulos, pero ejercen poca o ninguna influencia sobre el funcionamiento interno de los demás. La interacción entre módulos es limitada y se produce a través de un número relativamente pequeño de canales de información.

El diseño alternativo es un cerebro interconectado, con paralelismo masivo.[2] Aquí, las unidades son menores, y están encargadas de funciones mucho más sencillas pero mucho más numerosas. Están estrechamente interconectadas e interaccionan continuamente a través de múltiples canales.

La noción de modularidad es un resurgimiento en alta tecnología de la frenología del siglo XVIII. No sólo presupone distintas fronteras entre unidades discretas sino que también sugiere su prededicación funcional. Según este punto de vista, hay una función muy específica rígidamente preordenada para cada una de tales unidades.

Por el contrario, la noción de un cerebro masivamente interconectado debe su ascendiente, de una forma algo circular, a las redes neurales formales, o redes neurales, que a su vez estaban inspiradas por el sistema nervioso biológico. Las redes neurales son modelos dinámicos del cerebro. Fueron introducidas por primera vez en los años 40, pero la llegada de los ordenadores les ha dado un impulso reciente.[3] Una red neural es un conjunto de un gran número de elementos interconectados simples, expresado como un programa informático. Las propiedades de los elementos y las conexiones imitan, de una forma simplificada, las propiedades de las neuronas biológicas reales y de los axones y dendritas que las interconectan. Ejecutando el programa en el ordenador puede examinarse el «comportamiento» del modelo enfrentado a diversas tareas, y esto permite al examinador inferir las propiedades dinámicas del cerebro real. Con «experiencia», las redes neurales formales adquieren un rico conjunto de propiedades que no estaban explícitamente programadas en ellas de entrada: las «propiedades emergentes». Las pautas de sus intensidades de conexión cambian, de modo que las diversas partes de la red constituyen la «representación» de diversos tipos de información entrante.

La modelización del cerebro mediante redes neurales está hoy entre las herramientas más potentes de la neurociencia cognitiva. Los estudios de las propiedades emergentes, junto con los datos clínicos sobre los efectos de lesiones cerebrales y los métodos de neuroimagen funcional que examinan interacciones regionales, ofrecen un atisbo de un principio amodular alternativo de organización cerebral. Anteriormente en este libro he llamado gradiental a este principio. Según el principio gradiental, en el cerebro tienen lugar interacciones continuas masivas, aunque relativamente poco de la funciones de sus partes está preordenado. En su lugar, se supone que los papeles funcionales de las diversas regiones corticales *emergen* de acuerdo con ciertos gradientes básicos.[4]

Tanto el concepto modular como el gradiental tienen abogados y detractores. Ambos captan propiedades importantes del cerebro. La modularidad es más aplicable a una estructura antigua desde un punto de vista evolutivo: el tálamo, una reunión de colecciones neuronales (núcleos). El principio interactivo se aplica mejor a la innovación relativamente reciente en la evolución del cerebro: el neocórtex. En particular, el principio interactivo de organización capta las propiedades de la parte más recientemente evolucionada del neocórtex, la denominada corteza de asociación heteromodal, que es crucial para los procesos mentales más avanzados. Los reptiles y las aves son criaturas talámicas con poco desarrollo cortical.[5] Esto también era cierto probablemente para los dinosaurios. Los mamíferos, por otra parte, tienen una corteza desarrollada, que está superpuesta al tálamo y lo domina.

El tálamo y el neocórtex están íntimamente interconectados. El tálamo se ve a menudo como el precursor de la corteza, que contiene en una forma rudimentaria la mayoría de sus funciones. Aunque están próximos funcionalmente, el tálamo y el neocórtex difieren radicalmente en su estructura neuroanatómica. El tálamo consiste en núcleos distintos, interconectados con un número limitado de caminos como únicas rutas de comunicación. Por el contrario, el neocórtex es una hoja sin fronteras internas distintas, con ricos caminos que interconectan la mayoría de las áreas entre sí.

Si el tálamo es un prototipo cercano de la corteza, entonces ¿cuáles fueron las presiones evolutivas para la emergencia del neocórtex? ¿Qué es lo que en la evolución favoreció la introducción de un principio de organización neural fundamentalmente nuevo, antes que el refinamiento de uno ya existente? ¿Por qué la emergencia de una lámina neural, el neocórtex, era preferible adaptativamente a seguir con el principio talámico y tener más núcleos y más grandes? Por supuesto, la pregunta es teleológica, buscando un «propósito» donde quizá no haya ninguno; pero continuamente planteamos preguntas teleológicas, poniéndolas entre comillas por así decir, como un atajo intelectual en nuestra búsqueda por comprender la evolución de sistemas complejos, tanto biológicos como económicos y sociales.

La respuesta probable a nuestra pregunta teleológica es que diferentes principios de organización neural son óptimos para diferentes niveles de complejidad. Hasta un cierto punto, la organización modular es óptima. Pero una vez que se requiere cierto nivel de complejidad, la transición hacia una red fuertemente interconectada consistente en un gran número de elementos interactivos simples (pero de tipo diverso) se hace necesaria para asegurar el éxito adaptativo. A lo largo de la evolución, el énfasis se ha desplazado desde el cerebro encargado de funciones fijas y rígidas (el tálamo) al cerebro capaz de adaptación flexible (la corteza). Esto se reflejó en la explosiva evolución neocortical en los mamíferos.

Por puras razones combinatorias, el neocórtex permite un número de pautas de conectividad específica que es algunos órdenes de magnitud mayor que el que permite un sistema organizado según el principio modular. Por consiguiente, es capaz de procesar un grado de complejidad mucho mayor. Además, puesto que la transición de una pauta de conectividad a otra puede ocurrir rápidamente en el neocórtex, éste se caracteriza por una verdadera *topología dinámica*.

La transición del principio talámico al principio cortical de organización cerebral marca un drástico aumento de todas las pautas de interacción posibles entre diferentes estructuras cerebrales, agrupamientos neuronales y neuronas individuales. Teniendo en cuenta este desarrollo, la capacidad de seleccionar la pauta más efectiva en una situación específica se hace especialmente importante. Pero el grado creciente de libertad disponible en principio para el cerebro tenía que ser compensado con un mecanismo efectivo de restringirla en cualquier momento dado; lo contrario sería el equivalente neural del caos.

En la última etapa de evolución cortical se desarrollaron los lóbulos frontales para afrontar esta «necesidad». (Recordemos que hay que poner entre comillas todas las alusiones teleológicas). El tipo de control que ofrecen los lóbulos frontales es probablemente débil, superpuesto a un alto grado de autonomía de otras estructuras cerebrales. Al mismo tiempo, el control del lóbulo frontal es «global», coordinando y restringiendo las actividades de un vasto conjunto de estructuras neurales en cualquier instante dado y a lo largo del tiempo. Los lóbulos frontales no tienen el conocimiento o la destreza específicos para todos los desafíos necesarios a que se enfrenta el organismo. Lo que sí tienen, sin embargo, es la capacidad de «encontrar» las áreas del cerebro que están en posesión de este conocimiento y destreza para cualquier desafío específico, y acoplarlas en configuraciones complejas de acuerdo con la necesidad.

A modo de ejercicio neurofuturista, supongamos que continuara la evolución del cerebro (una proposición en sí misma lejos de ser obvia). ¿Seguirá el camino de redes neurales cada vez más complejas y elaboradas, o emergerá un principio de biocomputación cualitativamente nuevo? ¿Qué sucederá? Una extrapolación basada en la discusión precedente predice una emergencia de una red interconectada cualitativamente más compleja y dinámica, consistente en un número de un orden de magnitud mayor de componentes menores. Es posible, por ejemplo, imaginar una red semejante construida con moléculas diversas, y no sólo neuronas, como componentes básicos.

El principio de biocomputación molecular de factura humana está ya siendo explorado como base para el cambio de paradigma en el diseño de computadores. La vida puede terminar imitando al arte; la evolución de los sistemas computacionales biológicos puede terminar emulando la evolución de aparatos computacionales artificiales. Pero entonces, una vez más, quizá sea precisamente la evolución de aparatos computacionales hechos por el hombre, junto con los aparatos culturales ya existentes para la acumulación y transmisión de conocimiento, lo que haga superflua la evolución biológica del cerebro.

Autonomía y control en la sociedad

En el espíritu de los paralelismos interdisciplinares adoptado en este libro estoy tentado de aplicar el análisis de la evolución cerebral a la comprensión de los transcendentales cambios históricos que hoy se producen ante nosotros. En ciencia se valora mucho la convergencia de conclusiones basadas en fuentes de conocimiento enormemente diferentes. Da credibilidad a las predicciones y apunta a principios universales subyacentes a sistemas complejos diversos. La búsqueda de tales principios universales compartidos por sistemas superficialmente diferentes está en el corazón del nuevo campo de la «complejidad» que emerge en el filo de la ciencia y la filosofía. Para tratar de comprender la historia quizá podamos extraer ideas de la neurobiología. Hoy es cada vez más evidente un sorprendente paralelismo entre el orden mundial cambiante y la evolución del cerebro.

Procesos superficialmente diferentes pero esencialmente similares se están desarrollando en la Europa Oriental y en la Occidental. En el Este, la Unión Soviética ha colapsado. Mientras que los gobernantes comunistas de la caída superpotencia soviética alababan su régimen como el alba de una nueva era, los historiadores del futuro la verán como el último espasmo del Imperio Ruso de cuatrocientos años de antigüedad en sus fronteras de mediados del siglo XIX. Más al Este todavía, un destino similar puede esperar finalmente a China.

La Unión Soviética se desintegró. Rusia se ha reconstituido como una entidad imperial que incorpora las adquisiciones territoriales zaristas de los siglos XVI y XVII. Ahora sus grupos étnicos constituyentes están reclamando autonomía o incluso independencia total. Esta tendencia tomó una forma extrema y particularmente destructiva en Chechenia, pero también hay inquietud entre los tártaros, baskires, kalmikos, yakutos, osetios, daguestanos, ingusios y otros. Abkasianos y mingreles están tratando de separarse de Georgia. Pero la fragmentación de la antigua Unión Soviética es incluso más profunda. Durante los años 90, la década que siguió a la caída de la Unión Soviética, incluso algunas de las áreas mayoritariamente pobladas por etnias rusas empezaron a reclamar autonomía, y en Occidente estábamos oyendo hablar de la República de Kaliningrado, la República de los Urales y la República Marítima de Vladivostok.

Desde entonces ha habido un intento de invertir estos procesos centrífugos y recentralizar el país. Queda por ver si estos esfuerzos traerán estabilidad y bienestar al país o si, tomando prestada la rimbombante frase marxista tan familiar a los rusos de mi generación, éstos representan un intento desesperado y autodestructivo de «girar hacia atrás la rueda de la historia» en nombre de un ideal imperial cuyo tiempo ha pasado. Los politólogos occidentales se están haciendo cada vez más conscientes de la inminente fragmentación del imperio ruso superviviente y de la necesidad de nuevos enfoques en política exterior en respuesta a ello.[6]

Tras el colapso de los regímenes controlados por los soviéticos o inspirados por los soviéticos, cambios similares se producen en la Europa Central. Lo que era Checoslovaquia es ahora Chequia y Eslovaquia. El resultado del colapso de la Yugoslavia de Tito, con sus sangrientas consecuencias, es bien conocido.

En la Europa Occidental un resurgimiento del separatismo étnico desafía a las naciones-estado modernas. Provenza y Bretaña afirman su autonomía en Francia; el País Vasco y Cataluña en España; Valonia y Flandes en Bélgica; Irlanda del Norte, Escocia y País de Gales en el Reino Unido; las regiones del Norte en Italia. Como resultado, «lenguas antiguas están floreciendo en un renacimiento de culturas regionales».[7] Con la difuminación de las fronteras nacionales, lenguas semiolvidadas —el bretón en Bretaña, el gaélico en Escocia, el friulano en el Norte de Italia, el frisio y el limburgo en Holanda, el saami en Finlandia, el vascuence y el catalán en España— están experimentando un renacimiento sin precedentes. De forma creciente, las afirmaciones de renacimiento cultural van más allá de una mera búsqueda de autonomía cultural, tomando la forma de separatismo y llamamientos abiertos a la independencia.

Tanto en la Europa Oriental como en la Occidental, las naciones-estados estables, estáticas, grandes y modulares están siendo reemplazadas por entidades menores y más fluidas. Aunque los sucesos en el Este tienen una causa evidente y en la mayoría de los casos se perciben como procesos de liberación (aunque con excepciones tristemente sangrientas), la fragmentación en el Oeste se suele recibir con alarma y es más difícil de entender. Muchos ven la «medievalización» de Europa como un retorno indeseado a una organización premoderna.

Pero ¿no podría ser que lo premoderno sea también postmoderno? Se puede argumentar que los fenómenos del Este y el Oeste representan el mismo proceso natural y la misma paradoja dialéctica. La paradoja es que la muerte de las naciones-estado y los imperios fuertemente integrados puede ser el paso crucial hacia una Europa «débilmente» integrada y un mundo integrado. Los fragmentos resultantes de esta desaparición son los ladrillos del nuevo orden. Lo que parece regresivo es en realidad la emergencia de una nueva organización social, una nueva espiral en la evolución social. La naturaleza de esta transición queda explicitada por una analogía con el cerebro.

Si creemos en paralelismos significativos entre sistemas complejos, entonces podemos utilizar el conocimiento del cerebro para extrapolar las direcciones en los cambios sociales y, hasta cierto grado, el curso de la historia. La transición del principio talámico al principio cortical de organización cerebral es paralela a la transición del patrón macronacional al patrón microrregional de organización social como elementos de una red global. En esta analogía, las naciones-estado son módulos: entidades autónomas y relativamente autocontenidas con interacciones regimentadas y restringidas a canales institucionales. Hoy estamos siendo testigos de su desaparición y transición a un nuevo orden geopolítico basado en una red global que comprende unidades microrregionales de organización. La naturaleza exacta de las futuras entidades geopolíticas está aún por revelarse. Como los componentes del cerebro, no tienen por qué ser homogéneas y pueden combinar diferentes tipos de unidades.

Las regiones étnicas pueden convertirse en un tipo de unidad del nuevo orden. Son más pequeñas y más antiguas que las naciones-estado. Pese a todo, su coexistencia durante los últimos siglos dentro de las naciones-estado y en una economía cada vez más global las ha hecho fuertemente interdependientes e interactivas. Una historia compartida las ha transformado de unidades aisladas en unidades de una red. Pueden llegar a ser los ladrillos del orden político-económico global que transciende las fronteras nacionales. Paradójicamente, el cambio de la molaridad nacional a la molaridad étnica de la sociedad puede facilitar el cambio de una identidad parroquial a una identidad global, precisamente porque hoy la etnicidad es menos autosuficiente, autocontenida y autoasimilada que la nacionalidad. Una identidad étnica puede mostrarse más fácil de reconciliar con una identidad federalista paneuropea que con una nacional. Como me dijo una vez un amigo mío vasco, sería más fácil para él renunciar a su identidad vasca en favor de una identidad europea que en favor de una española.

Microunidades basadas en factores estrictamente económicos e interrelacionadas mediante los flujos del comercio, las finanzas y las comunicaciones pueden emerger como un tipo diferente de unidad del nuevo orden evolutivo. Ésta es la conclusión a la que llega Kenchi Ohmae en *The End of the Nation State*.[8] La proliferación de empresas multinacionales favorece este tipo de organización.

La evolución del cerebro nos enseña la lección de que un alto grado de complejidad no puede ser manejado por sistemas rígidamente organizados. Requiere responsabilidades distribuidas y autonomía local. La llegada de la corteza al escenario evolutivo señaló un verdadero cambio de paradigma en la organización del cerebro. Emergió un sistema nervioso central mucho más dinámico y activo. Esto dio como resultado un aumento exponencial en la potencia computacional del cerebro, que culminó en una mente consciente.

Si seguimos esta analogía, la transición de un orden mundial construido a partir de pocas unidades geopolíticas autónomas y grandes a una red de muchas unidades geopolíticas pequeñas y fuertemente interdependientes está ahora en proceso. Tampoco esta transición está lejos de un cambio de paradigma. Anuncia un nuevo dinamismo social y un salto cuántico en el ritmo de cambio social en los siglos venideros. Esta diferencia es similar a la diferencia entre una sucesión de lienzos y un caleidoscopio. Lejos del fin de la historia proclamado por algunos eruditos, hay en curso una historia en movimiento mucho más rápido.

Pero en el cerebro la llegada del «nuevo orden» dinámico precedida por la llegada del neocórtex estuvo compensada por la emergencia de los lóbulos frontales con su capacidad para imponer orden sobre una vertiginosa multitud emergente de elecciones posibles. Con una creciente globalización de interacciones sociales y económicas, ¿emergerá una organización similar de orden superior en la sociedad global? ¿Qué sucederá? ¿Una versión mejorada de la Liga de Naciones y las Naciones Unidas? ¿Algún tipo de Consejo Económico de Multinacionales? ¿Es la Unión Europea en ciernes un prototipo de semejante organización global de control «débil», con Bruselas como la «corteza prefrontal europea»? ¿Es inminente un análogo de la Unión Europea a escala mundial? La analogía del cerebro predice la emergencia eventual de una tal organización.

Mis predicciones sobre la evolución de la sociedad basadas en la analogía con el cerebro pueden sonar inverosímiles y extravagantes. Pese a todo, resuenan con algo del pensamiento de vanguardia de los politólogos. Mi periódico preferido, el *New York Times*, ha demostrado una vez más ser el mejor del mundo al proporcionarme la munición necesaria para la polémica. Paul Lewis escribió una recensión que apareció en el número del *New York Times* del 2 de enero de 1999 con el provocativo título «Conforme las naciones pierden papeles, ¿se acerca un futuro medieval?».[9] Él citaba a Hedley Bull, el finado profesor de relaciones internacionales en Oxford, que predecía que el sistema existente de naciones-estados será reemplazado por «un equivalente moderno y secular del tipo de organización política universal que existió en la Cristiandad Occidental durante la Edad Media».

El *New York Times* insistía de nuevo al mismo cierre del milenio. Mientras mis conciudadanos neoyorkinos se acercaban al año 2000 con la nerviosa predicción de un frenesí milenario, fallos en las infraestructuras y ataques terroristas, un artículo titulado «¿Podría ser esto el Nuevo Mundo?» apareció en el número del 27 de diciembre. En él, Robert Kaplan esbozaba un escenario apocalíptico para el siglo que estaba por venir: una desintegración de naciones-estados en ciudades-estados más pequeñas, con el mapa de Nueva York convertido en un «holograma en constante movimiento» o, por utilizar el título de su nuevo libro, «la anarquía que viene».[10] Pero puede emerger un mecanismo para compensar la anarquía que viene mediante el equivalente social de los lóbulos frontales.

Un argumento similar plantea Stephen J. Kobrin, de la Universidad de Pennsylvania, en un artículo en el *Journal of International Affairs*.[11] Kobrin predice que un «centro» de autoridad universal está abocado a emerger para complementar la tendencia hacia una creciente fragmentación, fluidez e inter-conectividad caleidoscópica de localidades. Apunta que las organizaciones in-tergubernamentales más internacionales se crearon muy recientemente.

¿Qué forma tomará el análogo secular postmoderno de la autoridad papal? Éste es un reto para que lo sopesen los futurólogos, y la analogía con la evolu-ción cerebral puede ofrecer una útil, si no perfectamente transparente, «bola de cristal».

Autonomía y control en el mundo digital

Durante las últimas décadas se ha desarrollado una peculiar relación epistemo-lógica «hombre-máquina». Funciona en ambas direcciones. Durante gran parte del siglo xx nuestras ideas sobre el funcionamiento del cerebro han estado con-figuradas por la analogía del computador, igual que, en los siglos pasados, lo han estado por las tecnologías destacadas de cada época. Por otra parte, el dise-ño de algunos de los dispositivos de computación más potentes estuvo directa-mente influido por la analogía del cerebro. Las primeras redes neurales forma-les, diseñadas por McCulloch y Pitts, estuvieron directamente inspiradas por la analogía con la neurona biológica; y el diseño de ciertos lenguajes informáticos estuvo directamente inspirado por el concepto de contexto psicolingüístico.[12]

Consideremos esta intrigante pregunta: ¿Se revelan principios guía simila-res en la evolución biológica del cerebro y la evolución tecnológica de los com-putadores? Si así se establece, tales principios nos informarán de cómo afrontan varios sistemas complejos evolutivos, posiblemente incluso la mayoría de ellos, las crecientes demandas computacionales. En las pocas páginas que siguen tra-taré de demostrar que la transición de un principio modular de organización a un principio gradiental distribuido de organización, que parece caracterizar la evo-lución del cerebro y de la sociedad, se aplica también al mundo digital. Trataré de demostrar, además, que en una etapa tardía de la evolución de la computa-ción ha emergido un análogo digital de los lóbulos frontales para contrapesar la «anarquía que viene» digital, por tomar prestada la inquietante expresión de Ro-bert Kaplan.[13]

Con esta demostración en su sitio, surge la siguiente pregunta intrigante: ¿Reflejan las leyes invariantes de evolución compartidas por el cerebro, la so-ciedad y los dispositivos de computación digital el único camino de desarrollo intrínsecamente posible u óptimo? ¿O se trata de que los humanos recapitulan, consciente o inconscientemente, su propia organización interna en los aparatos y las estructuras sociales que ellos construyen? Cada posibilidad es intrigante por sí misma. En el primer caso, nuestro análisis apuntará a algunas reglas muy generales del desarrollo de los sistemas complejos. En el segundo caso, encontramos un enigmático proceso de recapitulación inconsciente, puesto que ni la evolución de la sociedad ni la evolución del mundo digital han estado guiadas explícitamente por el conocimiento de la neurociencia.

El hardware informático ha evolucionado desde los ordenadores centrales a los ordenadores personales y la red de ordenadores personales. El ordenador central es un «dinosaurio» del mundo digital. Ocupaba varios pisos en centros de investigación civiles o militares. Cada ordenador central tenía una compleja organización y una gran potencia computacional. Realizaba la computación de una tarea de principio a fin. Había relativamente pocos ordenadores centrales y las interfaces entre ellos eran escasas; estaban prácticamente aislados unos de otros. El mundo digital de los años 50, los 60 y parte de los 70, dominado por los ordenadores centrales, era de naturaleza modular. Poco a poco, no obstante, se establecieron conexiones limitadas entre los ordenadores centrales, lo que dio lugar a la computación distribuida y, finalmente, a la red.

En los años 70 empezaron a proliferar los ordenadores personales (PCs). La potencia computacional de un único PC no iguala a la de un ordenador central, pero hay un número enorme de ellos. Dentro de este formato distribuido podía realizarse una mayor gama y variedad de tareas. El mundo digital ya no estaba dominado por unidades grandes y funcionalmente prededicadas sino que estaba siendo ocupado por los ordenadores personales más pequeños pero más numerosos. Para garantizar que pudiera intercomunicarse un máximo número de ordenadores individuales aumentó rápidamente la estandarización. Esto señaló la siguiente etapa en la evolución de los dispositivos computacionales.

En los años 80 estaba teniendo lugar una rápida integración de PCs y ordenadores centrales. Los procesos computacionales se estaban distribuyendo entre numerosos aparatos. La multitud de PCs suponía un abanico cada vez mayor de tareas computacionales, reduciendo así, aunque sin eliminar totalmente, la importancia de los ordenadores centrales.

En los años 90 la Internet se hizo ubicua. Proporcionó una estructura formal para crear interfaces entre computadores independientes según la demanda de tareas, dentro de un abanico prácticamente infinito de posibilidades combinatorias. El mundo digital se parecía cada vez más a una red neural. La tendencia se amplió con la llegada de una clase totalmente diferente de ordenadores, «los PCs en red», dispositivos de capacidad limitada cuya función principal era ofrecer acceso a Internet. Aunque los computadores centrales siguieron sirviendo para ciertas funciones, una gradual separación de un patrón de organización predominantemente modular hacia uno predominantemente distribuido reconfiguró el mundo digital. Tanto en la evolución del cerebro como en la evolución del mundo digital, un crecimiento adicional de la potencia computacional de algunos pocos centros autocontenidos se mostró menos efectivo que el desarrollo de redes consistentes en numerosos dispositivos más pequeños y relativamente simples.

Pero la llegada de la «anarquía digital» no estaba muy lejos. Con la explosión en el volumen de información colocado en la *World Wide Web* se hacía cada vez más difícil encontrar la información específica requerida para una tarea completa. Como sucedió en la evolución del cerebro, surgieron presiones adaptativas para la emergencia de un mecanismo capaz de restringir los grados de libertad del sistema en cualquier situación específica y orientada a objetivos, aunque preservando en principio estos grados de libertad. Esto señaló la invención de los «motores de búsqueda».

Al igual que los lóbulos frontales, los motores de búsqueda no contienen el conocimiento exacto necesario para resolver el problema entre manos. Pero al igual que los lóbulos frontales, tienen una vista aérea del sistema que les permite encontrar las localizaciones específicas dentro de la red donde se mantiene este conocimiento. Y al igual que los lóbulos frontales, los motores de búsqueda aparecieron en una etapa relativamente tardía en la transición del mundo digital desde un «organismo» fundamentalmente modular a uno fundamentalmente distribuido. Los motores de búsqueda proporcionan la función ejecutiva dentro de Internet. Son los lóbulos frontales digitales.

Por lo tanto, parece que existen fuertes similitudes entre la evolución del cerebro, de la sociedad y de los sistemas computacionales hechos por el hombre. Cada uno de ellos está caracterizado por una transición desde el principio modular de organización al principio gradiental y distribuido. En una etapa altamente evolucionada de este proceso emerge un sistema de control «ejecutivo» para poner riendas en la perspectiva de anarquía y caos, que paradójicamente aumenta con el aumento de complejidad de cualquier sistema. La peculiar relación entre autonomía y control incorporada en el control ejecutivo ejercido por los lóbulos frontales fue captada en la memorable frase acuñada por Frederic Engels: «La libertad es el reconocimiento de la necesidad».[14]

Epílogo

P ara cuando escribí este libro había pasado periodos de mi vida casi exactamente iguales en el Este y en Occidente, y según las previsiones más realistas yo había entrado en su tercio final: el tiempo de integración, una tarea ejecutiva. Visto en retrospectiva, mi propio viaje intelectual ha sido una amalgama y una mezcla de influencias derivadas de estos dos mundos. En la medida en que puedo reclamar un estilo intelectual y científico propio, éste fue configurado por esta fusión. Soy un hombre del Este con ropaje cultural occidental, por así decir. En el comienzo de la sexta década de mi vida, el nómada que hay en mí se reafirma. Desarrollo mi trabajo clínico en Nueva York, hago mi investigación en Sidney y doy conferencias por todo el mundo.

Y por primera vez desde que dejé Rusia hace un cuarto de siglo, me encuentro sintiendo un vivo interés por los tropiezos de su difícil andadura hacia un paradigma más ilustrado de economía y gobierno. En la escritura de este libro, en mi investigación y en mi práctica clínica cuento con la ayuda de mis tres asistentes rusos, Dmitri, Peter y Sergey, que trabajan en mi consulta del centro de Manhattan, todos ellos jóvenes que representan el futuro de esa cultura y no su pasado. Las vidas de los amigos íntimos a quienes hace muchos años había confiado mis planes de dejar el país han divergido profesional y personalmente, lo que refleja los cambios que transformaron Rusia desde que yo salí de allí. Peter Tulviste se convirtió en el primer rector de la Universidad de Tartu tras la independencia en su Estonia nativa, finalmente libre. Slavik Danilov es coronel y profesor de psicología en una academia militar en Rusia. Natasha Korsakova es una investigadora destacada de la demencia de Alzheimer y enseña en la Universidad Estatal de Moscú. Lena Moskovich vive en Boston, donde investiga en neurología conductual. Ekhtibar Dzafarov también dejó Rusia y ha enseñado en varias universidades de Europa y Estados Unidos.

Y ahora que finalmente está escrito este libro, planeo un viaje a Moscú, por primera vez desde que lo dejé cuando era la capital de un país diferente. Daré un paseo por las calles donde mantuve mi decisiva conversación con Alexandr Romanovich, y algunas de estas calles tendrán nombres diferentes, pues ya no existe el Panteón soviético; pero otras, como Arbat, lo conservarán. Visitaré a amigos y trataré de conectar de nuevo con los lugares de mi juventud y hacerme una idea de la nueva Rusia. Luego volveré a Nueva York, pero esperanzado con la sensación de que lo que fue mi casa ya no es un lugar extraño.

Este libro empezó con la discusión del cerebro y terminó con la discusión de la sociedad y la historia. El paradigma se ha invertido. En la historia de las ideas es habitual utilizar los conceptos de una ciencia más madura como metáfora heurística para una ciencia más embrionaria. Durante siglos la neurociencia ha sido la ciencia embrionaria que tomaba prestadas sus metáforas de disciplinas más desarrolladas: de la mecánica (las bombas hidráulicas del siglo XVII), de la ingeniería eléctrica (la centralita telefónica de principios del siglo XX), y de la ciencia de los computadores (la segunda mitad del siglo XX). Pero ahora la ciencia del cerebro se está haciendo adulta y puede estar lista para ofrecer sus propias metáforas heurísticas que arrojen luz sobre otros sistemas complejos, incluyendo la sociedad.

La ciencia del cerebro ha estado siempre en la frontera entre la ciencia dura y las humanidades, y es precisamente esta fusión la que me llevó a ella hace muchos años. El nombre de Descartes se cita a menudo cuando se examina la historia de la exploración mente-cerebro. Pero yo saqué mi primera inspiración del contemporáneo de Descartes, y colega iconoclasta, Baruch Spinoza.[1] A diferencia de Descartes, Spinoza no creía en la dualidad de espíritu y materia. Él entendía a Dios como las leyes del universo y no como su creador, y buscaba principios unificadores.

A los doce años, mientras curioseaba en la biblioteca de mi padre, como solía hacer, tropecé con una traducción rusa en dos volúmenes de la *Ética* de Spinoza; fue la primera vez que supe de él. Leyendo los oscuros escritos, llegué a sus «teoremas éticos demostrados según el método deductivo».[2] Éste fue uno de los momentos más importantes en lo que se refiere a mi historia cognitiva personal. Siempre me he sentido atraído hacia las matemáticas y hacia las humanidades y la historia, pero no especialmente hacia las ciencias naturales, lo que constituye una configuración de intereses poco habitual. Y estaba evidentemente interesado en la vida de la mente, aunque no muy impresionado por lo poco que yo sabía en esa época de la psicología como disciplina. Spinoza fue una revelación para mí, pues me decía que estas áreas dispares podrían ser reunidas, y que temas en apariencia intrínsecamente imprecisos, como la mente, la sociedad y la vida de la mente en la sociedad, podrían enfocarse con métodos precisos.

Por supuesto, la empresa de Spinoza en el siglo XVII era ingenua para los cánones de hoy. Tampoco ejerció, según mi conocimiento, una influencia importante en la consolidación de los estudios de los sistemas complejos como el cerebro o la sociedad en las disciplinas relativamente precisas en que se han convertido. Existían esfuerzos mucho más directos e influyentes de los que yo no era consciente en esa época. Pero para mí, ese primer encuentro con Spinoza fue una experiencia formativa, que animó, más que cualquier otra influencia individual, mi elección de la psicología y la neurociencia como una carrera para toda la vida.

Otro encuentro intelectual de importancia comparable ocurrió mucho más tarde, cuando a los 19 años tropecé en la biblioteca de la Universidad Estatal de Moscú con los artículos clásicos de Warren McCulloch y Walter Pitts titulados «Un cálculo lógico de las ideas inmanentes en la actividad nerviosa» (1943)[3] y «Cómo conocemos los universales: la percepción de formas auditivas y visuales» (1947),[4] que establecían las bases para el modelado formal del cerebro en redes neurales. Para mí, había una evidente continuidad intelectual entre los «teoremas éticos» de Spinoza y el «cálculo lógico» de McCulloch y Pitts. Cada uno de ellos representaba un intento de infundir métodos deductivos precisos en una indagación tradicionalmente vaga sobre la mente y el cerebro. Muy poco se estaba haciendo en esa época en Rusia de lo que más tarde iba a llamarse «neurociencia computacional». Con la aquiescencia divertida de Luria, mi amiga Yelena Artemyeva, una brillante matemática y estudiante de Andrey Kolmogorov, y yo intentamos introducir el modelado por redes neurales en la investigación neurológica en la Universidad de Moscú.

My vida posterior en los Estados Unidos me llevó hacia el trabajo clínico y me apartó mucho de la investigación básica que yo había previsto en aquellos primeros años de mi carrera. Pero mi comprensión del cerebro, y la metáfora heurística que guiaba dicha comprensión, había estado siempre informada por el primer encuentro intelectual con el concepto de la red neural.

Tras estas tempranas influencias y a lo largo de toda mi carrera he estado interesado, a veces explícita y a veces tácitamente, en principios generales que transcendieran mi propio, y relativamente estrecho, campo de conocimiento. Y por eso se puede hablar de un círculo intelectual que se cierra: mi propia comprensión idiosincrásica del cerebro produjo una metáfora que me sirvió personalmente para comprender el fenómeno social cataclísmico que ahora vivimos. Espero que la metáfora sea útil para otras personas.

Creo que la discusión de la relación entre autonomía y control en varios sistemas complejos y las lecciones extraídas del análisis del cerebro para la comprensión de la sociedad es una forma adecuada de terminar este libro. Ningún sistema complejo puede tener éxito sin un mecanismo ejecutivo efectivo, los «lóbulos frontales». Pero los lóbulos frontales operan mejor como parte de una estructura interactiva y altamente distribuida con mucha autonomía y muchos grados de libertad.

Referencias y notas

Capítulo 1: Introducción

1. A. Damasio, *Descartes' Error: Emotion, Reason and the Human Brain* (New York: Putnam Publishing Group, 1994). [Hay edición castellana: *El error de Descartes: la emoción, la razón y el cerebro humano*, Crítica, Barcelona, 1996.]
2. R. A. Barkley, *ADHD and the Nature of Self-Control* (New York: Guilford Press, 1997).
3. E. Goldberg, «Tribute to Alexandr Romanovich Luria», en *Contemporary Neuropsychology and the Legacy of Luria*, ed. E. Goldberg (Hillsdale, New Jersey: Lawrence Erlbaum Associates, 1990), 1-9.
4. S. Sontag, *Illness as Metaphor and AIDS and Its Metaphors* (New York: Doubleday Books, 1990). [Hay edición castellana: *La enfermedad como metáfora y el SIDA y sus metáforas*, Taurus, Madrid, 1996.]

Capítulo 2: Un final y un principio: Una dedicatoria

1. Tras la desintegración de la Unión Soviética, la mayoría de las calles y lugares públicos que tenían nombres de fechas memorables y de semidioses soviéticos han recuperado sus nombres prerrevolucionarios.

Capítulo 3: El director ejecutivo del cerebro: Una mirada a los lóbulos frontales

1. Para la transformación del liderazgo militar a través de la historia, ver J. Keegan, *The Mask of Command* (New York: Penguin, 1989).
2. La enfermedad crónica de Napoleón no tenía relación directa con su cerebro. Muy al contrario, implicaba hemorroides muy inflamadas. Para lectura adicional, ver A. Neumayr, *Dictators in the Mirror of Medicine: Napoleon, Hitler, Stalin*, trad. D. J. Parent (Bloomington, Illinois: Medi-Ed Press, 1995).
3. F. Tilney, *The Brain: From Ape to Man* (New York: Hoeber, 1928).

4. J. Jaynes, *The Origin of Consciousness in the Breakdown of the Bicameral Mind* (New York: Houghton Mifflin Company, 1990).

5. Citado en W. E. Wallace, *Michelangelo: The Complete Sculpture, Painting, Architecture* (Southport, Connecticut: Hugh Lauter Levin Associates, 1998).

6. S. Pinker, *The Language Instinct* (New York: Harper Perennial Library, 1995). [Hay edición castellana: *El instinto del lenguaje: cómo crea el lenguaje la mente*, Alianza Editorial, Madrid, 2001.]

Capítulo 4: La arquitectura del cerebro: Una introducción

1. Para una revisión más completa ver A. Parent, *Carpenters's Human Neuroanatomy*, 9th ed. (Baltimore: Williams & Wilkins, 1995). (Edición revisada de M. B. Carpenter y J. Satin, *Human Neuroanatomy*, 8ª ed. 1983.)

2. H. W. Magoun, «The ascending reticular activating system», *Res Publ Assoc Nerv Ment Dis*, n.º 30 (1952).

3. Una revisión completa de este tema puede encontrarse en D. Oakley and H. Plotkin, eds., *Brain, Behavior and Evolution* (Cambridge, UK: Cambridge University Press, 1979).

4. Una vez más, para una revisión más completa ver A. Parent, *Carpenters's Human Neuroanatomy*, 9th ed. (Baltimore: Williams & Wilkins, 1995).

5. Ibid.

6. J. LeDoux, *The Emotional Brain: The Mysterious Underpinnings of Emotional Life* (New York: Touchstone Books, 1998). [Hay edición castellana: *El cerebro emocional*, Planeta, Barcelona, 2001.]

7. J. Grafman, I. Litvan, S. Massaquoi, M. Stewart, A. Sirigu, M. Hallett, «Cognitive planning deficit in patients with cerebellar atrophy», *Neurology* 42, n.º 8 (1992): 1493-1496; H. C. Leiner, A. L. Leiner, y R. S. Dow, «Reappraising the cerebellum: what does the hindbrain contribute to the forebrain?» *Behav Neurosci*, n.º 5 (1989): 998-1008.

8. En D. Oakley y H. Plotkin, eds., *Brain, Behavior and Evolution* (Cambridge, UK: Cambridge University Press, 1979).

9. B. L. McNaughton y R. G. M Morris, «Hippocampal synaptic enhancement and information storage», *Trends Neurosci* 10 (1987): 408-415; B. L. McNaughton, «Associative pattern competition in hippocampal circuits: new evidence and new questions», *Brain Res Rev* 16 (1991): 202-204.

10. B. Milner, «Cues to the cerebral organization of memory», en *Cerebral Correlates of Conscious Experience*, ed. P. Buser and A. Rougeul-Buser (Amsterdam: Elsevier, 1978), 139-153.

11. En C. H. Hockman, ed., *Limbic System Mechanisms and Autonomic Function* (Springfield, Illinois: Charles C Thomas, 1972).

12. C. S. Carter, M. M. Botvinick, y J. D. Cohen, «The contribution of the anterior cingulate cortex to executive processes in cognition», *Rev Neurosci* 10, n.º 1 (1999): 49-57.

13. En D. Oakley y H. Plotkin, eds., *Brain, Behavior and Evolution* (Cambridge, UK: Cambridge University Press, 1979).

14. K. Brodmann, *Vergleichende Lokalisationslehre der Grosshinrinde in ihren Prinzipien dargestellt auf Grund des Zellenbaues* (Leipzig: Barth, 1909). Citado en J. M. Fuster, *The Prefrontal Cortex: Anatomy, Physiology, and Neuropsychology of the Frontal Lobe*, 3rd. ed. (Philadelphia: Lippincott-Raven, 1997).

15. G. W. Roberts, P. N. Leigh, D. R. Weinberger, *Neuropsychiatric Disorders* (London: Wolfe, 1993).

16. J. M. Fuster, *The Prefrontal Cortex: Anatomy, Physiology, and Neuropsychology of the Frontal Lobe*, 3rd. ed. (Philadelphia: Lippincott-Raven, 1997).

17. En A. W. Campbell, *Histological Studies on the Localization of Cerebral Function* (Cambridge: Cambridge University Press, 1905). Citado en J. M. Fuster, *The Prefrontal Cortex: Anatomy, Physiology, and Neuropsychology of the Frontal Lobe*, 3rd. ed. (Philadelphia: Lippincott-Raven, 1997).

18. J. H. Jackson, «Evolution and dissolution of the nervous system», *Croonian Lecture. Selected Papers* 2 (1884).

19. A. R. Luria, *Higher Cortical Functions in Man* (New York: Basic Books, 1966).

20. A. Damasio, «The frontal lobes», en *Clinical Neuropsychology*, ed. K. Heilman and E. Valenstein (New York: Oxford University Press, 1993), 360-412.

21. J. M. Fuster, *The Prefrontal Cortex: Anatomy, Physiology, and Neuropsychology of the Frontal Lobe*, 3rd. ed. (Philadelphia: Lippincott-Raven, 1997).

22. P. S. Goldman-Rakic, «Circuitry of primate prefrontal cortex and regulation of behavior by representational memory», en *Handbook of Physiology: Nervous System, Higher Functions of the Brain*, Part 1, ed. F. Plum (Bethesda, Maryland: American Physiological Association, 1987), 373-417.

23. D. T. Stuss y D. F. Benson, *The Frontal Lobes* (New York: Raven Press, 1986).

24. W. J. Nauta, «Neural associations of the frontal cortex», *Acta Neurobiol Exp* 32, n.º 2 (1972): 125-140.

25. J. H. Jackson, «Evolution and dissolution of the nervous system», *Croonian Lecture. Selected Papers* 2 (1884).

Capítulo 5: La primera fila de la orquesta: La corteza

1. F. J. Gall, *Sur les fonctions du cerveau*, 6 vols. (Paris, 1822-1823).

2. K. Kleist, *Gehirnpathologie* (Leipzig: Barth, 1934).

3. P. Broca, «Remarques sur le siège de la faculté du language articulé», *Bull Soc Anthrop* 6 (1861).

4. C. Wernicke, *Der aphasische Symptomencomplex* (Breslay, 1874).

5. M. LeMay, «Morphological cerebral asymmetries of modern man, fossil man, and nonhuman primate», *Ann N Y Acad Sci* 280 (1976): 349-366.

6. M. C. de Lacoste, D. S. Horvath, and D. J. Woodward, «Possible sex differences in the developing human fetal brain», *J Clin Exp Neuropsychol* 13, n.º 6 (1991): 831-846.

7. M. LeMay, «Morphological cerebral asymmetries of modern man, fossil man, and nonhuman primate», *Ann N Y Acad Sci* 280 (1976): 349-366.

8. M. C. Diamond, «Rat forebrain morphology: right-left; male-female; young-old; enriched-impoverished», en *Cerebral Laterality in Nonhuman Species*, ed. S. D. Glick (New York: Academic Press, 1985); M. C. Diamond, G. A. Dowling, and R. E. Johnson, «Morphologic cerebral cortical asymmetry in male and female rats», *Exp Neurol* 71, n.º 2 (1981): 261-268.

9. N. Geschwind y W. Levitshy, «Human brain: left-right asymmetries in temporal speech region», *Science* 161, n.º 837 (1968): 186-187.

10. M. LeMay y N. Geschwind, «Hemispheric differences in the brains of greta apes», *Brain Behav Evol* 11, n.º 1 (1975): 48-52.

11. P. J. Gannon *et al.*, «Asymmetry of chimpanzee planum temporale: humanlike pattern of Wernicke's brain language area homolog», *Science* 279, n.º 5348 (1998): 220-222.

12. S. D. Glick, D. A. Ross, and L. B. Hough, «Lateral asymmetry of neurotransmitters in human brain», *Brain Res* 234, n.º 1 (1982): 53-63.

13. S. Sandu, P. Cook, y M. C. Diamond, «Rat cortical estrogen receptors: male-female, right-left», Exp Neurol 92, n.º 1 (1985): 186-196.

14. S. D. Glick, R. C. Meibach, R. D. Cox, S. Maayani, «Multiple and interrelated functional asymmetries in rat brain», *Life Sci* 25, n.º 4 (1979): 395-400.

15. S. A. Sholl y K. L. Kim, «Androgen receptors are differentially distributed between right and left cerebral hemispheres of the fetal male rhesus monkey», *Brain Res* 516, n.º 1 (1990): 122-126.

16. E. Goldberg y L. D. Costa, «Hemisphere differences in the acquisition and use of descriptive systems», *Brain Lang* 14, n.º 1 (1981): 144-173.

17. H. Simon, *The Sciences of the Artificial* (Cambridge: MIT Press, 1996).

18. S. Grossberg, ed., *Neural Networks and Natural Intelligence* (Cambridge: MIT Press, 1988).

19. E. Goldberg y L. D. Costa, «Hemisphere differences in the acquisition and use of descriptive systems», *Brain Lang* 14, n.º 1 (1981): 144-173.

20. Para los modelos computacionales relevantes que utilizan redes neurales formales ver S. Grossberg, ed., *Neural Networks and Natural Intelligence* (Cambridge: MIT Press, 1988); R. A. Jacobs and M. I. Jordan, «Computational consequences of a bias toward short connections», *J Cogn Neurosc* (1992): 323-336; R. A. Jacobs, M. I. Jordan, and A. G. Barto, «Task decomposi tion through competition in a modular connectionist architecture: the what and where vision tasks», *Cognit Sci* 15 (1991): 219-250.

21. Para una revisión ver S. Springer y G. Deutsch, *Left Brain, Right Brain: Perspective from Cognitive Neuroscience*, 5th ed. (New York. W H Freeman & Co, 1997).

22. T. G. Bever y R. J. Chiarello, «Cerebral dominance in musicians and nonmusicians», *Science* 185, n.º 150 (1974): 537-539.

23. C. A. Marzi y G. Berlucchi, «Right visual field superiority for accuracy of recognition of famous faces in normals», *Neuropsychologia* 15, n.º 6 (1977): 751-756.

24. A. Martin, C. L. Wiggs, y J. Weisberg, «Modulation of human medial temporal lobe activity by form, meaning, and experience», *Hippocampus* 7, n.º 6 (1977): 587-593.

25. R. Henson, T. Shallice, y R. Dolan, «Neuroimaging evidence for dissociable forms of repetition priming», *Science* 287, n.º 5456 (2000): 1269-1272.

26. J. M. Gold *et al*., «PET validation of a novel prefrontal task: delayed response alteration», *Neuropsychology* 10 (1996): 3-10.

27. R. Shadmehr y H. H. Holcomb, «Neural correlates of motor memory consolida tion», *Science* 277, n.º 5327 (1997): 821-825.

28. R. J. Haier, B. V., Siegel Jr., A. MacLachlan, E. Soderling, S. Lottenberg, M. S. Buchsbaum, «Regional glucose metabolic changes after learning a complex visuospatial/motor task: a positron emission tomographic study», *Brain Res* 570, n.º 1-2 (1992): 134-143.

29. G. S. Berns, J. D. Cohen, y M. A. Mintun, «Brain regions responsive to novelty in the absence of awareness», *Science* 276, n.º 5316 (1997): 1272-1275.

30. M. E. Raichle, J. A. Fiez, T. O. Videen, A. M. MacLeod, J. V. Pardo, P. T. Fox, S. E. Petersen, «Practice-related changes in human brain functional anatomy during nonmotor learning», *Cereb Cortex* 4, n.º 1 (1994): 26.

31. E. Tulving, H. J. Markowitsch, F. E. Craik, R. Hiabib, S. Houle, «Novelty and familiarity activation in PET studies of memory encoding and retrieval», *Cereb Cortex* 6, n.º (1996): 71-79.

32. L. Vygotsky, *Thought and Language*, ed. A. Kozulin (Cambridge: MIT Press, 1986). [Hay edición castellana: *Pensamiento y lenguaje*, Paidós, Barcelona, 1995.]

33. J. Jaynes, *The Origin of Consciousness in the Breakdown of the Bicameral Mind* (New York: Houghton Mifflin Company, 1990).

34. J. M. Gold, K. F. Berman, C. Randolph, T. E. Goldberg, D. Weinberger, «PET validation of a novel prefrontal task: delayed response alteration», *Neuropsychology* 10 (1996): 3-10; R. H. Haier et al., «Regional glucose metabolic changes after learning a complex visuospatial/motor task: a positron emission tomographic study», *Brain Res* 570, n.º 1-2 (1992): 134-143; M. E. Raichle, J. A. Fiez, T. O. Videen, A. M. MacLeod, J. V. Pardo, P. T. Fox, S. E. Petersen, «Practice-related changes in human brain functional anatomy during nonmotor learning», *Cereb Cortex*, n.º 1 (1994): 8-26.

35. J. A. Fodor, «Precis of the modularity of mind», *Behav Brain Sci* 8 (1985): 1-42.

36. E. Goldberg, «Gradiental approach to neocortical functional organization», *J Clin Exp Neuropsychol* 11, n.º 4 (1989): 489-517.

37. E. Goldberg, «Higher cortical functions in humans: the gradiental approach», en *Contemporary Neuropsychology and the Legacy of Luria*, ed. E. Goldberg (Hillsdale, New Jersey: Lawrence Erlbaum Associates, 1990), 229-276.

38. O. W. Sacks, «Scotoma: forgetting and neglect in science», en *Hidden Histories of Science*, ed. R.B. Silver (New York: New York Review, 1996), 141-187.

39. Para revisión ver K. Heilman and E. Valenstein, eds., *Clinical Neuropsychology* (New York: Oxford University Press, 1993).

40. E. Goldberg, «Associative agnosias and the functions of the left hemisphere», *J Clin Exp Neuropsychol* 12, n.º 4 (1990): 467-484.

41. E. Goldberg, «Gradiental approach to neocortical functional organization», *J Clin Exp Neuropsychol* 11, n.º 4 (1989): 489-517.

42. A. Martin, L. G. Ungerleider, y J. V. Haxby, «Category specificity and the brain: the sensory/motor model of semantic representation of objects», en *The New Cognitive Neuroscience*, ed. M. S. Gazzaniga (Cambridge: MIT Press, 1999).

43. A. Martin, C. L. Wiggs, L. G. Ungerleider, J. V. Haxby, «Neural correlates of category-specific knowledge», *Nature* 379, n.º 6566 (1996): 649-652.

44. E. K. Warrington y T. Shallice, «Category specific semantic impairments», *Brain* 107, n.º 3 (1984):829-854; R. A. McCarthy and E. K. Warrington, «Evidence for modality-specific meaning systems in the brain», *Nature* 334, n.º 6181 (1988): 428-30.

Capítulo 6: El director de orquesta: Una mirada más cercana a los lóbulos frontales

1. M. E. Raichle, J. A. Fiez, T. O. Videen, A. M. MacLeod, J. V. Pardo, P. T. Fox, S. E. Petersen, «Practice-related changes in human brain functional anatomy during nonmotor learning», *Cereb Cortex* 4, n.º 1 (1994): 8-26.

2. J. M. Gold, K. F. Berman, C. Randolph, T. E. Goldberg, D. Weinberger, «PET validation of a novel prefrontal task: delayed response alteration», *Neuropsychology* 10 (1996): 3-10.

3. C. F. Jacobsen, «Functions of the frontal association area in primates», *Arch Neurol Psychiatry* 33 (1935): 558-569; C. F. Jacobsen and H. W. Nissen, «Studies of cerebral function in primates: IV. The effects of frontal lobe lesion on the delayed alternation habit in monkeys», *J Comp Physiol Psychol* 23 (1937): 101-112.

4. A. R. Luria, *Higher Cortical Functions in Man* (New York: Basic Books, 1966).

5. P. S. Goldman-Rakic, «Circuitry of primate prefrontal cortex and regulation of behavior by representational memory», en *Handbook of Physiology: Nervous System, Higher Functions of the Brain*, Part 1, ed. F. Plum (Bethesda, Maryland: American Physiological Association, 1987), 373-417.

6. J. M. Fuster, *The Prefrontal Cortex: Anatomy, Physiology, and Neuropsychology of the Frontal Lobe*, 3rd. ed. (Philadelphia: Lippincott-Raven, 1997).

7. J. M. Fuster, «Temporal organization of behavior (Introduction)», *Hum Neurobiol* 4 (1985): 57-60.

8. J. H. Jackson, «Evolution and dissolution of the nervous system», *Croonian Lecture. Selected Papers* 2 (1884).

9. S. Funahashi, C. J. Bruce, y P. S. Goldman-Rakic, «Mnemonic coding of visual space in the monkey's dorsolateral prefrontal cortex», *J Neurophysiol* 61, n.º 2 (1989): 331-349.

10. S. M. Courtney, L. G. Ungerleider, K. Keil, J. V. Haxby, «Object and spatial visual working memory activate separate neural systems in human cortex», *Cereb Cortex* 6, n.º 1 (1996): 39-49.

11. S. Funahashi, C. J. Bruce, y P. S. Goldman-Rakic, «Mnemonic coding of visual space in the monkey's dorsolateral prefrontal cortex», *J Neurophysiol* 61, n.º 2 (1989): 331-349.

12. E. Goldberg, R. Harner, M. Lovell, K. Podell, S. Riggio, «Cognitive bias, functional cortical geometry, and the frontal lobes: laterality, sex, and handedness», *J Cogn Neurosci* 6, n.º 3 (1994): 276-296.

13. E. Goldberg, A. Kluger, T. Griesing, L. Malta, M. Shapiro, S. Ferris, «Early

diagnosis of frontal-lobe dementias». Presentado en el Octavo Congreso de la Asociación Internacional de Psicogeriatría; agosto 17-22, 1997; Jerusalén, Israel.

14. Para una revisión ver B. Reisberg, ed., *Alzheimer's Disease* (New York: The Free Press, 1983).

Capítulo 7: Lóbulos diferentes para gentes diferentes:
Estilos de toma de decisiones y los lóbulos frontales

1. J. Talairach y P. Tournoux, *Co-planar Stereotaxic Atlas of the Human Brain* (New York: Thieme, 1988).

2. R. P. Ebstein, O. Novick, R. Umansky, B. Priel, Y. Osher, D. Blaine, E. R. Bennett, L. Nemanov, M. Katz, R. H. Belmaker, «Dopamine D4 receptor (D4DR) exon III polymorphism associated with the human personality trait of novelty seeking», *Nat Genet* 12, n.º 1 (1996): 78-80.

3. E. Goldberg, R. Harner, M. Lovell, K. Podell, S. Riggio, «Cognitive bias, functional cortical geometry, and the frontal lobes: laterality, sex, and handedness», *J Cogn Neurosci* 6, n.º 3 (1994): 276-296.

4. M. LeMay, «Morphological cerebral asymmetries of modern man, fossil man, and nonhuman primate», *Ann N Y Acad Sci* 280 (1976): 349-366.

5. M. C. Diamond, «Rat forebrain morphology: right-left; male-female; young-old; enriched-impoverished», en *Cerebral Laterality in Nonhuman Species*, ed. S. D. Glick (New York: Academic Press, 1985); M. C. Diamond, G. A. Dowling, and R. E. Johnson, «Morphologic cerebral cortical asymmetry in male and female rats», *Exp Neurol* 71, n.º 2 (1981): 261-268; S. D. Glick, R. C. Meibach, R. D. Cox, S. Maayani, «Multiple and interrelated functional asymmetries in rat brain», *Life Sci* 25, n.º 4 (1979): 395-400. S. D. Glick, D. A. Ross, y L. B. Hough, «Lateral asymmetry of neurotransmitters in human brain», *Brain Res* 234, n.º 1 (1982): 53-63.

6. S. D. Glick, D. A. Ross, y L. B. Hough, «Lateral asymmetry of neurotransmitters in human brain», *Brain Res* 234, n.º 1 (1982): 53-63; S. Sandu, P. Cook, and M. C. Diamond, «Rat cortical estrogen receptors: male-female, right-left», *Exp Neurol* 92, n.º 1 (1985): 186-196.

7. S. D. Glick, D. A. Ross, y L. B. Hough, «Lateral asymmetry of neurotransmitters in human brain», *Brain Res* 234, n.º 1 (1982): 53-63.

8. Para una revisión ver E. Goldberg, R. Harner, M. Lovell, K. Podell, S. Riggio, «Cognitive bias, functional cortical geometry, and the frontal lobes: laterality, sex, and handedness», *J Cogn Neurosci* 6, n.º 3 (1994): 276-296; S. Springer and G. Deutsch, *Left Brain, Right Brain: Perspective from Cognitive Neuroscience*, 5th ed. (New York: W H Freeman & Co, 1997); D. W. Lewis and M. C. Diamond, «The influence of the gonadal steroids on the assymetry of the cerebral cortex», en *Brain Assymetry*, ed. R. J. Davidson and K. Hugdahl (Cambridge: MIT Press, 1995), 31-50.

9. K. S. Kendler y D. Walsh, «Gender and schizophrenia: results of an epidemiologically-based family study», *Br J Psychiatry* 167, n.º 2 (1995): 184-192.

10. E. Shapiro, A. K. Shapiro, y J. Clarkin, «Clinical psychological testing in Tourette's syndrome», *J Pers Assess* 38, n.º 5 (1974): 464-478.

11. S. L. Andersen y M. H. Teicher, «Sex differences in dopamine receptors and their relevance to ADHD», *Neurosci Biobehav Rev* 24, n.º 1 (2000): 137-141.

12. S. K. Min, S. K. An, D. I. Jon, J. D. Lee, «Positive and negative symptoms and regional cerebral perfusion in antipsychotic-naive schizophrenic patients: a high-resolution SPECT study», *Psychiatry Res* 90, n.º 3 (1999): 159-168; R. E. Gur, S. M. Resnick, and R. C. Gur, «Laterality and frontality of cerebral blood flow and metabolism in schizophrenia: relationship to symptom specificity», *Psychiatry Res* 27, n.º 3 (1989): 325-334.

13. P. Flor-Henry, «The obsessive-compulsive syndrome: reflection of frontocaudate dysregulation of the left hemisphere?» *Encephale* 16 (número especial) (1990): 325-329.

14. L. Baving, M. Laucht, y M. H. Schmidt, «Atypical frontal brain activation in ADHD: preschool and elementary school boys and girls», *J Am Acad Child Adolesc Psychiatry* 38, n.º 11 (1999): 1363-1371.

15. E. Goldberg, R. Harner, M. Lovell, K. Podell, S. Riggio, «Cognitive bias, functional cortical geometry, and the frontal lobes: laterality, sex, and handedness», *J Cogn Neurosci* 6, n.º 3 (1994): 276-296.

16. D. Kimura, «Sex differences in cerebral organization for speech and praxic functions», *Can J Psychol* 37, n.º 1 (1983): 19-35.

17. F. B. Wood, D. L. Flowers, y C. E. Naylor, «Cerebral laterality in functional neuroimaging», en *Cerebral Laterality: Theory and Research. The Toledo Symposium*, ed. F. L. Kittle (Hillsdale, New Jersey: Lawrence Erlbaum Associates, 1991), 103-115.

18. B. A. Shaywitz, S. E. Shaywitz, K. R. Pugh, R. T. Constable, P. Shudlarski, R. K. Fulbright, R. A. Bronen, J. M. Fletcher, D. P. Shankweiler, L. Katz, «Sex differences in the functional organization of the brain for language», *Nature* 373, n.º 6515 (1995): 607-609.

19. F. Witelson, «The brain connection: the corpus callosum is larger in left-handers», *Science* 229 (1985): 665-668; M. Habib, D. Gayraud, A. Oliva, J. regis, G. Salamon, R. Khalil, «Effects on handedness and sex on the morphology of the corpus callosum: a study with brain magnetic resonance imaging», *Brain Cogn* 16, n.º 1 (1991): 41-61.

20. J. Harasty, K. L. Double, G. M. Halliday, J. J. Krill, D. A. McRitchie, «Language-associated cortical regions are proportionally larger in the female brain», *Arch Neurol* 54, n.º 2 (1997): 171-176; J. Harasty, «Language processing in both sexes: evidence from brain studies», *Brain* 123, n.º 2 (2000): 404-406.

21. M. Mishkin y K. H. Pribram, «Analysis of the effects of frontal lesions in monkeys: I. Variations of delayed alterations», *J Comp Physiol Psychol* 48 (1955): 492-495; M. Mishkin y K. H. Pribram, «Analysis of the effects of frontal lesions in the monkey: II. Variations of delayed response», *J Com Physiol Psychol* 49 (1956): 36-40.

22. E. Goldberg, R. Harner, M. Lovell, K. Podell, S. Riggio, «Cognitive bias, functional cortical geometry, and the frontal lobes: laterality, sex, and handedness», *J Cogn Neurosci* 6, n.º 3 (1994): 276-296.

23. J. Bradshaw y L. Rogers, *The Evolution of Lateral Assymetries, Language, Tool Use, and Intellect* (San Diego: Academic Press, 1993).

24. S. Springer y G. Deutsch, *Left Brain, Right Brain: Perspective from Cognitive Neuroscience*, 5th ed. (New York: W H Freeman & Co, 1997).

25. Ibid.

26. Comunicación personal de Mortimer Mishkin, 1994.

27. E. Goldberg, R. Harner, M. Lovell, K. Podell, S. Riggio, «Cognitive bias, functional cortical geometry, and the frontal lobes: laterality, sex, and handedness», *J Cogn Neurosci* 6, n.º 3 (1994): 276-296.

28. R. P. Ebstein, O. Novick, R. Umansky, B. Priel, Y. Osher, D. Blaine, E. R. Bennett, L. Nemanov, M. Katz, R. H. Belmaker, «Dopamine D4 receptor (D4DR) exon III polymorphism associated with the human personality trait of novelty seeking», *Nat Genet* 12, n.º 1 (1996): 78-80; J. Benjamin *et al.*, «Population and familial association between the D4 dopamine receptor gene and measures of novelty seeking», *Nat Genet* 12, n.º 1 (1996): 81-84.

29. D. L. Orsini y P. Satz, «A syndrome of pathological left-handedness: correlates of early left hemisphere injury», *Arch Neurol* 43, n.º 4 (1986): 333-337; P. Satz, P. Cook, M. C. Diamond, «The pathological left-handedness syndrome», *Brain Cogn* 4, n.º 1 (1985): 27-46.

30. G. Rajkowska y P. S. Goldman-Rakic, «Cytoarchitectonic definition of prefrontal areas in the normal human cortex: II. Variability in location of areas 9 and 46 and relationship to the Talairach Coordinate System», *Cereb Cortex* 5, n.º 4 (1995): 323-337; G. Rajkowska y P. S. Goldman-Rakic, «Cytoarchitectonic definition of prefrontal areas in the normal human cortex: I. Remapping of areas 9 and 46 using quantitative criteria», *Cereb Cortex* 5, n.º 4 (1995): 307-322.

31. H. E. Gardner, *Multiple Intelligences: The Theory in Practice* (New York: Basic Books, 1993). [Hay edición castellana: *Inteligencias múltiples: la teoría en la práctica*, Paidós, Barcelona, 1005.]

32. D. Goleman, *Emotional Intelligence* (New York: Bantam Books, 1997). [Hay edición castellana: *Inteligencia emocional*, Kairós, Barcelona, 1996.]

33. S. J. Gould, *The Mismeasure of Man* (New York: W W Norton, 1981). [Hay edición castellana: *La falsa medida del hombre*, Crítica, Barcelona, 1997.]

34. S. F. Witelson, D. L. Kigar, y T. Harvey, «The exceptional brain of Albert Einstein», *Lancet* 353, n.º 9170 (1999): 2149-2153.

35. C. D. Frith y U. Frith, «Interacting minds: biological basis», *Science* 286, n.º 5445 (1999): 1692-1695.

36. Ibid.

37. G. G. Gallup Jr., «Absence of self-recognition in a monkey (*Macaca fascicularis*) following prolonged exposure to a mirror», *Dev Psychobiol* 10, n.º 3 (1977): 281-284; M. D. Hauser, J. Kralik, C. Botto-Mahan, M. Garrett, J. Oser, «Self-recognition in primates: phylogeny and the salience of species-typical features», *Proc Natl Acad Sci U S A* 92, n.º 23 (1995): 10811-10814.

38. M. D. Hauser *et al.*, «Self-recognition in primates: phylogeny and the salience of species-typical features», *Proc Natl Acad Sci U S A* 92, n.º 23 (1995): 10811-10814.

39. C. D. Frith y U. Frith, «Interacting minds: biological basis», *Science* 286, n.º 5445 (1999): 1692-1695.

40. J. Jaynes, *The Origin of Consciousness in the Breakdown of the Bicameral Mind* (New York: Houghton Mifflin Company, 1990).

41. Ibid.

Capítulo 8: Cuando el Líder Está Herido

1. A. Damasio, *Descartes' Error: Emotion, Reason, and the Human Brain* (New York: Putnam Publishing Group, 1994).

2. E. Goldberg, «Introduction: the frontal lobes in neurological and psychiatric conditions», *Neuropsychiatry Neuropsychol Behav Neurol* 5, n.º 4 (1992): 231-232.

3. Ibid.

4. A. Lilja, S. Hagstadius, J. Risberg, L. G. Salford, G. J. W. Smith, «Frontal lobe dynamics in brain tumor patients: a study of regional cerebral blood flow and affective changes before and after surgery», *J Neuropsychiatry Neuropsychol Behav Neurol* 5, vol (1992).

5. M. S. Mobler, H. A. Sakheim, I. Prohovnik, J. R. Moeller, S. Mukherjee, D. B. Schur J. Prudic, D. P. Devanand, «Regional cerebral blood flow in mood disorders: III. Treatment and clinical response», *Arch Gen Psychiatry* 51, n.º 11 (1994): 884-897.

6. J. Risberg, «Regional cerebral blood flow measurements by ^{133}Xe-inhalation: methodology and applications in neuropsychology and psychiatry», *Brain Lang* 9, n.º 1 (1980): 9-34.

7. W. G. Honer, I. Prohovnik, G. Smith, L. R. Lucas, «Scopolamine reduces frontal cortex perfusion», *J Cereb Blood Flow Metab* 8, n.º 5 (1988): 635-641.

8. E. Goldberg, A. Kluger, T. Griesing, L. Malta, M. Shapiro, S. Ferris, «Early diagnosis of frontal-lobe dementias». Presentado en el Octavo Congreso de la Asociación Internacional de Psicogeriatría; agosto 17-22, 1997; Jerusalén, Israel.

9. E. Goldberg, «Introduction: the frontal lobes in neurological and psychiatric conditions», *Neuropsychiatry Neuropsychol Behav Neurol* 5, n.º 4 (1992): 231-232.

10. J. H. Jackson, «Evolution and dissolution of the nervous system», *Croonian Lecture. Selected Papers* 2 (1884).

11. A. R. Luria, *Higher Cortical Functions in Man* (New York: Basic Books, 1966).

12. E. Goldberg y L. D. Costa, «Qualitative indices in neuropsychological assessment: an extension of Luria's approach to executive deficit following prefrontal lesion» en *Neu ropsychological Assessment of Neuropsychiatric Disorders*, ed. I. Grant y K. M. Adams (New York: Oxford University Press, 1985), 48-64.

13. Ver K. Heilman and E. Valenstein, eds., *Clinical Neuropsychology* (New York: Oxford University Press, 1993).

14. E. Moniz, «Essai d'un traitement chirurgical de certaines psychoses», *Bull Acad Natl Med* 115 (1936): 385-392.

15. Ver K. Heilman y E. Valenstein, eds., *Clinical Neuropsychology* (New York: Oxford University Press, 1993).

16. Dr. Robert Iacono (comunicación personal), enero 2000.

17. A. Ploghaus, I. Tracey, J. S. Gati, S. Clare, R. S. Menon, P. M. Matthews, J. N. Rawlings, «Dissociating pain from its anticipation in the human brain», *Science* 284, n.º 5422 (1999): 1979-1981.

18. D. H. Ingvar, «Memory of the future: an essay on the temporal organization of conscious awareness», *Hum Neurobiol* 4, n.º 3 (1985): 127-136.

19. De E. Goldberg y L. D. Costa, «Qualitative indices in neuropsychological as-

sessment: an extension of Luria's approach to executive deficit following prefrontal lesion» en *Neuropsychological Assessment of Neuropsychiatric Disorders*, ed. I. Grant y K. M. Adams (New York: Oxford University Press, 1985), 55.

20. F. Lhermite, «Utilization behavior and its relationship to lesions of the frontal lobes», *Brain* 106, (1983): 237-255.

21. Para una descripción más detallada ver M. D. Lezak, *Neuropsychological Assessment*, 3rd ed. (New York: Oxford University Press, 1995).

22. Goldman-Rakic (comunicación personal), febrero 1991.

23. K. Brodmann, «Neue Ergebnisse über die vergleichende histologische Lokalisation der Grosshirnrinde mit besonderer Berücksichtigung des Stirnhirns», *Anat Anz* 41 (1912;suppl): 157-216. Citado en J. M. Fuster, *The Prefrontal Cortex: Anatomy, Physiology, and Neuropsycho logy of the Frontal Lobe*, 3rd. ed. (Philadelphia: Lippincott-Raven, 1997).

24. R. A. Barkley, *ADHD and the Nature of Self-Control* (New YOrk: Guilford Press, 1997).

25. S. L. Rauch, M. A. Jenike, N. M. Alpert, L. Baer, H. G. Breiter, C. R. Savage, A. J. Fischman, «Regional cerebral blood flow measured during symptom provocation in obsessive-compulsive disorder using oxygen 15-labeled carbon dioxide and positron emission tomography», *Arch Gen Psychiatry* 51, n.º 1 (1994): 62-70.

26. A. R. Luria, *Higher Cortical Functions in Man* (New York: Basic Books, 1966).

27. E. Goldberg y D. Tucker, «Motor perseverations and long-term memory for visual forms», *J Clin Neuropsychol* 1, n.º 4 (1979): 273-288.

28. D. A. Grant y E. A. Berg, «A behavioral analysis of degree of reinforcement and ease of shifting to new responses in a Weigl-type card-sorting problem», *J Exp Psychol* 38 (1948): 404-411.

29. Para una revisión ver K. Heilman y E. Valenstein, eds., *Clinical Neuropsychology* (New York: Oxford University Press, 1993).

30. E. Goldberg y W. B. Barr, «Three possible mechanisms of unawareness deficit», en *Awareness of Deficit after Brain Injury*, ed. G. Prigatano y D. Schacter (New York: Oxford University Press, 1991), 152-175.

31. Ibid.

Capítulo 9: Madurez social, moralidad, ley y lóbulos frontales

1. H. Oppenheim, «Zur Pathologie der Grosshirngeschwulste», *Arch Psychiatry* (1889): 560.

2. A. Schore, *Affect Regulation and the Origin of the Self: The Neurobiology of Emotional Development* (Hillsdale, New Jersey: Lawrence Erlbaum Associates, 1999).

3. S. W. Anderson, A. Bechara, H. Damasio, D. Tranel, A. R. Damasio, «Impairment of social and moral behavior related to early damage in human prefrontal cortex», *Nat Neurosci* 2, n.º 11 (1999): 1032-1037.

4. M. I. Posner y M. K. Rothbart, «Attention, self-regulation and consciousness», *Philos Trans R Soc Lond B Biol Sci* 353, n.º 1377 (1998): 1915-1927.

5. P. I. Yakovlev y A. R. Lecours, «The myelogenetic cycles of regional maturation of the brain», en *Regional Developmente of the Brain in Early Life*, ed. A. Minkowski (Oxford: Blackwell 1967), 3-70.

6. W. Golding, *Lord of the Flies*, rpt (Mattituck, New York: Amereon House 1999). [Hay edición castellana: *El Señor de las moscas*, Alianza Editorial, Madrid, 1996.]

7. J. Volavka, *Neurobiology of Violence* (Washington, DC: American Psychiatric Press, 1995); A. Raine, *The Psychopathology of Crime: Criminal Behavior as a Clinical Disorder* (San Diego: Academic Press, 1993).

8. E. Goldberg, R. M. Bilder, J. E. Hughes, S. P. Antin, S. Mattis, «A reticulofrontal disconnection syndrome», *Cortex* 25, n.º 4 (1989): 687-695.

9. A. Raine, M. Buchsbaum, y L. LaCasse, «Brain abnormalities in murderers indicted by positron emission tomography», *Biol Psychiatry* 42, n.º 6 (1997): 495-508.

10. A. Raine, T. Lencz, S. Bihrle, L. LaCasse, P. Colletti, «Reduced prefrontal gray matter volume and reduced autonomic activity in antisocial personality disorder», *Arch Gen Psychiatry* 57, n.º 2 (2000): 119-127; discusión 128-129.

11. A. R. Luria, *Higher Cortical Functions in Man* (New York: Basic Books, 1966).

12. E. Goldberg, K. Podell, R. Bilder, J. Jaeger, «The executive control battery», *Psych Press* (Australia: 2000); E. Goldberg, K. Podell, R. Bilder, J. Jaeger, «Test for bedomning av exekutive dysfunktion», *Psykologiforlaget AB* (Suecia: 1997).

13. Para descripción del test ver M. D. Lezak, *Neuropsychological Assessment*, 3rd ed. (New York: Oxford University Press, 1995).

14. O. W. Sacks, *The Man Who Mistook His Wife for a Hat: And Other Clinical Tales* (New York: Touchstone Books, 1998). [Hay edición castellana: *El hombre que confundió a su mujer como un sombrero*, Muchnik, Barcelona, 2000.]

Capítulo 10: Desconexiones fatídicas

1. N. Geshwind, «Disconnection syndromes in animals and man», *Brain* 88 (1965): 237-294.

2. E. Goldberg, R. M. Bilder, J. E. Hughes, S. P. Antin, S. Mattis, «A reticulofrontal disconnection syndrome», *Cortex* 25, n.º 4 (1989): 687-695.

3. E. Goldberg, S. P. Antin, R. M. Bilder Jr., L. J. Gerstman, J. E. Hughes, S. Mattis, «Retrograde amnesia: possible role of mesencephalic reticular activation in long-term memory», *Science* 213, n.º 4514 (1981): 1392-1394.

4. Para revisión ver H. S. Nasrallah, ed., *Handbook of Schizophrenia* (New York: Elsevier, 1991).

5. E. Kraepelin, *Dementia Praecox and Paraphrenia* (Edinburgh: E. S Livingstone, 1919/1971), vol. 4, p. 219.

6. K. F. Berman, R. F. Zec, y D. R. Weinberger, «Physiologic dysfunction of dorsolateral prefrontal cortex in schizophrenia: II. Role of neuroleptic treatment, attention, and mental effort», *Arch Gen Psychiatry* 43, n.º 2 (1986): 126-135; D. R. Weinberger, K. F. Berman, y R. F. Zec, «Physiologic dysfunction of dorsolateral prefrontal cortex in

schizophrenia: I. Regional cerebral blood flow evidence», *Arch Gen Psychiatry* 43, no 2 (1986): 114-124.

7. B. Milner, «Effects of different brain lesions in card sorting: the role of the frontal lobes», *Arch Neurol* 9 (1963): 100-110; D. R. Weinberger, K. F. Berman, and R. F. Zec, «Physiologic dysfunction of dorsolateral prefrontal cortex in schizophrenia: I. Regional cerebral blood flow evidence», *Arch Gen Psychiatry* 43, no 2 (1986): 114-124.

8. G. Franzen y D. H. Ingvar, «Absence of activation in frontal structures during psychological testing of chronic schizophrenics», *J Neurol Neurosurg Psychiatry* 38, n.º 10 (1975): 1027-1032; M. S. Buchsbaum, L. E. DeLisi, H. H. Holcomb, J. Cappelletti, A. C. King, J. Johnson, E. Hazlett, S. Dowling-Zimmerman, R. M. Post, J. Morihisa, «Anteroposterior gradients in cerebral glucose use in schizophrenia and affective disorders», *Arch Gen Psychiatry* 41, n.º 12 (1984): 1159-1166.

9. D. R. Weinberger y K. F. Berman, «Speculation on the meaning of cerebral metabolic hypofrontality in schizophrenia», *Schizophr Bull* 14, n.º 2 (1988): 157-168.

10. E. Valenstein, *The Great and Desperate Cures* (New York: Basic Books, 1986).

11. J. R. Stevens, «An anatomy of schizophrenia?», *Arch Gen Psychiatry* 29, n.º 2 (1973): 177-189; S. Matthysse, «Dopamine and the pharmacology of schizophrenia: the state of the evidence», *J Psychiatr Res* 11 (1974): 107-113.

12. Para una revisión ver J. R. Cooper, F. E. Bloom, y R. H. Roth, *The Biochemical Basis of Neuropharmacology*, 7th ed. (New York: Oxford University Press, 1996).

13. M. Carlsson y A. Carlsson, «Schizophrenia: a subcortical neurotransmitter imbalance syndrome?» *Schizophr Bull* 16, n.º 3 (1990): 425-432.

14. Para una revisión ver J. R. Cooper, F. E. Bloom, y R. H. Roth, *The Biochemical Basis of Neuropharmacology*, 7th ed. (New York: Oxford University Press, 1996).

15. E. S. Gershon y R. O. Rieder, «Major disorders of mind and brain», *Sci Am* 267, n.º 3 (1992): 126-133.

16. B. Kolb y I. Q. Whishaw, *Fundamentals of Human Neuropsychology*, 4th ed. (New York: WH Freeman & co, 1995). [Hay edición castellana de la primera edición: *Fundamentos de neuropsicología humana*, Labor, Barcelona, 1986.]

17. National Institute of Neurological Disorders and Stroke, *Interagency Head Injury Task Force Report* (Bethesda, Maryland: National Institutes of Health, 1989).

18. J. C. Masdeu, H. Abdel-Dayem, and R. L. Van Heertum, «Head trauma: use of SPECT», *J Neuroimaging* 5 (1995; suppl 1): S53-57.

19. E. Goldberg y D. Bougakov, «Novel approaches to the diagnosis and treatment of frontal lobe dysfunction», en *International Handbook of Neuropsychological Rehabilitation*, eds. A.-L. Christensen and B. P. Uzzel (New York: Kluwer Academic/Plenum Publishers, 2000), 93-112.

20. Ibid.

21. R. A. Barkley, *ADHD and the Nature of Self-Control* (New York: The Guilford Press, 1997).

22. De *Possible Poetry*, colección inédita de poemas de Toby, escrita cuando era un quinceañero en las calles de Sydney. Reimpreso con el permiso del autor.

23. G. G. Tourette, «Étude sur une affection nerveuse caractérisée par de l'incoordination motrice accompagnée d'écholalie et de corpralalie», *Arch Neurol* 9 (1885).

24. C. W. Bazil, «Seizures in the life and works of Edgar Allan Poe», *Arch Neurol*,

n.º 6 (1999): 740-743; E. A. Poe, *The Complete Tales and Poems of Edgar Allan Poe* (New York: Barnes & Noble Books, 1989)).

25. E. Shapiro, A. K. Shapiro, y J. Clarkin, «Clinical psychological testing in Tourette's syndrome», *J Pers Assess* 38, n.º 5 (1974): 464-478.

26. D. M. Sheppard, J. L. Bradshaw, R. Purcell, C. Pantelis, «Tourette's and comorbid syndromes: obsessive compulsive and attention deficit hyperactivity disorder. A common etiology?» *Clin Psychol Rev* 19, n.º 5 (1999): 531-552.

27. O. W. Sacks, «Tourette's syndrome and creativity», *Br Med J* 305 (1992): 1515-1516.

28. L. Handler, *Twitch and Shout: A Touretter's* Tale (New York: Plume, 1999).

Capítulo 11: «¿Que puede usted hacer por mí?»

1. E. Goldberg, L. J. Gerstman, S. Mattis, J. E. Hughes, C. A. Sirio, R. M. Bilder Jr., «Selective effects of cholinergic treatmente on verbal memory in posttraumatic amnesia», *J Clin Neuropsychol* 4, n.º 3 (1982): 219-234.

2. V. M. Polyakov, L. I. Moskovichyute, and E. G. Simernitskaya, «Neuropsychological analysis of the role in brain functional organization in man», en *Modern Problems in Neurobio logy*, ed. (Tbilisi): 1986), 329-330; O. A. Krotkova, T. A. Karaseva, y L. I. Moskovichyute, «Lateralization features of the dynamics of higher mental functions following endonasal glutamic acid electrophoresis», *Zh Vopr Neirokhir Im N N Burdenko*, n.º 3 (1982): 48-52; N. K. Korsakova y L. I. Moskovichyute, *Subcortical Structures and Psychological Processes* (Moscow: Moscow University Publishing House, 1985); L. I. Moskovichyute, M. Mimura, y M. Albert, «Selective effect of dopamine on apraxia». Presentado en el AAN Annual Meeting, May 1-7, 1994, Washington, D. C.

3. B. H. Dobkin y R. Hanlon, «Dopamine agonist treatment of antegrade amnesia from a mediobasal forebrain injury», *Ann Neurol* 33, n.º 3 (1993): 313-316.

4. D. E. Hobson, E. Pourcher, y W. R. Martin, «Ropinirole and pramipexole, the new agonists», *Can J Neurol Sci* 26 (1999; suppl 2): S27-33.

5. E. D. Ross y R. M. Stewart, «Akinetic mutism from hypothalamic damage: successful treatment with dopamine agonists», *Neurology* 31 (1981): 1435-1439; B. H. Dobkin y R. Hanlon, «Dopamine agonist treatment of antegrade amnesia from a mediobasal forebrain injury», *Ann Neurol* 33, n.º 3 (1993): 313-316.

6. M. F. Kraus y P. Maki, «The combined use of amantadine and L-dopa/carbidopa in the treatment of chronic brain injury», *Brain Inj* 11, n.º 6 (1997): 455-460; M. F. Kraus y P. M. Maki, «Effect of amantadine hydrochloride on symptoms of frontal lobe dysfunction in brain injury: case studies and review», *J Neuropsychiatry Clin Neurosci* 9, n.º 2 (1997): 222-230.

7. D. Golden, «Building a better brain», *Life*, July 1994, 62-70.

8. A. Damasio, *Descartes' Error: Emotion, Reason, and the Human Brain* (New York: Putnam Publishing Group, 1994); A. Damasio, *The Feeling of What Happens: Body and Emotion in the Making of Consciousness* (New York: Harcourt Brace, 1999). [Hay edición castellana: *La sensación de lo que ocurre*, Debate, Madrid, 2001.]

9. J. W. Rowe y R. L. Kahn, *Successful Aging* (New York: Pantheon, 1998).

10. R. Katzman, «The prevalence and malignancy of Alzheimer's disease: a major killer», *Arch Neurol* 33 (1976): 217.

11. A. Newell y H. A. Simon, *Human Problem Solving* (Englewood Cliffs, New Jersey: Prentice-Hall, 1972); H. A. Simon, P. Langley, G. Bradshaw, J. Zykow, *Scientific Discovery: Exploration of the Creative Process* (Cambridge: MIT Press, 1987).

12. R. J. Hamm, M. D. Temple, D. M. O'Dell, B. R. Pike, B. G. Lyeth, «Exposure to environmental complexity promotes recovery of cognitive function after traumatic brain injury», *J Neurotrauma* 13, n.º 1 (1996): 41-47.

13. B. Kolb, *Brain Plasticity and Behavior* (Mahwah, New Jersey: Lawrence Erlbaum Associates, 1995).

14. W. D. Heiss, J. Kessler, R. Mielke, B. Szelies, K. Herholtz, «Long-term effects of phosphatidylserine, pyritinol, and cognitive training in Alzheimer's disease: a neuropsychological, EEG, and PET investigation», *Dementia* 5, n.º 2 (1994): 88-98.

15. E. Gould, P. Tanapat, B. S. McEwen, G. Flugge, E. Fuchs, «Proliferation of granule cell precursors in the dentate gyrus of adult monkeys is diminished by stress», *Proc Natl Acad Sci U S A* 95, n.º 6 (1998): 3168-3171.

16. E. Gould, A. J. Reeves, M. S. Graziano, C. G. Gross, «Neurogenesis in the neocórtex of adult primates», *Science* 286, n.º 5439 (1999): 548-552.

17. G. Kempermann, H. G. Kuhn, y F. H. Gage, «More hippocampal neurons in adult mice living in an enriched environment», *Nature* 386, n.º 6624 (1997): 493-495.

18. Ibid.

19. Ibid.

20. M. S. Albert, K. Jones, C. R. Savage, L. Berkman, T. Seeman, D. Blazer, J. W. Rowe, «Predictors of cognitive change in older persons: MacArthur studies of successful aging», *Psychol Aging* 10, n.º 4 (1995): 578-589.

21. D. A. Snowdon, S. J. Kemper, J. A. Mortimer, L. H. Greiner, D. R. Wekstein, W. R. Markesbery, «Linguistic ability in early life and cognitive function and Alzheimer's disease in late life: findings from the Nun Study [see comments]», *Jama* 275, n.º 7 (1996): 528-532.

22. Ibid.

23. F. Dellu, W. Mayo, M. Valee, M. Le Moaz, H. Simon, «Facilitation of cognitive performance in aged rats by past experience depends on the type of information processing involved: a combined cross-sectional and longitudinal study», *Neurobiol Learn Mem* 67, n.º (1997): 121-128.

24. K. W. Schaie y S. L. Willis, «Can decline in adult intellectual functioning be reversed?» *Dev Psychol* 22, n.º 2 (1986): 223.

25. W. D. Heiss, J. Kessler, R. Mielke, B. Szelies, K. Herholz, «Long-term effects of phosphatidylserine, pyritinol, and cognitive training in Alzheimer's disease: a neuropsychological, EEG, and PET investigation», *Dementia* 5, n.º 2 (1994): 88-98.

26. M. Mirmiran, E. J. van Someren, y D. F. Swaab, «Is brain plasticity preserved during aging and in Alzheimer's disease?» *Behav Brain Res* 78, n.º 1 (1996): 43-48.

27. E. A. Maguire, D. G. Gadian, I. S. Johnsrude, C. D. Good, J. Ashburner, R. S. Frakowiak, C. D. Frith, «Navigation-related structural change in the hippocampi of taxi drivers», *Proc Natl Acad Sci U S A* 97, n.º 8 (2000): 4398-4403.

28. B. L. McNaughton, «Associate pattern competition in hippocampal circuits: new evidence and new questions», *Brain Res Rev* 16 (1991): 202-204; B. L. McNaughton y R. G. M Morris, «Hippocampal synaptic enhancement and information storage», *Trends Neurosci* (1987): 408-415.

Capítulo 12: Los lóbulos frontales y la paradoja del liderazgo

1. J. A. Fodor, «Precis of the modularity of mind», *Behav Brain Sci* 8 (1985): 1-42.

2. E. Goldberg, «Gradiental approach to neocortical functional organization», *J Clin Exp Neuropsychol* 11, n.º 4 (1989): 489-517; E. Goldberg, «Higher cortical functions in humans: the gradiental approach», en *Contemporary Neuropsychology and the Legacy of Luria*, ed E. Goldberg (Hillsdale, New Jersey: Lawrence Erlbaum Associates, 1990), 229-276; E. Goldberg, «Rise and fall of modular orthodoxy», *J Clin Exp Neuropsychol* 17, n.º 2 (1995): 193-208.

3. W. S. McCulloch y W. Pitts, «A logical calculus of the ideas immanent in nervous activity. 1943 classical article», *Bull Math Biol* 52, n.º 1-2 (1990): 99-115.

4. E. Goldberg, «Gradiental approach to neocortical functional organization», *J Clin Exp Neuropsychol* 11, n.º 4 (1989): 489-517.

5. D. Oakley y H. Plotkin, eds., *Brain, Behavior and Evolution* (Cambridge, UK: Cambridge University Press, 1979).

6. S. Nunn y A. N. Stulberg, «The many faces of modern Russia», *Foreign Affairs* 79, n.º 2 (2000): 45-62.

7. M. Simons, «In new Europe, a lingual hodgepodge», *The New York Times*, October 17 999, A4.

8. K. Ohmae, *The End of the Nation State: The Rise of Regional Economies* (New York: Free Press, 1995).

9. P. Lewis, «As nations shed roales, is medieval the future?» *The New York Times*, January 2, 1999, B7, B9.

10. R. D. Kaplan, *Coming Anarchy: Shattering the Dreams of the Post Cold War* (New York: Random House, 2000). [Hay edición castellana: *La anarquía que viene*, Ediciones B, Barcelona, 2000.]

11. S. J. Kobrin, «Back to the future: neo-medievalism and post-modern digital world», *Journal of International Affairs* 51, n.º 2 (1998): 361-386.

12. W. S. McCulloch y W. Pitts, «A logical calculus of the ideas immanent in nervous activity. 1943 classical article», *Bull Math Biol* 52, n.º 1-2 (1990): 99-115.

13. R. D. Kaplan, *Coming Anarchy: Shattering the Dreams of the Post Cold War* (New York: Random House, 2000).

14. E. D. Tucker, ed., *The Marx-Engels Reader*, 2nd ed. (New York: W W Norton, 1978). Como eslogan ideológico en la antigua Unión Soviética, esta frase adquirió un giro característicamente sádico, vagamente similar al «Arbeit Macht Frei» («el trabajo hace libre» en alemán, una inscripción en las puertas de Auschwitz). En 1968, el año de la reprimida Primavera de Praga, circuló por Moscú un chiste lúgubre, según el cual el entonces presidente de Checoeslovaquia, General Svoboda («svoboda» significa «liber-

tad» en ruso) había sido rebautizado como General Poznannaya Neobhodimostj («General Necesidad Reconocida»).

Epílogo

1. B. Spinoza, *Ethics*, trad. A. Boyle (London: Everyman, 1997). [Hay edición castellana: *Ética demostrada según el orden geométrico*, traducción de Vidal Peña, Alianza Editorial, Madrid, 1996.]

2. Ibid.

3. W. S. McCulloch y W. Pitts, «A logical calculus of the ideas immanent in nervous activity. 1943 classical article», *Bull Math Biol* 52, n.º 1-2 (1990): 99-115.

4. W. Pitts y W. S. McCulloch, «How we know universals: the perception of auditory and visual forms», *Bull Math Biophys* 9 (1947): 127-147.

Índice